建筑安装工程造价

主　编　尤朝阳

编　者　荆肇乾　佘建俊　路福和
　　　　倪宏海　丁玉林　赵金辉
　　　　孙永军　戴磊磊

U0242365

东南大学出版社
SOUTHEAST UNIVERSITY PRESS
·南京·

内容提要

随着建筑科技的不断发展,建筑工程造价的形式和内容也在不断创新发展。本书依据最新部颁规范,由从事多年工程和教学的高级工程师、一线教师等在综合国家规范、技术进步及学习者需求的基础上,从工程造价构成、工程定额、工程量计算、工程清单与计价、造价控制及招投标等方面详细阐述、例证了建筑工程造价的理论与方法,包括近年来逐渐兴起的建筑智能化工程造价,理论完备、系统性强、内容新颖,具备指导性和实用性,能满足建筑工程造价专业学生及相关技术人员的需求。

本书适用于建筑工程从业人员以及相关专业的学习者。

图书在版编目(CIP)数据

建筑安装工程造价 / 尤朝阳主编. — 南京 ：东南大学出版社,2018.6(2022.8 重印)
ISBN 978-7-5641-7703-4

Ⅰ.①建… Ⅱ.①尤… Ⅲ.①建筑安装－工程造价
Ⅳ.①TU723.3

中国版本图书馆 CIP 数据核字(2018)第 065114 号

建筑安装工程造价

主　编	尤朝阳		责任编辑	刘　坚
电　话	(025)83793329　QQ:635353748		电子邮件	liu-jian@seu.edu.cn
出版发行	东南大学出版社		出 版 人	江建中
地　址	南京市四牌楼 2 号		邮　编	210096
销售电话	(025)83794561/83794174/83794121/83795801/83792174 83795802/57711295(传真)			
网　址	http://www.seupress.com		电子邮件	press@seupress.com
经　销	全国各地新华书店		印　刷	江苏凤凰数码印务有限公司
开　本	787mm×1092mm　1/16		印　张	16.5
字　数	410 千字			
版印次	2022 年 8 月第 1 版第 2 次印刷			
书　号	ISBN 978-7-5641-7703-4			
定　价	45.00 元			

前　　言

随着我国经济的飞速发展,建筑工程造价的形式和内容也在不断创新发展。按照我国工程造价管理改革的总体目标,本着国家宏观调控、市场竞争形成价格的原则,住房和城乡建设部于 2013 年 7 月 1 日制定颁布了《建设工程工程量清单计价规范》(GB50500－2013)和《通用安装工程工程量计算规范》(GB50856－2013)。同时,为适应国家建筑业营改增的需要,2016 年 2 月 19 日住房和城乡建设部又颁布了《关于做好建筑业营改增建设工程计价依据调整准备工作的通知》(建办标〔2016〕4 号)。按国家住建部计价依据调整要求,工程造价的格式、计价方法、营改增计税等作了适当调整。

为适应新形势建筑工程计价方式的调整,并结合建筑科技的不断发展以及工程实际情况,本行业的高工和教授根据多年的工程和教学实践经验,编写了本教材。教材具有较强的理论性、系统性和指导性,同时还具有较强的新颖性,能及时反映建筑安装工程科技最新技术,以满足建筑工程造价专业学生、工程技术人员的使用要求。

教材内容主要包括工程造价构成、工程定额、工程量计算、工程清单与计价、造价控制及招投标等工程造价理论与方法。为使学生和工程人员能更好地理解、复习和巩固,在每章节后编列了复习思考题,供读者进行思考、复习与讨论。本教材可作为大专院校给排水工程、建筑电气工程、建筑环境与设备工程、环境工程、消防工程及工业设备安装工程等专业的教材,也可供安装工程专业技术人员、造价工程师、监理工程师以及从事招标、投标工作的相关技术人员参考。

本教材由南京工业大学尤朝阳副教授担任主编,其他参加编写的人员还有南京林业大学荆肇乾教授、南京工业大学佘建俊副教授、丁玉林副教授、赵金辉副教授、孙永军讲师,以及北京首开仁信置业有限公司路福和高工、江苏仁禾中恒工程咨询公司戴磊磊高工等,南京工业大学研究生张俐、徐海阳同学也参加了教材的整理编写。在教材编写过程中还得到了南京工业大学设计研究院方林梅高工的指导,在此一并表示感谢!

由于时间仓促,教材中难免出现不当之处,恳请广大读者和专家批评指正!

编者

2018 年 4 月 15 日

目　　录

1

1 建设工程造价概论

1.1 工程建设概论

1.1.1 工程建设概论

1）工程建设

工程建设是一种综合性的经济活动，是固定资产投资的过程。建设单位为了完成依法立项的新建、扩建、改建的各类工程，获得工程项目的预期效益，需要进行项目的策划、决策及实施，直至竣工验收等一系列投资及管理活动。

我国固定资产投资包括基本建设投资、更新改造投资、房地产开发投资和其他固定资产投资四大类。其中，基本建设投资是新建、改建和扩建项目的资金投入行为，是形成固定资产的主要手段，占全社会固定资产投资总额的 50%～60%；更新改造投资是通过先进科学技术改造原有技术，以实现扩大再生产为主要目的；房地产开发投资是房企资金投入行为，占全社会固定资产投资总额的 20%～30%；其他固定资产投资是按规定不纳入投资计划和用专项资金进行基本建设与更新改造的资金投入行为，它在全社会固定资产投资总额中占的比重较小。

2）工程建设内容

（1）建筑工程

一般理解的建筑工程是指房屋和构筑物工程，广义上也可以理解为包含房屋和构筑物在内的各类工程。比较完整的建筑工程内容包括永久性和临时性的建筑物、构筑物的土建、采暖、通风、给排水、照明工程、动力、电讯管线的敷设工程、设备基础、工业炉砌筑、厂区竖向布置工程、铁路公路、桥涵、农田水利工程以及建筑场地平整、清理和绿化工程等。广义的建筑工程概念几乎等同于土木工程的概念。从这一概念出发，建筑工程在整个工程建设中占有非常重要的地位。

（2）安装工程

安装工程指一切安装与不需要安装的生产、动力、电讯、起重、运输、医疗、实验等设备的装配、安装工程，以及附属于被安装设备的管线敷设、金属支架、梯台和有关保温、油漆、测试、试车等工作。在工业项目中，机械设备和电气设备安装工程占有重要地位，因为生产设备大多要安装后才能运转，不需要安装的设备很少。在非生产性的建设项目中，由于社会生活和城市设施的日益现代化，设备安装工程量也在不断增加，安装工程和建筑工程在工艺上有很大的差别,施工方法也很不相同,所完成的是不同类型的施工产品。

安装工程和建筑工程是一项工程的两个有机组成部分,在施工中有时间连续性,也有作业的搭接和交叉,需要统一安排,互相协调。在这个意义上通常把建筑和安装工程作为一个施工过程来看待,即建筑安装工程。

（3）设备、工器具及生产家具的购置

设备、工器具及生产家具的购置指车间、实验室、医院、学校、车站等所应配备的各种设备、工具、器具、生产家具及实验仪器的购置。

（4）其他工程建设工作

其他工程建设工作指上述所列以外的各种工程建设工作,如可行性研究、征用土地、拆迁安置、勘察设计、工程监理、生产人员培训、施工队伍调迁及大型临时设施等。

在我国,通常以建设一个企事业单位或一个独立工程作为一个建设项目,是按一个总体设计进行施工的一个或几个单项工程的整合。凡属于一个总体设计中分期分批进行建设的主体工程和附属配套工程、综合利用工程、供水供电工程等都作为一个建设项目,不能把不属于一个总体设计的工程按各种方式归算为一个建设项目,也不能把同一个总体设计内的工程按地区或施工单位分为几个建设项目。

1.1.2　工程建设程序

工程建设程序指建设项目从决策、设计、施工到竣工验收等全部过程的各阶段、各环节以及各主要工作内容之间必须遵循的先后顺序,也是现行的建设工作程序。其核心思想是:先勘察、再设计、后施工。建设程序反映建设工作的客观规律性,由国家有关主管部门制定、颁布。严格遵循和坚持按建设程序办事是提高工程建设经济效果的必要保证。

项目建设是一种多行业与多部门密切配合的、综合性比较强的经济活动。因此,一个建设项目在整个建设过程中各项工作必须遵循一定的建设程序,该程序是客观存在的自然规律和经济规律的正确反映。

1) 项目建议书阶段

项目建议书是建设单位向国家提出的要求建设某一具体项目的建议文件,即对拟建项目的必要性、可行性,以及建设的目的、计划等进行论证并写成报告的形式。项目建议书一经批准后即为立项,立项后可进行可行性研究。

2) 可行性研究阶段

可行性研究是对建设项目技术上是否可行和经济上是否合理进行的科学分析和论证。它通过市场研究、技术研究、经济研究,进行多方案比较,提出最佳方案。

可行性研究通过评审后,就可着手编写可行性研究报告。可行性研究报告是确定建设项目、编制设计文件的主要依据,在建设程序中起主导地位。可行性研究报告一经批准后即形成决策,是初步设计的依据,不得随意修改或变更。

3) 选择建设地点

建设地点的选择,由主管部门组织勘察、设计等单位和所在地有关部门共同进行。在综合研究工程地质、水文地质等自然条件,建设工程所需水、电、运输条件和项目建成投产后原材料、燃料,以及生产和工作人员生活条件、生产环境等因素,并进行多方案比选后,提交选址报告。

4) 设计阶段

可行性研究报告和选址报告批准后,建设单位或其主管部门可以委托或通过设计招投标方式选择设计单位,按可行性研究报告中的有关要求,编制设计文件。设计文件是组织工程施工的主要依据。一般进行两阶段设计,即初步设计和施工图设计。技术上比较复杂而又缺乏设计经验的项目,可进行三阶段设计,即初步设计、技术设计和施工图设计。

初步设计是为了阐明在指定地点、时间和投资限额内,拟建项目在技术上的可行性及经济上的合理性,并对建设项目作出基本技术经济规定,同时编制建设项目总概算。

技术设计是进一步解决初步设计的重大技术问题,如工艺流程、建筑结构、设备选型及数量确定等,同时对初步设计进行补充和修正,然后编制、修正总概算。

施工图设计是在初步设计基础上进行的,需完整地表现建筑物外形、内部空间尺寸、结构体系、构造及与周围环境的配合关系,同时还包括各种运输、通信、管道系统、建筑设备的设计。施工图设计完成后应编制施工图预算。

5) 建设前期准备阶段

该阶段进行的工作主要包括征地、拆迁;三通一平;组织材料、设备采购;组织施工招投标、选择施工单位;办理建设项目施工许可证等。

6) 编制建设计划和建设年度计划

根据批准的总概算和建设工期,合理编制建设计划和建设年度计划。计划内容要与投资、材料、设备和劳动力相适应,以确保计划的顺利实施。

7) 建设实施阶段

在建设年度计划批准后,即可进行招标发包工作,落实施工单位,签订施工合同,报批开工报告或施工许可证,在具备开工条件并经批准后开工。

8) 项目投产前的准备工作

项目投产前要进行必要的生产准备,包括建立生产经营相关管理机构,培训生产人员,组织生产人员参加设备的安装、调试、订购生产所需原材料、燃料及工器具、备件等。

9) 竣工验收阶段

建设项目按设计文件规定内容完成全部施工后,由建设项目主管部门或建设单位向负责验收单位提出竣工验收申请报告,组织验收。竣工验收是全面考核基本建设工作、检查是否符合设计要求和工程质量的重要环节,对清点建设成果、促进建设项目及时投产、发挥投资效益及总结建设经验教训,都有重要作用。

10) 项目后评价阶段

建设项目后评价是工程项目竣工投产并生产经营一段时间后,对项目的决策、设计、施工、投产及生产运营等全过程进行系统评价的一种技术经济活动。通过建设项目后评价,达到总结经验、研究问题、吸取教训并提出建议,不断提高项目决策水平和投资效果的目的。

尽管各个国家和国际组织在工程建设程序上存在差异,但是按照工程项目发展的内在规律,投资建设一个项目都要经过投资决策和建设实施两个发展时期。这两个发展时期又可分为若干个阶段,它们之间存在严格的先后次序,可以进行合理的交叉,但不能任意颠倒。如世界银行贷款项目的建设周期包括项目选定、项目准备、项目评估、项目谈判、项目实施和项目总结评价等六个阶段。每一阶段的工作深度,决定着项目在下一阶段的发展,彼此相互联系、相互制约。

在项目选定阶段,要根据借款申请国所提出的项目清单,进行鉴别选择。一般根据项目性质选择符合世界银行贷款原则、有助于当地经济和社会发展的急需项目。被选定的项目经过1~2年的项目准备,提出详细可行性研究报告,由世界银行组织专家进行项目评估之后,与申请国进行贷款谈判、签订协议,然后进入项目的勘察设计、采购、施工、生产准备和试运转等实施阶段,在项目贷款发放完成后一年左右进行项目的总结评价。正是由于有了科学、严密的项目周期,保证了世界银行在各国的投资有较高的成功率。

1.1.3 工程建设项目划分

工程建设项目是一个有机的整体,为利于工程的科学管理和经济核算,将工程项目由大到小划分为建设项目、单项工程和单位工程。单位工程由分部工程组成,分部工程由各个分项工程组成。

1)建设项目

建设项目是指在一个场地上或几个场地上按一个总体设计进行施工的各个工程项目的总和。每个建设项目,都编有计划任务书和独立的总体设计。

实施建设项目的单位称建设单位。每个建设单位在行政上是独立的组织形式,在经济上实行统一核算,是统一管理的建设工程实体。例如,在工业建设中,一般一个企业即为一个建设项目;在民用建设中,一般一个事业单位,如一所学校、一所宾馆、一座剧院等为一个建设项目。

2)单项工程

单项工程又称工程项目,是建设项目的组成部分。一个建设项目可以是一个单项工程,也可能包括几个单项工程。单项工程具有独立的设计文件,建成后可以独立发挥生产能力或效益的工程。

生产性建设项目的单项工程,一般是指能独立生产的车间,它包括厂房建设,设备的安装,以及设备、工具、器具、仪器的购置等;非生产性建设项目的单项工程,如一所学校的教学楼、办公楼、图书馆、学生宿舍以及食堂等。

3)单位工程

单位工程是单项工程的组成部分。单位工程是指具有独立设计的施工图,可以独立组织施工的工程。通常根据单项工程所包含的不同性质的工程内容,以及能否独立组织施工的要求,将一个单项工程划分为若干单位工程。如某车间是一个单项工程,则车间的厂房建筑是一个单位工程,而车间的设备安装又是一个单位工程。

一个单项工程,按照它的性质和内容可以分为以下单位工程。

（1）建筑工程

① 土建工程：包括建筑物和构筑物的各种结构工程；

② 建筑装饰工程：包括建筑物室内外各部位的装饰工程；

③ 工业管道工程：包括各种介质（水蒸气、压缩空气、煤气等）管道工程；

④ 给排水采暖工程：包括给排水、采暖和民用煤气管道敷设工程等；

⑤ 电气照明工程：包括照明设备安装、线路敷设、变电与配电设备的安装工程等；

⑥ 通风空调工程：包括供暖设备、室内通风系统制作安装等工程内容。

（2）设备与安装工程

① 机械设备及其安装工程：包括工艺设备、起重运输设备、动力设备等的购置及安装；

② 电气设备及其安装工程：包括传动电气设备等的购置及安装。

每一个单位工程仍然是一个较大的组成部分，它还可以分解为若干分部工程。

4）分部工程

分部工程是单位工程的组成部分。在土建工程中，单位工程可按照结构部位划分，如房屋建筑工程可划分为基础工程、墙体工程、楼地面工程、屋面工程等；也可以按工种工程划分，如土方工程、混凝土及钢筋混凝土工程、木结构工程、金属结构工程、砖石结构工程等。给排水工程可划分为管道安装、阀门安装、卫生器具安装等分部工程。通风空调工程可划分为：风管制作安装、阀门制作安装、风口制作安装、通风空调设备安装等分部工程。

在分部工程中，由于具体的施工对象不同，以及工料消耗、材料规格和施工方法不同，还可分解成更小的部分。在每个分部工程中，由于构造、使用材料规格或施工方法等因素的不同，完成同一计量单位的工程所需要消耗的工、料和机械台班数量及其价值的差别是很大的。因此，为计算造价的需要，还应将分部工程进一步划分为分项工程。

5）分项工程

分项工程是建筑安装工程的一种基本构成因素，通过较为简单的施工过程就能完成，且可以用适当的计量单位加以计算的建筑工程产品或设备安装工程产品。例如，砖石工程分部，可根据不同的材料和规格、不同的施工方法等划分为砖基础、砖内墙、砖外墙、砖柱等分项工程；又如，装饰工程中的天棚工程分部，可依照不同的材质和规格分为砂浆面层、天棚骨架、天棚面层及饰面等分项工程。

综上所述，一个建设项目是由一个或几个单项工程组成的，一个单项工程又是由几个单位工程组成的，一个单位工程又可以划分为若干个分部工程，一个分部工程又可以划分为若干个分项工程，而建设项目概预算文件的编制就是从分项工程开始的。

1.2　工程造价

1.2.1　工程造价含义与特点

1）工程造价含义

工程造价通常指工程的建造价格。在工程建设中，广泛地存在着工程造价两种不同的含义。

(1) 工程造价是完成一个工程建设项目所需费用的总和

这种含义实质上指工程建设项目的建设成本,也就是工程建设项目的全部资金投入,包括建筑工程费、安装工程费、设备购置费以及其他的相关费用(例如建设期贷款利息、建设单位管理费等)。生产性项目投入的总资金中,应包括为保证项目正常生产或服务运营所必需的周转资金即流动资金投入。

(2) 工程造价是发包工程的承包价格

工程发包就是订货。发包的工程内容有建筑、装饰、安装,也有的是包括全部建筑安装工作在内的范围更广的总承包工程。在建筑市场交易活动中的工程造价,主要指建筑安装工程费用。这是工程造价的一种重要的也是最典型的价格形式。对建设单位而言,这是支付给施工单位的工程价款,是通过建筑市场招投标活动,由需求主体(建设单位)和供给主体(施工单位)共同认可的价格。

工程造价的两种含义是从不同角度把握同一事物的本质。从建设工程的投资者来说,工程造价就是项目投资,是"购买"项目要付出的价格,同时也是投资者在市场"出售"项目时定价的基础;对于承包商来说,工程造价是他们出售商品和劳务的价格总和,或是特定范围的工程造价,如建筑安装工程造价。

区别工程造价的两种含义的理论意义在于,为投资者及以承包商为代表的供应商在工程建设领域的市场行为提供理论依据。当政府提出要降低工程造价时,是站在投资者的角度充当着市场需求的角色;当承包商提出要提高工程造价、获得更多利润时,是要实现一个市场供给主体的管理目标。这是市场运行机制的必然,不同的利益主体不能混为一谈。区别工程造价的两种含义的现实意义在于,为实现不同的管理目标,不断充实工程造价的管理内容,完善管理方法,更好地为实现各自的目标服务,从而有利于推动全面的经济增长。

2) 工程造价的计价特点

工程造价的计价特点包括单个性计价、多次性计价和组合性计价等。

(1) 单个性计价

每一项建设工程都有指定的专门用途,所以也就有不同的结构、造型和装饰,不同的体积、面积,建设时要采用不同的工艺设备和建筑材料。即使是用途相同的建设工程,其技术水平、建筑等级和建筑标准也有差别。建设工程还必须在结构、造型等方面适应工程所在地气候、地质、地震和水文等自然条件,适应当地的风俗习惯。这就使建设工程的实物形态千差万别,再加上不同地区构成投资费用的各种价值要素的差异,最终导致建设工程造价的千差万别。

因此,对于建设工程,就不能像对工业产品那样按品种、规格、质量成批地定价,只能通过特殊的程序(编制估算、概算、预算、合同价、结算价及最后确定竣工决算价等),就各个工程项目计算工程造价,即单个计价。

(2) 多次性计价

建设工程周期长、规模大、造价高,因此,按建设程序要分阶段进行,相应地也要在不同阶段多次性计价,以保证工程造价确定与控制的科学性。多次性计价是逐步深化、逐步细化和逐步接近实际造价的过程。

① 投资估算：在编制项目建议书和可行性研究阶段，必须对投资需要量进行估算。投资估算是指在项目建议书和可行性研究阶段对拟建项目所需投资，通过编制估算文件预先测算和确定的过程，也称为估算造价。投资估算造价是决策、筹资和控制造价的主要依据。

② 概算造价：概算造价是指在初步设计阶段，根据设计意图，通过编制工程概算文件预先测算和确定的工程造价。概算造价较投资估算造价准确性有所提高，但它受估算造价的控制。概算造价的层次性十分明显，分为建设项目概算总造价、各个单项工程概算综合造价、各个单位工程概算造价。

③ 修正概算造价：修正概算造价是指在采用三阶段设计的技术设计阶段，根据技术设计的要求，通过编制修正概算文件预先测算和确定的工程造价。它对初步设计概算进行修正调整，比概算造价准确，但受概算造价控制。

④ 预算造价：预算造价是指在施工图设计阶段，根据施工图纸通过编制预算文件，预先测算和确定的工程造价。它同样受前一阶段所确定的工程造价的控制，但比概算造价或修正概算造价更为详尽和准确。

⑤ 合同价：合同价是指在工程投标阶段通过签订总承包合同、建筑安装工程承包合同、设备材料采购合同，以及技术和咨询服务合同确定的价格。现行规定的三种合同形式是固定合同价、可调合同价和工程成本加酬金确定合同价。合同价属于市场价格的性质，它是由承包双方，即商品和劳务买卖双方根据市场行情共同议定和认可的成交价格，但它并不等同于实际工程造价。

⑥ 结算价：结算价是指在合同实施阶段，在工程结算时按合同调价范围和调价方法，对实际发生的工程量增减、设备和材料价差等进行调整后计算和确定的价格。结算价是该工程的实际价格。

⑦ 决算价：决算价是指竣工决算阶段，通过为建设项目编制竣工决算，最终确定的实际工程造价。

工程造价的多次性计价是一个由粗到细、由浅入深、由概略到精确的计价过程，也是一个复杂而重要的管理系统。计价过程各环节之间相互衔接，前者制约后者，后者补充前者。

（3）组合性计价

在建设项目中，凡是具有独立的设计文件，竣工后可以独立发挥生产能力或工程效益的工程被称为单项工程，也可将其理解为具有独立存在意义的完整的工程项目。各单项工程又可分解为各个能独立施工的单位工程。考虑到组成单位工程的各部分是由不同工人用不同工具和材料完成的，还可以把单位工程进一步分解为分部工程。然后还可按照不同的施工方法、构造及规格，把分部工程更细致地分解为分项工程。分项工程是能用较为简单的施工过程生产出来的、可以用适量的计量单位计算并便于测定或计算的工程基本构造要素，也是假定的建筑安装产品。

与以上工程构成的方式相适应，建设工程具有分部组合计价的特点。这一特点在计算概算造价和预算造价时尤为显著，所以也反映到合同价和结算价。建设工程项目计价的计算过程和计算顺序可概括为：分部分项工程计价→单位工程造价→单项工程造价→建设项目总造价。

1.2.2 工程造价的职能与作用

1）工程造价的职能

工程造价除具有一般商品的价格职能外,还具有其特殊的职能。

（1）预测职能

由于工程造价具有大额性和动态性的特点,无论是投资者还是建筑商都要对拟建工程造价进行预先测算。投资者预先测算工程造价,不仅作为项目决策依据,同时也是筹集资金、控制造价的需要。承包商对工程造价的测算,既为投标决策提供依据,也为投标报价和成本管理提供依据。

（2）控制职能

工程造价一方面可以对投资进行控制,在投资的各个阶段,根据对造价的多次性预估,对造价进行全过程、多层次的控制;另一方面可以对以承包商为代表的商品和劳务供应企业的成本进行控制,在价格一定的条件下,企业实际成本开支决定企业的盈利水平,成本越低盈利越高。

（3）评价职能

工程造价既是评价投资合理性和投资效益的主要依据,也是评价土地价格、建筑安装工程产品和设备价格的合理性的依据,同时也是评价建设项目偿还贷款能力、获利能力和宏观效益的重要依据。

（4）调控职能

由于工程建设直接关系到经济增长、资源分配和资金流向,对国计民生都产生重大影响,所以国家对建设规模、结构进行宏观调控,这些调控都是要用工程造价作为经济杠杆,对工程建设中的物质消耗水平、建设规模、投资方向等进行调控和管理。

2）工程造价的作用

（1）它是建设项目决策的依据

工程造价决定着建设项目的一次性投资费用。是否值得投资、是否有足够的财务能力,是项目决策中要考虑的主要问题。如果建设工程建造价格超过投资者的支付能力,就会迫使其放弃拟建的项目;如果项目投资效果达不到预期目标,投资者也会自动放弃拟建工程。

（2）它是制订投资计划和控制投资的依据

投资计划按照建设工期、工程进度和工程造价等逐年分月加以制订,正确的投资计划有助于合理和有效地使用资金。工程造价通过多次预估,最终通过竣工决算确定,每一次的预估过程也是对造价的控制过程。此外,投资者制定和运用各类定额、标准和参数等控制工程造价的计算依据,也是控制建设工程投资的表现。

（3）它是筹集建设资金的依据

投资体制的改革和市场经济的建立,要求项目投资者必须有很强的筹资能力,以保证工程建设有充足的资金供应。工程造价基本决定了建设资金的需要量,从而为筹集资金提供了比较准确的依据。当建设资金来源于金融机构的贷款时,金融机构在对项目偿贷能力进行评估的基础上,也需要依据工程造价来确定给予投资者的贷款数额。

（4）它是评价投资效果的重要指标

工程造价是一个包含着多层次项目造价构成的体系,既有建设项目的总造价,又包含单项工程的造价和单位工程的造价,同时也包含单位生产能力的造价或单位建筑面积的造价等。工程造价自身形成一个指标体系,能够为评价投资效果提供多种评价指标,并能够形成新的价格信息,为今后类似建设项目的投资提供参照系。

（5）它是合理分配利益和调节产业结构的手段

工程造价的高低涉及国民经济各部门和企业间的利益分配。在市场经济体制下,工程造价会受供求状况的影响,在围绕价值的波动中,加上政府正确的宏观调控和价格政策导向,实现对建设规模、产业结构和利益分配的调节。

1.3 工程造价管理

1.3.1 工程造价管理

1）工程造价管理的含义

由于工程造价存在两种含义,工程造价管理也有两种含义。

（1）工程投资费用管理

工程投资费用管理指为了实现投资的预期目标,在拟定的规划、设计方案的条件下,预测、确定和监控工程造价及其变动的系统活动。工程投资费用管理主要属于微观投资管理范畴。

微观投资管理包含国家对投资项目的管理和投资者对自己投资的管理两个方面。国家对企事业单位投资、个人投资的管理,是通过正确的产业政策,通过各种经济杠杆,把分散的资金引导到符合社会需要的建设项目上来。投资者自己投资的管理,即是工程建设项目的管理,要在工程建设全过程做好计划、组织和控制等各项工作,努力降低工程造价,提高投资经济效益。

（2）工程价格管理

工程价格管理属于价格管理范畴。在市场经济条件下,价格管理分为微观和宏观两个层次。在微观层次上,是指建筑市场主体在掌握市场价格信息的基础上,为实现工程管理和企业管理目标而进行的工程计价、定价和竞价的系统活动。在宏观层次上,是指政府根据社会经济发展的要求,利用法律、经济和行政的手段对工程价格进行管理和调控,以及通过市场管理规范市场主体价格行为的系统活动。

国家对工程造价的管理,不仅承担一般商品价格的调控职能,而且在政府投资项目上也承担着微观主体的管理职能。这种双重角色的双重管理职能,是工程造价管理的一大特色。区分不同的管理职能,进而制定不同的管理目标,对工程建设项目实行分类管理,这是一种必然的趋势。

工程造价管理的目标是按照经济规律的要求,根据社会主义市场经济的发展形势,利用科学的管理方法和先进的管理手段,合理地确定工程造价和有效地控制造价,以提高投资效益。从总体上说,工程造价管理就是要加强工程造价的全过程动态管理,强化工程造价的约束机制,维护有关各方的经济利益,规范价格行为,促进微观效益和宏观效益的统一。

2) 建设工程全面造价管理

按照国际工程造价管理促进会给出的定义,全面造价管理是指有效地利用专业知识与技术,对资源、成本、盈利和风险进行筹划和控制。建设工程全面造价管理包括全寿命期造价管理、全过程造价管理、全要素造价管理和全方位造价管理。

(1) 全寿命期造价管理

建设工程全寿命期造价是指建设工程初始建造成本和建成后的日常使用成本之和,它包括建设前期、建设期、使用期及拆除期各个阶段的成本。由于在实际管理过程中,在工程建设及使用的不同阶段,工程造价存在诸多不确定性。因此,全寿命期造价管理主要是作为一种遵循建设工程全寿命期造价最小化的指导思想,指导建设工程的投资决策及设计方案的选择。

(2) 全过程造价管理

全过程造价管理是指覆盖建设工程策划决策及建设实施各个阶段的造价管理。包括前期决策阶段的项目策划、投资估算、项目经济评价、项目融资方案分析,设计阶段的限额设计、方案比选、概预算编制,招投标阶段的标段划分、发承包模式及合同形式的选择、招标控制价或标底编制,施工阶段的工程计量与结算、工程变更控制、索赔管理,竣工验收阶段的结算与决算等。

(3) 全要素造价管理

影响建设工程造价的因素有很多。为此,控制建设工程造价不仅仅是控制建设工程本身的建造成本,还应同时考虑工期成本、质量成本、安全与环境成本的控制,从而实现工程成本、工期、质量、安全、环境的集成管理。全要素造价管理的核心是按照优先性的原则,协调和平衡工期、质量、安全、环保与成本之间的对立统一关系。

(4) 全方位造价管理

建设工程造价管理不仅仅是业主或承包单位的任务,而且是政府建设主管部门、行业协会、建设单位、设计单位、施工单位以及有关咨询机构的共同任务。尽管各方的地位、利益、角度等有所不同,但必须建立完善的协同合作机制,才能实现建设工程造价的有效控制。

1.3.2　工程造价管理内容

工程造价管理的基本内容就是合理确定和有效控制工程造价。两者相互依存、相互制约。首先,工程造价的确定是工程造价控制的基础和载体,没有造价的确定就没有造价的控制;其次,造价的控制贯穿于造价确定的全过程,造价的确定过程也就是造价的控制过程,通过逐项控制、层层控制才能最终合理地确定造价,确定造价和控制造价的最终目标是一致的,两者相辅相成。

1) 工程造价的合理确定

所谓工程造价的合理确定,就是在建设程序的各个阶段,合理确定投资估算、概算造价、预算造价、承包合同价、结算价、施工预算价、竣工决算价。

在项目建议书阶段,按照有关规定,应编制初步投资估算。经有关部门批准,作为拟建项目列入国家中长期计划和开展前期工作的控制造价。

在可行性研究报告阶段,按照有关规定编制的投资估算,经有关部门批准,即为该项目控制工程造价。

在初步设计阶段,按照有关规定编制的初步设计总概算,经有关部门批准,即作为拟建项目工程造价的最高限额。在初步设计阶段,实行建设项目招标承包制签订承包合同协议的,也应在最高限价相应的范围以内。

在施工图设计阶段,按规定编制施工图预算,用以核实施工图预算造价是否超过批准的初步设计概算。对以施工图预算为基础的招标投标工程,承包合同价也是以经济合同形式确定的建筑安装工程造价。

在工程实施阶段,要按照承包方实际完成的工程量,以合同价为基础,同时考虑物价所引起的造价提高,考虑到设计中难以预计的实施阶段实际发生的工程和费用,合理确定结算价。

在竣工验收阶段,全面汇集工程建设过程中的实际发生的全部费用,编制竣工决算。

2)工程造价的控制途径

(1)以设计阶段为重点的建设项目全过程的造价控制

虽然工程造价控制贯穿于项目建设全过程,但是必须突出重点。工程造价控制的关键在于施工前的投资决策和设计阶段,在项目投资决策后,控制工程造价的关键在于设计。一般而言,工程设计费只占建设项目全部费用的1%以下,但正是这部分1%的费用,对工程造价的影响程度占75%以上。由此可见,设计质量对整个工程建设的效益至关重要。

(2)由被动控制转为主动控制

我国工程造价的控制是被动控制,根据设计图纸上的工程量,套用概预算定额计算工程造价,这样计算的造价是静态造价。如果采用的定额过时,算出的造价与实际造价有较大的差别,起不到控制造价的作用。因此工程造价必须实行主动控制,对建设项目的建设工期、工程造价和工程质量进行有效控制。

长期以来,人们只把控制理解为目标值与实际值的比较,以及在实际值与目标值偏离时,分析其产生偏离的原因,并确定下一步的策略。这种立足于调查、分析、决策基础上的偏离、纠偏、再偏离、再纠偏的控制方法,只能发现偏离,不能使已有的偏离消除,不能预防可能发生的偏离,因而只能说是被动控制。自20世纪70年代开始,将控制立足于事先主动地采取措施,以尽可能地减少目标值与实际值的偏离,这是主动的、积极的控制方法,因此被称为主动控制。工程造价控制,不仅要反映投资决策,反映设计、发包和施工,被动地控制工程造价,更要能动地影响投资决策,影响设计、发包和施工,主动地控制工程造价。

(3)技术与经济的结合

有效地控制工程造价,应从组织、技术、经济、合同与信息管理等多方面采取措施,从组织上明确项目组织结构,明确管理职能分工。从技术上重视设计方案的选择,严格审查监督初步设计、技术设计、施工图设计、施工组织设计。从经济上要动态地比较造价的计划值和实际值,严格审查各项费用的支出,采取对节约投资有效的措施。

1.3.3 工程造价管理组织

工程造价管理的组织,指为了实现工程造价管理目标而进行的有效组织活动,以及与造价管理功能相关的有机群体,是工程造价动态的组织活动过程和相对静态的造价管理部门的统一。

1) 政府管理系统

政府在工程造价管理中既是宏观管理主体,也是政府投资项目的微观管理主体。政府对工程造价管理有一个严密的组织系统,设置了多层管理机构,规定了管理权限和职责范围。

国务院建设行政主管部门的造价管理机构在全国范围内行使管理职能,各省、自治区、直辖市和国务院其他主管部门均设有管理工程造价(定额)的机构,在其管辖范围内行使相应的管理职能,主要组织制定工程造价管理有关法规、制度并组织贯彻实施,制定全国统一经济定额和制定、修订本部门经济定额,监督指导全国统一经济定额和本部门经济定额的实施;制定工程造价咨询企业的资质标准并监督执行,制定工程造价管理专业技术人员执业资格标准;负责全国工程造价咨询企业资质管理工作,审定全国甲级工程造价咨询企业的资质。

2) 企业单位管理系统

企业单位对工程造价的管理,属微观管理的范畴。

设计单位、工程造价咨询企业按照建设单位或委托方的意图,在可行性研究和规划设计阶段,合理确定和有效控制工程造价,通过限额设计等手段实现设定的造价管理目标;在招投标工作中,编制招标文件、标底,参加评标、合同谈判等工作;在项目实施阶段,通过对设计变更、工期、索赔和结算等的管理进行造价控制。设计单位、工程造价咨询企业通过在全过程造价管理中的业绩,赢得自己的信誉,提高市场竞争力。

施工单位的造价管理是施工企业管理和施工项目管理的重要内容,企业设有专门的职能机构参与工程投标决策,并通过对市场的调查研究,利用过去积累的经验,研究报价策略,提出报价;在施工过程中,进行工程造价的动态管理,注意各种调价因素的发生,做好工程价款的结算,避免收益的流失,以促进企业盈利目标的实现。施工单位在加强工程造价管理的同时,还要加强企业内部的各项管理,特别要加强成本控制,才能切实保证企业有较高的利润水平。

3) 行业协会管理系统

在全国各省、自治区、直辖市及一些大中城市,先后成立了工程造价管理协会,对工程造价咨询工作和造价工程师实行行业管理。中国建设工程造价管理协会是我国建设工程造价管理的行业协会。

1.3.4 我国造价工程师执业制度

我国的造价工程师是由国家授予资格并准予注册后执业,专门接受某个部门或某个单位的指定、委托或聘请,负责并协助其进行工程造价的计价、定价及管理业务,以维护其合法权益的一种独立设置的职业。造价工程师应既懂得工程技术，又懂得工程经济和管理，并具有实践经验，能为建设项目提供全过程价格确定、控制和管理，使既定的工程造价限额得到控制，并取得最佳投资效益。

现行制度规定，凡从事工程建设活动的建设、设计、施工、工程造价咨询、工程造价管理等单位和部门，必须在计价、评估、审查（审核）、控制及管理等岗位配备有造价工程师执业资格的专业技术人员。

我国的造价工程师执业资格制度是指国家建设行政主管部门或其授权的行业协会，依据国家法律法规制定的，规范造价工程师职业行为的系统化的规章制度以及相关组织体系的总称。基本建设预算制度是社会主义市场经济规律在基本建设中的客观反映，也是国家宏观控制基本建设的具体形式。

复习思考题

1. 工程建设项目是怎样划分的？
2. 工程建设项目建设程序包括哪些？
3. 什么是工程造价？
4. 工程造价的职能有哪些？
5. 工程造价有哪些作用？
6. 工程造价管理内容有哪些？

2 建筑工程定额

2.1 建筑工程定额及作用

2.1.1 建筑工程定额

所谓定额,是一种既定的额度和规定的标准。在工程建设过程中,建筑产品的生产需要消耗人工和材料,同时也需要使用各类工程机械。在正常施工条件下,完成一定量的建筑产品所消耗的人工工日、材料、机械台班的数量标准,即为建筑工程定额。

建筑工程定额是建筑企业经营管理的基础,是确定建筑工程造价、进行经济核算的依据。如何制定和应用建筑工程定额,反映了一个国家、一个地区、一定时期建筑企业生产经营水平的高低,同时也反映了社会劳动生产率水平。

在建筑工程的定额定义中,所谓正常的施工条件,是指生产过程按生产工艺和施工验收规范操作,施工条件完善,合理的劳动组织和合理的使用施工机械和材料。在这样的条件下,对完成一定计量单位的合格产品进行的定员(定工日)、定量(数量)、定质(质量)、定价(资金),同时规定了工作内容和安全要求等。

2.1.2 定额的作用

我国的建筑安装工程定额是计划经济下的产物,长期以来,在我国计划经济体制中发挥了重要作用。在实行市场经济的今天,定额仍然是企业投标报价的主要依据。

1) 它是工程中人、材、机的消耗量标准

由于施工企业受各自的生产条件包括企业的工人素质、技术装备、管理水平、经济能力的影响,其完成某项特定工程所消耗的人力、物力和财力资源存在着差别。企业技术装备低、工人素质差、管理水平弱的企业,在特定工程上消耗的活劳动(人力)和物化劳动(物力和财力)就高,凝结在工程中的个别价值就高;反之,企业技术装备好、工人素质高、管理水平高的企业,在特定工程上消耗的活劳动和物化劳动就少,凝结在工程中的个别价值就低。

综上所述,个别劳动之间存在着差异,所以有必要制定一个一般消耗量的标准,这就是国家、省市颁布的建筑安装工程定额,定额中人工、材料、施工机械台班的消耗量是在正常施工状态下的社会平均消耗量标准。这个标准有利于鞭策落后,鼓励先进,对社会经济发展具有推动作用。同时,各施工企业也可以根据本企业的工人素质、技术装备、管理水平等确定本企业的人工、材料、机械台班的消耗量标准,以确定企业的个别成本,用来指导企业投标报价。

2）它是编制工程造价的依据

定额的制定,其主要目的就是为了计价。在计划经济时代,施工图预算、招投标标底及投标报价书的编制,以及工程造价的确定,主要依据工程所在地的单定额。

我国现阶段还处于市场经济的初期阶段,市场经济还不发达,许多有利于市场竞争的计价规则还有待于制定、完善和推广。特别是在实行工程量清单计价的初期,大多数施工企业还没有形成自己的企业定额,消耗在工程实体上的实物消耗量的标准仍需要以预算定额规定值为参考依据,招标单位也需要根据定额的实物消耗量标准来编制招标标底,因此,实行工程量清单计价后的相当长的一段时间内,定额并不会被抛弃。因此各省市为配合《建设工程工程量清单计价规范》的实施,都编制了与之配套使用的计价表,如江苏省编制了《江苏省安装工程计价定额》以及与之配套的《江苏省建设工程费用定额》。

3）它是施工单位加强管理、投标报价的基础

工程量清单计价,实行合理的最低价中标,则要求投标企业针对具体的招标项目制定合理的施工方案,加强企业内部管理,降低成本,提高企业报价的竞争力。投标报价的过程是一个计价、分析、平衡的过程;成本核算是一个计价、对比、分析、查找原因、制定措施实施的过程。投标报价和进行成本核算的一项重要工作就是"计价",而计价的重要依据之一就是"定额",所以定额是企业进行投标报价和进行成本核算的基础。

2.1.3　定额的分类

工程建设定额是工程建设中各类定额的总称,它包括许多种类的定额。根据生产要素不同、编制程序和定额的用途不同、专业及费用的性质不同有不同分类。各种定额分类中,劳动定额、材料消耗定额和机械台班使用定额是制定各种使用定额的基础,因此也称为基本定额。

工程定额按其反映的生产要素的内容,可分为劳动消耗定额、材料消耗定额和施工机械消耗定额三种。

按定额的用途可分为施工定额、预算定额、概算定额、概算指标、投资估算指标等。施工定额是用于建筑施工安装企业内部组织生产和管理的一种定额,即属于一种企业生产定额的性质。施工定额目前仍由国家建设行政主管部门按一定的程序统一编制,反映一定时期国内大多数施工企业的施工水平、机械装备水平及管理水平,因而可作为施工企业在施工生产中考核生产率水平、管理水平的重要标尺和作为施工企业编制施工组织设计、组织施工、管理与控制施工成本等项工作的重要依据。

按定额的制定单位和适用范围分,可分为国家统一定额、行业定额、地区定额、企业定额。另外,工程定额还可以按专业性质进行分类,如建筑工程定额、安装工程定额、装饰装修工程定额、市政工程定额、人防工程定额、园林绿化工程定额、公用管线工程定额、港口建设工程定额、水利工程定额等。

2.1.4　工程定额的编制方法

常用的工程定额编制方法主要有六种。

1）技术测定法

技术测定法是根据先进合理的施工技术、操作方法、合理的劳动组织以及正常的施工条件，对施工过程中的具体活动进行现场实地观察，详细地记录施工过程中的人工、材料、机械消耗量，完成单位产品的数量，影响实物消耗量和完成单位产品的数量的相关因素，将记录的结果加以整理与客观地分析，从而制定出定额的方法。它具有较高的准确性和科学性，主要有测时法、写实记录法、工作抽查法等几种具体方法。

2）试验法

试验法是指通过实验室的试验，利用实验数据编制工程实物定额的方法。例如，通过实验室的试验，对材料的化学和物理性能以及按强度等级控制的混凝土、砂浆配比做出科学的结论，给编制材料的消耗定额提出有技术根据的、比较精确的计算数据，主要适用于编制材料净用量定额。

3）现场统计法

现场统计法是通过对施工现场进料、用料、用工、使用施工机械的大量统计资料进行分析计算，获得各种相关的实物消耗数据，编制工程实物定额的方法。

上述三种方法的选择必须符合国家有关标准规范，即材料的产品标准，计量要使用标准容器和称量设备，质量符合施工验收规范要求，以保证获得可靠的定额编制依据。

4）理论计算法

理论计算法是运用一定的数学公式计算工程实物消耗定额的方法。例如，砌筑工程中，砌块和砂浆的净用量等均用此法进行计算。

5）经验估算法

经验估算法是由定额编制人员、工程技术人员和工人相结合，通过经验座谈，根据实践经验，经过图纸分析和现场观察，了解施工工艺，分析施工（生产）的技术组织条件和操作方法等情况来编制工程定额的方法。

6）比较类推法

比较类推法又称作典型定额法，它是以同类型或相似类型的产品（或工序）的典型定额项目的定额水平为标准，经过分析比较，类推出同一组定额中各相邻项目的定额水平，编制工程实物定额的方法。其特点是计算简便，工作量小，只要典型定额选择恰当，切合实际并具有代表性，则类推出的定额一般都比较合理。主要有比例类推法、坐标图示法等几种。

2.2　生产要素定额

生产要素定额主要包括劳动定额、材料消耗定额及机械台班定额，它是其他定额的基本组成部分，下面我们分别介绍这三种定额。

2.2.1　劳动定额

劳动定额亦称人工定额或工时定额，是人工的消耗定额。它是指在正常的施工技术条件下，为完成单位合格产品所必需的劳动消耗量的标准。为便于综合和核算，劳动定额大多采用工作时间消耗量来计算劳动消耗的数量,所以劳动定额主要表现形式是人工时间定额,同时也表现为产量定额,即根据表达方式分为时间定额和产量定额两种。

时间定额是指在一定的生产技术和生产组织条件下,某工种、某技术等级的工人小组或个人,完成单位合格产品所必须消耗的工作时间。定额工作时间包括工人的有效时间(准备与结束时间、基本工作时间、辅助工作时间)、必要的休息时间和不可避免的中断时间。

时间定额以工日为单位,每个工日工作时间按现行制度规定为 8 小时。其计算方法如下:

$$单位产品工作定额 = \frac{工作时间}{该时间内完成的产品数量} = \frac{1}{每日工作量}$$

产量定额是指在一定的生产技术和生产组织条件下,某工种、某技术等级的工人小组或个人,在单位时间内(工日)所完成合格产品的数量。其计算方法如下:

$$产量定额 = \frac{1}{单位产品时间定额}$$

时间定额与产量定额互为倒数,即:

$$时间定额 \times 产量定额 = 1$$

或 $$时间定额 = \frac{1}{产量定额} \qquad 产量定额 = \frac{1}{时间定额}$$

从上面两式可知:当时间定额减少时,产量定额就相应的增加;当时间定额增加时,产量定额就相应的减少。

不同用途的定额,其人工消耗量的确定方式不同。对安装工程工程量清单计价所使用的预算定额,人工消耗量的确定可以有两种方法。一种是以施工定额为基础确定;另一种是以现场观察测定资料为基础来计算。用第一种方法确定预算定额的人工消耗量,实际上是一个综合过程,它是在施工定额的基础上,将测定对象所包含的若干个工作过程所对应的施工定额按施工作业的逻辑关系进行综合,从而得到预算定额的人工消耗量标准。

预算定额中的人工消耗量是指在正常条件下,为完成单位合格产品所必需的生产工人的人工消耗。具体地说,它应该包括为完成分项工程施工任务而在施工现场开展的各种性质的工作所对应的人工消耗,包括基本性工作、辅助性工作、现场水平运输以及一些零星的很难单独计量的工作所对应的工时消耗。

在把施工定额综合成预算定额的过程中,我们把上述几项工作所对应的人工消耗分别称为基本用工、辅助用工、超运距用工以及人工幅度差。即:

$$工人消耗量 = \sum(基本用工 + 辅助用工 + 超运距用工 + 人工幅度差)$$

基本用工:指完成单位合格分项工程所必须消耗的技术工种的用工。

辅助用工:指在技术工种施工定额内不包括而在预算定额内又必须考虑的人工消耗。例如,机械土方工程配合用工、材料加工所需的人工。

超运距用工:超运距是指施工定额中已包括的材料/半成品场内水平搬运距离(施工定额一般只考虑工作面上的水平运输,运距较短)与预算定额所考虑的现场材料、半成品堆放地点到操作地点的水平运输距离(预算定额所考虑的材料水平运输距离一般为整个施工现围内的运距)之差。而发生在超运距上运输材料、半成品的人工消耗即为超运距用工。

人工幅度差：即预算定额与施工定额的差额，主要是指在施工定额中未包括而在正常施工条件下不可避免但又很难准确计量的各种零星的人工消耗和各种工时损失，如工序搭接及交叉作业互相配合所发生的停歇用工等。

人工幅度差＝（基本用工＋辅助用工＋超运距用工）×人工幅度差系数

人工幅度差系数一般为 1‰～15‰。在预算定额中，人工幅度差的用工量一般列入其他用工量中。

综上所述：

人工消耗量＝$\sum$（基本用工＋辅助用工＋超运距用工＋人工幅度差）

＝$\sum$（基本用工＋辅助用工＋超运距用工）×（1＋人工幅度差系数）

【例 2.1】 已知砌筑砖墙的基本用工为 2.77 工日／m³，超运距用工为 0.136 工日／m³，人工幅度差系数为 10％，试计算砌筑 10 m³ 砖墙的人工消耗量。

【解】

人工消耗量＝10×（基本用工＋辅助用工＋超运距用工）×（1＋人工幅度差系数）

＝10×（2.77＋0.136）×（1＋10％）

＝31.97 工日

2.2.2　材料消耗定额

材料消耗定额，简称材料定额，是指在合理使用材料的条件下，生产单位合格产品所必须消耗的一定规格的原材料、半成品或构配件的数量标准，称为材料消耗定额。它是企业核算材料消耗、考核材料节约或浪费的指标。如：5.314 千块黏土砖/10 m³ 砖混墙；2.25 m³ 砂浆/10 m³ 砖混墙；1.06 m³ 水/10 m³ 砖混墙等。

在建筑工程的直接成本中，材料费占 65％左右。材料消耗量的多少、消耗是否合理，关系到资源的有效利用，对建设工程的造价和成本控制有着决定性影响。制定合理的材料消耗定额，是合理利用资源，减少积压、浪费的必要前提。

工程施工中所消耗的材料，按其消耗的方式可以分成两种，一种是在施工中一次性消耗的、构成工程实体的材料，如管道安装工程中的管道等，我们一般把这种材料称为实体性材料。另一种是在施工中周转使用，其价值是分批分次地转移到工程实体中去的。这种材料一般不构成工程实体，而是在工程实体形成过程中发挥辅助作用，它是为有助于工程实体的形成而使用并发生消耗的材料，如安装工程中的脚手架、浇筑混凝土构件用的模板等，我们一般把这种材料称为周转性材料。

1）材料的划分

工程施工中的材料按用途划分可分为以下四种：

（1）主要材料：指直接构成工程实体的材料。

（2）辅助材料：指除主要材料以外的构成工程实体的其他材料，如垫木、钉子、铅丝等。

（3）周转性材料：指脚手架、模板等多次周转使用的不构成工程实体的摊销性材料。

（4）其他材料：指用量较少、难以计量的零星用料，如棉纱、编号用的油漆等。

2）材料的消耗量组成

预算定额材料消耗量由材料净用量和材料损耗量组成。材料净用量，是指直接用于建筑和安装工程的材料；材料损耗量，是指不可避免的施工废料和不可避免的材料损耗，如现场内材料运输损耗及施工操作过程中的损耗（指施工现场内的损耗）等。

3）材料的消耗量确定

预算定额材料耗量＝材料净用量＋材料损耗量＝材料净用量×（1＋损耗率）

$$材料消耗率＝\frac{材料损耗量}{净用量}×100\%$$

2.2.3　机械台班定额

在正常施工条件下完成单位合格产品所必须消耗的机械台班数量的标准，称为机械台班消耗定额，也称为机械台班使用定额。机械台班使用定额的表示形式有两种：机械台班时间定额和机械台班产量定额。机械时间定额和机械产量定额互为倒数关系。

我国施工机械消耗定额一般是以一台机械一个工作班（8 h）为计量单位规定的，即一个台班，所以也成为机械台班定额。如两台机械共同工作1个工作班，或者一台机械工作2个工作班，则称为2个台班。

1）机械台班时间定额

就是在正常的施工条件下，使用某种机械，完成单位合格产品所必须消耗的台班数量。即：

$$机械台班时间定额＝\frac{1}{机械台班产量定额}（台班）$$

2）机械台班产量定额

就是在正常的施工条件下，某种机械在一个台班时间内完成的单位合格产品的数量，即：

$$机械台班产量定额＝\frac{1}{机械台班时间定额}$$

所以，机械台班的时间定额与机械台班的产量定额之间互为倒数。

预算定额中的建筑施工机械消耗指标，是以台班为单位进行计算，并且每一台班为8个小时工作制。预算定额的机械化水平，应以多数施工企业采用的和已推广的先进施工方法为标准。预算定额中的机械台班消耗量按合理的施工方法取定并考虑增加了机械幅度差。

3）机械幅度差

机械幅度差是指在劳动定额（机械台班）中未曾包括的，而机械在合理的施工组织条件下所必需的停歇时间，在编制预算定额时应予以考虑。其内容包括：

（1）施工机械转移工作面及配套机械互相影响损失的时间。

（2）在正常的施工情况下，机械施工中不可避免的工序间歇。

（3）检查工程质量影响机械操作的时间。

（4）临时水、电线路在施工中移动位置所发生的机械停歇时间。

(5) 工程结尾时,工作量不饱满所损失的时间。

由于垂直运输的塔吊、卷扬机及砂浆、混凝土搅拌机是按小组配合,应以小组产量计算机械台班产量,不另增加机械幅度差。

4) 机械台班消耗指标的计算

(1) 小组产量计算法。按小组日产量大小来计算耗用机械台班多少。计算公式如下:

$$分项定额机械台班使用量=\frac{分项定额计量单位值}{小组产量}$$

(2) 台班产量计算法。按台班产量大小来计算定额内机械消耗量大小。计算公式如下:

$$定额台班用量=\frac{定额单位}{台班产量}×机械幅度差系数$$

2.3 预算定额

预算定额是用于编制建设工程的施工图预算,计算建设工程预算价格以及建设工程中人工、材料、施工机械台班消耗的一种定额。我国目前的预算定额由建设主管部门统一编制,作为确定建设工程预算价格的重要依据,对建设工程其他定额的编制具有指导作用,在我国建设工程定额体系中有着特殊的地位。

1) 预算定额的概念

预算定额,是指在合理的施工组织设计、正常施工条件下,生产一个规定计量单位合格结构构件、分项工程所需的人工、材料和机械台班的社会平均消耗量标准。预算定额是工程建设中的一项重要的技术经济文件,是编制施工图预算的主要依据,是确定和控制工程造价的基础。

2) 预算定额的作用

(1) 预算定额是编制施工图预算、确定建筑安装工程造价的基础

施工图设计一经确定,工程预算造价就取决于预算定额水平和人工、材料及机械台班的价格。预算定额起着控制劳动消耗、材料消耗和机械台班使用的作用,进而起着控制建筑产品价格的作用。

(2) 预算定额是编制施工组织设计的依据

施工组织设计的重要任务之一,是确定施工中所需人力、物力的供求量,并作出最佳安排。施工单位在缺乏本企业的施工定额的情况下,根据预算定额,亦能够比较精确地计算出施工中各项资源的需要量,为有计划地组织材料采购和预制件加工、劳动力和施工机械的调配,提供可靠的计算依据。

(3) 预算定额是工程结算的依据

工程结算是建设单位和施工单位按照工程进度对已完成的分部分项工程实现货币支付的行为。按进度支付工程款,需要根据预算定额将已完分项工程的造价算出。单位工程验收后,再按竣工工程量、预算定额和施工合同规定进行结算,以保证建设单位建设资金的合理使用和施工单位的经济收入。

（4）预算定额是施工单位进行经济活动分析的依据

预算定额规定的物化劳动和劳动消耗指标，是施工单位在生产经营中允许消耗的最高标准。施工单位必须以预算定额作为评价企业工作的重要标准，作为努力实现的目标。施工单位可根据预算定额对施工中的劳动、材料、机械的消耗情况进行具体的分析，以便找出并克服低功效、高消耗的薄弱环节，提高竞争能力。

（5）预算定额是编制概算定额的基础

概算定额是在预算定额基础上综合扩大编制的。利用预算定额作为编制依据，不但可以节省编制工作的大量人力、物力和时间，起到事半功倍的效果，还可以使概算定额在水平上与预算定额保持一致，以免造成执行中的不一致。

（6）预算定额是合理编制招标控制价、投标报价的基础

在深化改革中，预算定额的指令性作用将日益削弱，而对施工单位按照工程个别成本报价的指导性作用仍然存在，因此预算定额作为编制招标控制价的依据和施工企业报价的基础性作用仍将存在，这也是由预算定额本身的科学性和指导性决定的。

3）预算定额的种类

（1）按专业性质分，预算定额有建筑工程定额和安装工程定额两大类。建筑工程预算定额按专业对象分为建筑工程预算定额、市政工程预算定额、铁路工程预算定额、公路工程预算定额、房屋修缮工程预算定额、矿山井巷预算定额等。安装工程预算定额按专业对象分为电气设备安装工程预算定额、机械设备安装工程预算定额、通信设备安装工程预算定额、化学工程设备安装工程预算定额、工业管道安装工程预算定额、工艺金属结构安装工程预算定额、热力设备安装工程预算定额等。

（2）按惯例权限和执行范围划分，预算定额可以分为统一预算定额、行业统一预算定额和地区统一预算定额等。

（3）预算定额按生产要素分为劳动定额、机械定额和材料消耗定额，它们相互依存形成一个整体，作为编制预算定额的依据，各自不具有独立性。

4）预算定额的编制原则

为保证预算定额的质量，充分发挥预算定额的作用，在编制工作中应遵循以下原则：

（1）按社会平均水平确定预算定额的原则

预算定额是确定和控制建筑安装工程造价的主要依据。因此，它必须遵照价值规律的客观要求，即按生产过程中所消耗的社会必要劳动时间来确定定额水平。

（2）简明适用原则

简明适用原则一是指在编制预算定额时，对于那些主要的、常用的、价值最大的项目，分项工程划分宜细；次要的、不常用的、价值量相对较小的项目则可以粗一些。二是指预算定额要项目齐全，要注意补充那些因采用新技术、新结构、新材料而出现的新的定额项目。三是要求合理确定预算定额的计算单位，简化工程量的计算，尽可能地避免同一种材料用不同的计量单位和一量多用，尽量减少定额附注和换算系数。

（3）坚持统一性和差别性相结合的原则

所谓统一性，就是从培育全国统一市场规范计价行为出发，计价定额的制定规划和组织实施由国务院建设行政主管部门归口管理，由其负责全国统一定额制定或修订，颁发有关工程造价管理的规章制度办法等。所谓差别性，就是在统一性的基础上，各部门和省、自治区、直辖市主管部门可以在自己的管辖范围内，根据本部门和地区的具体情况，制定部门和地区性定额、补充性制度和管理办法，以适应我国幅员辽阔，地区间部门发展不平衡和差异大的实际情况。

5）预算定额的编制依据

（1）现行劳动定额和施工定额。预算定额是在现行劳动定额和施工定额的基础上编制的。预算定额中人工、材料、机械台班消耗定额，需要根据劳动定额或施工定额取定；预算定额的计量单位的选择，也要以施工定额为参考，从而保证两者的协调和可比性，减轻预算定额的编制工作量，缩短编制时间。

（2）现行设计规范、施工及验收规范、质量评定标准和安全操作规程。

（3）具有代表性的典型工程施工图及有关标准图。对这些图纸进行仔细分析研究，并计算出工程数量，作为编制定额时选择施工方法确定定额含量的依据。

（4）新技术、新结构、新材料和先进的施工方法等。这类资料是调整定额水平和增加新的定额项目所必需的依据。

（5）有关科学实验、技术测定和统计、经验资料。这类文件是取定定额水平的重要依据。

（6）现行的预算定额、材料预算价格及有关文件规定等，包括过去定额编制过程中积累的基础资料，也是编制预算定额的依据和参考。

2.4 概算定额、概算指标及投资估算指标

2.4.1 概算定额

概算定额是在建设工程的初步设计、扩大初步设计阶段，编制建设工程的设计概算，计算和确定建设工程概算价格及其人工、材料、施工机械台班需要量时所使用的定额。概算定额确定实物消耗量的对象，是一定计量单位的建筑安装工程的扩大分项工程或扩大结构构件。因此，它的项目划分较粗，与初步设计、扩大初步设计的深度相适应。一般是在预算定额的基础上进行适当地合并、综合编制而成的。

1）概算定额的作用

（1）概算定额是初步设计阶段编制概算、扩大初步设计阶段编制修正概算的主要依据。

（2）概算定额是对设计项目进行技术经济分析比较的基础资料之一。

（3）概算定额是建设工程主要材料计划编制的依据。

（4）概算定额是控制施工图预算的依据。

（5）概算定额是施工企业在准备施工期间，编制施工组织总设计或总规划时，对生产要

素提出需要量计划的依据。

(6) 概算定额是工程结束后,进行竣工决算和评价的依据。

(7) 概算定额是编制概算指标的依据。

2) 概算定额的编制原则

概算定额的编制应遵守"贯彻社会平均水平和简明适用"的原则。由于概算定额和预算定额都是工程计价的依据,所以应符合价值规律和反映现阶段大多数企业的设计、生产及施工管理水平,但在概预算定额水平之间应保留必要的幅度差。概算定额的内容和深度是以预算定额为基础的综合和扩大。概算定额务必做到简化、准确和适用。

3) 概算定额的编制依据

由于概算定额的使用范围不同,其编制依据也略有不同。编制依据一般有以下几种:

(1) 现行的设计规范、施工验收技术规范和各类工程预算定额。

(2) 具有代表性的标准设计图纸和其他设计资料。

(3) 现行的人工工资标准、材料价格、机械台班单价及其他的价格资料。

4) 概算定额的编制步骤

(1) 准备阶段。该阶段主要是确定编制机构和人员组成,进行调查研究,了解现行概算定额执行情况和存在问题,明确编制的目的,制定概算定额的编制方案和确定概算定额的项目。

(2) 编制初稿。该阶段是根据已经确定的编制方案和概算定额项目,收集和整理各种编制依据,对各种资料进行深入细致的测算和分析,确定人工、材料和机械台班的消耗量指标,最后编制概算定额初稿。概算定额水平与预算定额水平之间有一定的幅度差,幅度差一般在5%以内。

(3) 审查定稿阶段。该阶段的主要工作是测算概算定额水平,即测算新编制概算定额与原概算定额及线性预算定额之间的幅度差。既要分项进行测算,又要通过编制单位工程概算以单位工程为对象进行综合测算。

2.4.2 概算指标

概算指标是在建设工程的初步设计阶段,编制建设工程的设计概算,计算和确定建设工程的初步设计概算价格及其人工、材料、施工机械台班需要量时所使用的一种定额。建筑安装工程概算指标通常是以整个建筑物和构筑物为对象,以建筑面积、体积或成套设备装置的台或组为计量单位而规定的人工、材料、机械台班的消耗量和造价指标。

概算指标一般体现为完成适当计量单位的单项工程所需的实物消耗指标及其经济指标。概算指标中的项目设定和初步设计的深度相适应,一般是在概算定额和预算定额的基础上作进一步的综合、扩大编制而成,较概算定额的综合程度更高。所以,概算指标是控制项目投资的有效工具,是编制年度任务计划和建设计划的参考,也是编制投资估算指标的依据。

1) 概算指标的作用

概算指标和概算定额、预算定额一样,都是与各个设计阶段相适应的多次性计价的产

物,它主要用于投资估价、初步设计阶段,其作用主要有:

（1）概算指标可以作为编制投资估算的参考。

（2）概算指标中的主要材料指标可作为匡算主要材料用量的依据。

（3）概算指标是设计单位进行设计方案比较、建设单位选址的一种依据。

（4）概算指标是编制固定资产投资计划,确定投资额和主要材料计划的主要依据。

2）概算指标的分类

概算指标可分为两大类,一类是建筑工程概算指标,另一类是设备安装工程概算指标,如图2.1所示。

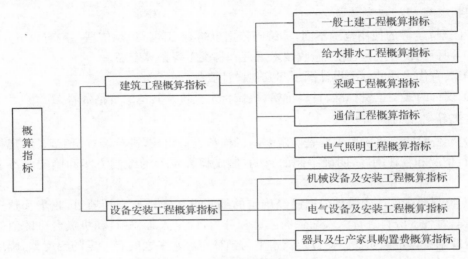

图 2.1　概算指标的分类

3）概算指标的编制步骤

（1）首先成立编制小组,拟订工作方案,明确编制原则和方法,确定指标的内容及表现形式,确定基价所依据的人工工资单价、材料预算价格、机械台班单价。

（2）收集整理编制指标所必需的标准设计、典型设计以及有代表性的工程设计图纸、设计预算等资料,充分利用有价值的已经积累的工程造价资料。

（3）编制阶段。主要是选定图纸,并根据图纸资料计算工程量和编制单位工程预算书,以及按编制方案确定的指标项目对照人工及主要材料消耗指标,填写概算指标的表格。

（4）最后核对审核、平衡分析、水平测算、审查定稿。

2.4.3　投资估算指标

投资估算指标是以独立的单项工程或完整的工程项目为计算对象编制确定的生产要素消耗的数量标准或项目费用标准,它是根据已建工程或现有工程的价格数据和资料,经分析、归纳和整理编制而成的。投资估算指标也是一种计价指标。它是作为在项目建议书和可行性研究阶段编制投资估算、计算投资需要量时使用的定额;同时,也可以作为编制固定资产长远计划投资额的参考。

1) 投资估算指标的作用

工程建设投资估算指标是编制建设项目建议书、可行性研究报告等前期工作阶段投资估算的依据，也可以作为编制固定资产长远规划投资额的参考。投资估算指标为完成项目建设的投资估算提供依据和手段，它在固定资产的形成过程中起着投资预测、投资控制、投资效益分析的作用，是合理确定项目投资的基础。投资估算指标中的主要材料消耗量也是一种扩大材料消耗量的指标，可以作为计算建设项目主要材料消耗量的基础。估算指标的正确制定对于提高投资估算的准确度，对建设项目的合理评估、正确决策具有重要意义。

2) 投资估算指标的编制原则

投资估算指标的编制工作，除应遵循一般定额的编制原则外，还必须坚持以下原则：

（1）投资估算项目的确定，应考虑以后几年编制建设项目建议书和可行性研究报告投资估算的需要。

（2）投资估算指标的分类、项目划分、项目内容、表现形式等要结合各专业的特点，并且要与项目建议书、可行性研究报告的编制深度相适应。

（3）投资估算指标的编制内容、典型工程的选择，必须遵循国家的有关建设方针政策，符合国家技术发展方向，贯彻国家高科技政策和发展方向的原则，使指标的编制既能反映现实的高科技成果，反映政策建设条件下的造价水平，也能适应今后若干年的科技发展水平。

（4）投资估算指标的编制要反应不同行业、不同项目额不同工程的特点，投资估算指标要适应项目前期工作深度的需要，而且具有更大的综合性。投资估算指标要密切结合行业特点、项目建设的特定条件，在内容上既要贯彻指导性、准确性和可调性原则，又要有一定的深度和广度。

（5）投资估算指标的编制要贯彻静态和动态相结合的原则。

3) 投资估算指标分类

投资估算指标是确定和控制建设项目全过程各项投资支出的技术经济指标，其范围涉及建设前期、建设实施期和竣工验收交付使用期等各个阶段的费用支出，内容因行业不同而各异，一般可分为建设项目综合指标、单项工程指标和单位工程指标三个层次。

（1）建设项目综合指标

指按规定应列入建设项目总投资的从立项筹建开始至竣工验收交付使用的全部投资额，包括单项工程投资、工程建设其他费用和预备费等。

（2）单项工程指标

指按规定应列入能独立发挥生产能力或使用效益的单项工程内的全部投资额，包括建筑工程费，安装工程费，设备、工器具及生产家具购置费和可能包括的其他费用。

（3）单位工程指标

指按规定应列入能独立设计、施工的工程项目的费用，及建筑安装工程费用。

4) 投资估算指标的编制方法

收集整理资料阶段。收集整理已建成或正在建设的、符合现行技术政策和技术发展方向的、有可能重复采用的、有代表性的工程设计施工图、标准设计以及相应的竣工决算或施工图预测资料等,这些资料是编制工作的基础,资料收集越广泛,反映出的问题越多,编制工作考虑越全面,就越有利于提高投资估算指标的实用性和覆盖面。同时,对调查收集到的资料要选择占投资比重大、相互关联多的项目进行认真的分析整理。

平衡调整阶段。由于调查收集的资料来源不同,虽然经过一定的分析整理,但难免会由于设计方案、建设条件和建设时间上的差异带来的某些影响使数据失准或漏项等。必须对有关资料进行综合平衡调整。

测算审查阶段。测算时将新编的指标和选定工程的概预算在同一价格条件下进行比较,检验其"量差"的偏离程度是否在允许偏差的范围之内,如偏差过大,则要查找原因,进行修正,以保证指标的确切、实用。测算同时也是对指标编制质量进行的一次系统检查,应由专人进行,以保持测算口径的统一,在此基础上组织有关专业人员全面审查定稿。

预算定额、概算定额和概算指标的区别:

预算定额与概算定额。由于初步设计或扩大初步设计不如施工图设计深入细致,所以,概算定额比预算定额的项目划分要粗略一些,但本着不留或少留活口的原则,在定额水平方面,概算定额与预算定额水平之间留有一定幅度差,以便依据概算定额编制的设计概算能成为控制施工图预算的依据。概算定额中,将一些零星和次要工程不一一列出,常以"零星工程"列项。

概算指标与概算定额的区别在于:① 确定各种消耗指标的对象不同。概算定额是以单位扩大分项工程为对象,而概算指标是以整个建筑物或构筑物为对象,所以概算指标比概算定额更加综合。② 确定各种消耗量指标的依据不同。概算定额是以现行预算定额为基础,通过计算后综合确定出各种消耗量指标;而概算指标中各种消耗量指标的确定,则主要来源于各种预算或结算资料。

2.5 江苏省安装工程计价定额

江苏省住建厅为配合《建设工程工程量清单计价规范》(GB50500—2013)的实施,制定和颁发了 2014 版《江苏省安装工程计价定额》。

2.5.1 江苏省安装工程计价定额

《江苏省安装工程计价定额》是完成规定计量单位分项工程计价所需的人工、材料、施工机械台班的消耗量标准,是安装工程预算工程量计算规则、项目划分、计量单位的依据;是编制设计概算、施工图预算、招标控制价(标底)、确定工程造价的依据;也是编制概算定额、概算指标、投资估算指标的基础;也可作为制定企业定额和投标报价的基础。

该定额是依据江苏省住建厅按国家现行有关的产品标准、设计规范、计价规范、计算规范、施工及验收规范、技术操作规程、质量评定标准和安全操作规程编制的,也参考了行业、地方标准以及有代表性的工程设计、施工资料和其他资料。

2.5.2 定额内容

《江苏省安装工程计价定额》(2014版)共分为十一册,分别是《机械设备安装工程》、《热力设备安装工程》、《静置设备与工艺金属结构制作安装工程》、《电气设备安装工程》、《建筑智能化工程》等十一个分册(见表2.1),规定了安装工程施工过程中,各分部分项及工序对应的人工、材料、机械的消耗量及价格,用于指导施工企业投标报价,是编制招标控制价、预算与结算审核的指导。每册均包括总说明、定额表及附录等组成部分。

表 2.1 《江苏省安装工程计价定额》(2014版)各分册

序号	内容	序号	内容
第一册	《机械设备安装工程》	第七册	《通风空调工程》
第二册	《热力设备安装工程》	第八册	《工业管道工程》
第三册	《静置设备与工艺金属结构制作安装工程》	第九册	《消防工程》
第四册	《电气设备安装工程》	第十册	《给排水、采暖、燃气工程》
第五册	《建筑智能化工程》	第十一册	《刷油、防腐蚀、绝热工程》
第六册	《自动化控制仪表安装工程》		

2.5.3 定额费用组成

定额中每项工程综合单价均包括了人工费、材料费、机械费、管理费、利润。

1) 人工费

指应列入计价表的直接从事安装工程施工工人(包括现场内水平、垂直运输等辅助工人)和附属辅助生产单位(非独立经济核算单位)工人的基本工资、工资性津贴、生产工人辅助工资、职工福利费、生产工人劳动保护费。

2) 材料费

指应列入计价表的材料、构件、半成品材料的用量以及周转材料的摊销量乘以相应的预算价格计算的费用。

3) 机械费

指应列入计价表的施工机械台班消耗量按相应的我省施工机械台班单价计算的安装工程施工机械使用费以及机械安、拆和进(退)场费。

4) 管理费

包括企业管理费、现场管理费、冬雨季施工增加费、生产工具用具使用费、工程定位复测费、场地清理费、远地施工增加费、非甲方所为四小时以内的临时停水停电费。

5) 利润

利润指按国家规定应计入安装工程造价的利润。

以表2.2建筑给水管道镀锌钢管安装的工程定额为例,介绍工程定额的费用组成。

表 2.2　镀锌钢管安装部分定额

工作内容:切管、套丝、上零件、调直、管道安装、水压试验。　　　　　　　　　　　计量单位:10 m

定额编号			10-1		10-2		10-3		10-4	
项目	单位	单价	公称直径(mm 以内)							
			15		20		25		32	
			数量	合计	数量	合计	数量	合计	数量	合计
综合单价	元		81.03		82.27		84.78		88.14	
其中	人工费	元		50.32		50.32		50.32		50.32
	材料费	元		4.05		5.29		7.25		10.42
	机械费	元						0.55		0.74
	管理费	元		19.62		19.62		19.62		19.62
	利润	元		7.04		7.04		7.04		7.04
二类工	工日	74.00	0.68	50.32	0.68	50.32	0.68	50.32	0.68	50.32
材料	14030313 热镀锌钢管 DN15	m		(10.15)						
	14030315 热镀锌钢管 DN20	m				(10.15)				
	14030319 热镀锌钢管 DN25	m						(10.15)		
	14030322 热镀锌钢管 DN32	m								(10.15)
	15020321 室外镀锌钢管接头零件 DN15	个	1.22	1.90	2.32					
	15020322 室外镀锌钢管接头零件 DN20	个	1.71			1.92	3.28			
	15020323 室外镀锌钢管接头零件 DN25	个	2.60					1.92	4.99	
	15020324 室外镀锌钢管接头零件 DN32	个	4.06							1.92	7.80
	03652422 钢锯条	根	0.24	0.37	0.09	0.42	0.10	0.38	0.09	0.47	0.11
	03210408 尼龙砂轮片 φ400	片	10.10					0.01	0.01	0.01	0.10
	12050311 机油	kg	9.00	0.02	0.18	0.03	0.27	0.03	0.27	0.03	0.27
	11112524 厚漆	kg	10.00	0.02	0.20	0.02	0.20	0.02	0.20	0.03	0.30
	02290103 线麻	kg	12.00	0.002	0.02	0.002	0.02	0.002	0.02	0.003	0.04
	31150101 水	m³	4.70	0.05	0.24	0.06	0.28	0.08	0.38	0.10	0.47
	03570225 镀锌铁丝 13#～17#	kg	6.00	0.05	0.30	0.05	0.30	0.06	0.36	0.07	0.42
	02270131 破布	kg	7.00	0.10	0.70	0.12	0.84	0.12	0.84	0.13	0.91
机械	99191705 管子切断机 直径 60 mm	台班	16.38					0.01	0.16	0.01	0.16
	99193111 管子切断套丝机 直径 159 mm	台班	19.29					0.02	0.39	0.03	0.58

在表 2.2 镀锌钢管安装定额中,我们可以看到安装 DN15 镀锌钢管时,每安装 10 m 镀锌钢管需要消耗 0.68 个工日;消耗 10.15 m 管材,1.9 个接头零件,还有钢锯条、机油、厚漆等其他材料;不需机械设备。这些人工、材料及机械的消耗量分别与单价相乘后,再分别计

算管理费及利润后,得到安装 10 m DN15 镀锌钢管的综合单价为 81.03 元。

2.5.4 人工、材料及机械的消耗量

1) 人工消耗量

定额的人工工日不分列工种和技术等级,一律以综合工日表示,内容包括基本用工、超运距用工和人工幅度差。本定额中规定了人工单价,一类工每工日 77 元,二类工每工日 74 元,三类工每工日 69 元。

2) 材料消耗量

定额中的材料消耗量包括直接消耗在安装工作内容中的主要材料、辅助材料和零星材料等,并计入了相应损耗,其内容和范围包括:从工地仓库、现场集中堆放地点或现场加工地点到操作或安装地点的运输损耗、施工操作损耗、施工现场堆放损耗。

凡本定额内未注明单价的材料均为主材,基价中不包括其价格,应根据"( )"内所列的用量,按相应的材料预算价格计算。用量很少、对基价影响很小的零星材料合并为其他材料费,计入材料费内。施工措施性消耗部分,周转性材料按不同施工方法、不同材质分别列出一次使用量和一次摊销量。

3) 施工机械台班消耗量

本定额的机械台班消耗量是按正常合理的机械配备和大多数施工企业的机械化装备程度综合取定的。凡单位价值在 2 000 元以内,使用年限在两年以内的不构成固定资产的工具、用具等,未进入定额,已在费用定额中考虑。

本定额的机械台班单价按《江苏省施工机械台班 2007 年单价表》取定,其中:人工工资单价 82.00 元/工日;汽油 10.64 元/ kg;柴油 9.03 元/ kg;煤 1.1 元/ kg;电 0.89 元/(kW·h);水 4.70 元/ m³。

4) 施工仪器仪表台班消耗量

定额的施工仪器仪表消耗量是按大多数施工企业的现场校验仪器仪表配备情况综合取定的。凡单位价值在 2 000 元以内,使用年限在两年以内的不构成固定资产的施工仪器仪表等,未进入定额,已在管理费中考虑。施工仪器仪表台班单价是按 2000 年建设部颁发的《全国统一安装工程施工仪器仪表台班费用定额》计算的。

需要说明的是,该定额是按目前国内大多数施工企业采用的施工方法、机械化装备程度、合理的工期、施工工艺和劳动组织条件制定的,除各章另有说明外,均不得因上述因素有差异而对定额进行调整或换算。

复习思考题

1. 什么是定额?
2. 定额有哪些分类?分别适用于什么情况?
3. 定额有哪些作用?
4. 江苏省计价定额主要包括哪些内容?

3 工程投资与计价规范

3.1 建设项目投资组成

建设项目总投资是指投资主体为获取预期收益,在选定的建设项目上所需投入的全部资金。建设项目按用途可分为生产性建设项目和非生产性建设项目;从建设内容上来看,主要包括建筑工程费、安装工程费、设备购置费、工程建设其他费用、预备费、建设期利息、流动资金等。见图3.1。

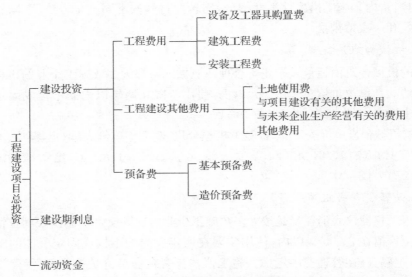

图 3.1 工程建设项目总投资构成

3.1.1 建筑工程费

建筑工程费是指工程项目设计范围内的建设场地平整、竖向布置土石方工程费;各类房屋建筑及其附属的室内供水、供热、卫生、电气、燃气、通风空调、弱电等设备及管线安装工程费;各类设备基础、地沟、水池、冷却塔、烟囱烟道、水塔、栈桥、管架、挡土墙、场区道路、绿化等工程费;地铁专用线、场外道路、码头等工程费。

3.1.2 安装工程费

安装工程费是指主要生产、辅助生产、公用等单项工程中需要安装的工艺、电气、自动控制、运输、供热、制冷等设备、装置安装工程费;各种工艺、管道安装及衬里、防腐、保温等工程费;供电、通信、自控等管线缆的安装工程费。

3.1.3 设备购置费

设备购置费是指为建设项目购置或自制的达到固定资产标准的设备、工具、器具的费用。所谓固定资产标准,是指使用年限在一年以上、单位价值在国家或各主管部门规定的限额以上。新建项目和扩建项目的新建车间购置或自制的全部设备、工具、器具,不论是否达到固定资产标准,均计入设备、工器具购置费中。设备购置费包括设备原价和设备运杂费,即:

设备购置费＝设备原价或进口设备抵岸价＋设备运杂费

上式中设备原价系指国产标准设备、非标准设备的原价。设备运杂费系指设备原价中包括的包装和包装材料费、运输费、装卸费、采购费及仓库保管费、供销部门手续费等。如果设备是由设备公司成套供应的,成套公司的服务费也应计入设备运杂费之中。

1) 国产标准设备原价

国产标准设备是指按照主管部门颁布的标准图纸和技术要求,由设备生产厂批量生产的、符合国家质量检验标准的设备。国产标准设备原价一般指的是设备制造厂的交货价,即出厂价。如设备系由设备成套公司供应的,则以订货合同价为设备原价。有的设备有两种出厂价,即带有备件的出厂价和不带有备件的出厂价。在计算设备原价时,一般按带有备件的出厂价计算。

2) 国产非标准设备原价

非标准设备是指国家尚无定型标准,各设备生产厂不可能在工艺过程中采用批量生产,只能按每次订货并根据具体的设备图纸制造的设备。非标准设备原价有多种不用的计算方法,如成本计算估价法、系列设备插入估价法、分部组合估价法、定额估价法等。但无论哪种方法都应该使非标准设备计价的准确度接近实际出厂价,并且计算方法要简便。

3) 进口设备抵岸价的构成及其计算

进口设备抵岸价是指抵达买方边境港口或边境车站,且交完关税以后的价格。

(1) 进口设备的交货方式

进口设备的交货方式可分为内陆交货类、目的地交货类、装运港交货类。

内陆交货类即卖方在出口国内陆的某个地点完成交货任务。在交货地点,卖方及时提交合同规定的货物和有关凭证,并承担交货前的一切费用和风险,并自行办理出口收费和装运出口。货物的所有权也在交货后由卖家转移给买方。

目的地交货类即卖方要在进口国的港口或内地交货,包括目的港船上交货价、目的港船边交货价和目的港码头交货价(关税已付)及完税后交货价(进口国目的地的指定地点)。它们的特点是:买卖双方承担的责任、费用和风险是以目的地约定交货点为分界线,只有当卖方在交货点将货物置于买方控制下方算交货,方能向买方收取货款。这类交货价对卖方来说承担的风险较大,在国际贸易中卖方一般不愿意采用这类交货方式。

装运港交货类即卖方在出口国装运港完成交货任务。主要有装运港船上交货价,习惯称为离岸价;运费在内价;运费、保险费在内价,习惯称为到岸价。他们的特点主要是:卖方按照约定的时间在装运港交货,只要卖方把合同规定的货物装船后提供货运单据便完成交货任务,便可凭单据收回货款。

采用装运港船上交货价时卖方的责任是:负责在合同规定的装运港口和规定的期限内,将货物装上买方指定的船只,并及时通知买方;负责货物装船前的一切费用和风险;负责办理出口手续;提供出口国政府或有关方签发的证件;负责提供有关装运单据。买方的责任是:负责租船或订舱,支付运费,并将船期、船名通知卖方;承担货物装船后的一切费用和风险;负责办理保险及支付保险费,办理在目的港的进口和收货手续;接受卖方提供的有关装运单据,并按合同规定支付货款。

(2) 进口设备抵岸价的构成

① 进口设备如果采用装运港船上交货价,其抵岸价构成可概括为:

$$进口设备抵岸=货价+国外运费+国外运输保险费+银行财务费$$
$$+外贸手续费+进口关税+增值税+消费税+海关监管手续费$$

② 进口设备的货价一般可采用下列公式计算:

$$货价=离岸价×人民币外汇牌价$$

③ 国外运费。我国进口设备大部分采用海洋运输方式,小部分采用铁路运输方式,个别采用航空运输方式。

$$国外运费=离岸价×运费率$$

或

$$国外运费=运量×单位运价$$

式中,运费率或单位运价参照有关部门或进出口公司的规定。

④ 国外运输保险费。对外贸易货物运输保险是由保险人与被保险人订立保险契约,在被保险人交付一定的保险费后,保险人根据保险契约的规定对货物在运输过程中发生的承包责任范围内的损失给予经济上的补偿。计算公式为:

$$国外运输保险费=(离岸价+国外运费)×国外保险费率$$

⑤ 银行财务费一般指银行手续费,计算公式为:

$$银行账务费=离岸价×人民币外汇牌价×银行账务费率$$

银行财务费率一般为 0.4%～0.5%。

⑥ 外贸手续费是指按商务部规定的外贸手续费率计取的费用,外贸手续费一般取 1.5%。计算公式为:

$$外贸手续费=进口设备到岸价×人民币外汇牌价×外贸手续费率$$

式中,进口设备到岸价(CIF)=离岸价(FOB)+国外运费+国外运输保险费

⑦ 进口关税是由海关对进出国境的货物和物品征收的一种税,属于流转性课税。计算公式为:

$$进口关税=到岸价×人民币外汇牌价×进口关税率$$

⑧ 增值税:增值税是我国政府对从事进口贸易的单位和个人,在进口商品报关后征收的税种。我国增值税条例规定,进口应税产品均按组成计税价格,依税率直接计算应纳税额,不扣除任何项目的金额或已纳税额。即:

$$进口产品增值税额＝组成计税价格×进口关税率$$

$$组成计税价格＝到岸价×人民币外汇牌价＋进口关税＋消费税$$

⑨ 消费税对部分进口产品(如轿车等)征收。计算公式为：

$$消费税＝\frac{到岸价×人民币外汇牌价＋关税}{1－消费税率}×消费税率$$

⑩ 海关监管手续费是指海关对发生见面进口税或实行保税的进口设备,实施监管和提供服务收取的手续费。

$$海关监管手续费＝到岸价×人民币外汇牌价×海关监管手续费$$

3.1.4 设备运杂费

1)设备运杂费的构成

设备运杂费通常由下列各项构成：

(1)国产标准设备由设备制造厂交货地点起至工地仓库或施工组织设计制定的需要安装设备的堆放地点所发生的运费和装卸费。

进口设备则由我国到岸价、边境车站起至工地仓库或施工组织设计制定的需要安装设备的堆放地点所发生的运费和装卸费。

(2)在设备出厂价格中没有包含的设备包装和包装材料器具费;在设备出厂价或进口设备价格中如已包括了此项费用,则不应重复计算。

(3)供销部门的手续费,按有关部门规定的统一费率计算。

(4)建设单位或工程承包公司的采购与仓库报关费。它是指采购、验收、保管和收发设备所发生的各种费用,包括设备采购、保管和管理人员工资、工资附加费、办公费、差旅交通费、设备供应部门办公和仓库所占固定资产使用费、工具用具使用费、劳动保护费、检验试验费等。这些费用可按主管部门规定的采购保管费率计算。

2)设备运杂费的计算

设备运杂费按设备原价乘以设备运杂费率计算。其计算公式为：

$$设备杂运费＝设备原价×设备运杂费率$$

其中,设备运杂费率按各部门及省、市等的规定计取。

一般来讲,沿海和交通便利的地区,设备运杂费率相对低一些;内地和交通不很便利的地区便要相对高一些,边远省份则要更高一些。对于非标准设备来讲,应尽量就近委托设备制造厂,以大幅度降低设备运杂费。进口设备由于原价较高,国内运距较短,因而运杂费比率应适当降低。

3.1.5 家具、器具购置费

工器具及生产家具购置费是指新建项目或扩建项目初步设计规定所必须购置的不够固定资产标准的设备、仪器、工卡模具、器具、生产家具和备品备件的费用。

家具、器具购置费一般计算公式为：

$$工器具及生产家具购置费＝设备购置费×定额费率$$

3.1.6 其他基本建设费

工程建设其他费用是指应在建设项目的建设投资中开支的固定资产其他费用、无形资产费用和其他资产费用(递延资产)。

1)固定资产其他费用

(1)建设管理费

建设管理费是指建设单位从项目筹建开始直至工程竣工验收合格或交付使用为止发生的项目建设管理费用。费用内容包括:建设单位管理费、工程监理费和工程质量监督费。

建设单位管理费,是指建设单位发生的管理性质的开支。包括:工作人员工资、工资性补贴、施工现场津贴、职工福利费、住房基金、基本养老保险费、基本医疗保险费、失业保险费、工伤保险费、办公费、差旅交通费、劳动保护费、工具用具使用费、固定资产使用费、必要的办公及生活用品购置费、必要的通讯设备及交通工具购置费、零星固定资产购置费、招募生产工人费、技术图书资料费、业务招待费、设计审查费、工程招标费、合同契约公证费、法律顾问费、咨询费、完工清理费、竣工验收费、印花税和其他管理性质开支。如建设管理采用工程总承包方式,其总包管理费由建设单位与总包单位根据总包工作范围在合同中商定,从建设管理费中支出。

建设单位管理费以建设投资中的工程费用为基数乘以建设管理费率计算:

$$建设单位管理费=工程费用×建设单位管理费费率$$

工程监理费,是指建设单位委托工程监理单位实施工程监理的费用。由于工程监理是受建设单位委托的工程建设技术服务,属建设管理范畴。如采用监理,建设单位部分管理工作量转移至监理单位。监理费应根据委托的监理工作范围和监理深度在监理合同中商定或按当地或所属行业部门有关规定计算。

工程质量监督费,是指工程质量监督检验部门检验工程质量而收取的费用。

(2)可行性研究费

可行性研究费是指在建设项目前期工作中,编制和评估项目建议书(或预可行性研究报告)、可行性研究报告所需的费用。可行性研究费依据前期研究委托合同计列,或参照《国家计委关于印发〈建设项目前期工作咨询收费暂行规定〉的通知》规定计算。编制预可行性研究报告参照编制项目建议书收费标准并可适当调增。

(3)研究试验费

研究试验费是指为本建设项目提供或验证设计数据、资料等进行必要的研究试验及按照设计规定在建设过程中必须进行试验、验证所需的费用。

研究试验费按照研究试验内容和要求进行编制。研究试验费不包括以下项目:应由科技三项费用(即新产品试制费、中间试制费和重要科学研究补助费)开支的项目;应在建设安装费用中列支的施工企业对建设材料、构件和建筑物进行一般鉴定、检查所发生的费用及技术革新的研究试验费;应由勘察设计费或工程费用中开支的项目。

（4）勘察设计费

这是指委托勘察设计单位进行工程水文地质勘查、工程设计所发生的各项费用。包括：工程勘察费；初步设计费、施工图设计费；设计模型制作费。勘察设计费依据勘察设计委托合同计列，或参照国家计委、建设部《关于发布〈工程勘察设计收费管理规定〉的通知》规定计算。

（5）环境影响评价费

这是指按照《中华人民共和国环境保护法》、《中华人民共和国环境影响评价法》等规定，为全面、详细评价本建设项目对环境可能产生的污染或造成的重大影响所需的费用。包括编制环境影响报告书（含大纲）、环境影响报告表和评估环境影响报告书（含大纲）、评估环境影响报告表等所需的费用。环境影响评价费依据环境影响评价委托合同计列，或按照国家计委、环保部《关于规范环境影响咨询收费有关问题的通知》规定计算。

（6）劳动安全卫生评价费

这是指按照劳动和社会保障部《建设项目劳动安全卫生监察规定》和《建设项目劳动安全卫生预评价管理办法》的规定，为预测和分析建设项目存在的职业危险、危害因素的种类和危险危害程度，并提出先进、科学、合理、可行的劳动安全卫生技术和管理对策所需的费用。包括编制建设项目劳动安全卫生预评价大纲和劳动安全卫生预评价报告书以及编制上述文件所进行的工程分析和环境现状调查等所需费用。劳动安全卫生评价费依据劳动安全卫生预评价委托合同计列，或按照建设项目所在省（市、自治区）劳动行政部门规定的标准计算。

（7）场地准备及临时设施费

这是指建设场地准备费和建设单位临时设施费。场地准备费是指建设项目为达到工程开工条件所发生的场地平整和对建设场地遗留的有碍于施工建设的设施进行拆除清理的费用。临时设施费是指为满足施工设施需要而供到场地界区的、为列入工程量费用的临时水、电、路、讯、气等其他工程费用和建设单位的现场临时建（构）筑物的搭设、维修、拆除、摊销或建设期间租赁费用，以及施工期间专用公路或桥梁的加固、养护、维修等费用。此项费用不包括已列入建筑安装工程费用中的施工单位临时设施费用。

场地准备及临时设施应尽量与永久性工程统一考虑。建设场地的大型土石方工程应列入工程费用中的总图运输费用中。新建项目的场地准备和临时设施费应根据实际工程量估算，或按工程费用的比例计算。改扩建项目一般只计拆除清理费。发生拆除清理费时可按新建同类工程造价或主材费、设备费的比例计算。可回收材料的拆除工程采用以料抵工方式冲抵拆除清理费。

（8）引进技术和进口设备其他费

这是指引进技术和设备发生的未计入设备的费用，内容包括以下各项：

① 引进项目图纸资料翻译复制费、备品备件测绘费根据引进项目的具体情况计列或按引进货价（FOB）的比例估列；引进项目发生备品备件测绘费时按具体情况估列。

② 出国人员费用包括买方人员出国联络、出国考察、联合设计、监造、培训等所发生的旅费、生活费等，依据合同或协议规定的出国人次、期限以及相应的费用标准计算。生活费按照财政部、外交部规定的现行标准计算，旅费按中国民航公布的现行标准计算。

③ 来华人员费用包括卖方来华工程技术人员的现场办公费用、往返现场交通费用、接待费用等。依据引进合同或协议有关条款及来华技术人员派遣计划进行计算。来华人员接待费用可按每人次费用指标计算。引进合同价款中已包括的费用内容不得重复计算。

④ 银行担保及承诺费指引进项目由国内外金融机构出面承担风险和责任担保所发生的费用，以及支付贷款机构的承诺费用，应按担保或承诺协议计取。投资估算和概算编制时可以担保金额或承诺金额为基数乘以费率计算。

(9) 工程保险费

这是指建设项目在建设期间根据需要对建设工程、安装工程及其设备和人身安全进行投保而发生的保险费用。包括建筑安装工程一切险、仪器设备财产保险和人身意外伤害险等。不包括已列入施工企业管理费中的施工管理用财产、车辆保险费。不投保的工程不计取此项费用。不同的建设项目可根据工程特点选择投保险种，根据投保合同计列保险费用。编制投资估算和概算时可按工程费用的比例估算。

(10) 联合试运转费

这是指新建项目或新增加生产能力的工程，在交付生产前按照批准的设计文件所规定的工程质量标准和技术要求，进行整个生产线或装置的负荷联合试运转或局部联动试车所发生的费用净支出（试运转支出大于收入的差额部分费用）。试运转支出包括试运转所需原材料、燃料及动力消耗、低值易耗品、其他物料消耗、工具用具使用费、机械使用费、保险金、施工单位参加试运转人员工资以及专家指导费等。试运转收入包括试运转期间的产品销售收入和其他收入。

联合试运转费不包括应由设备安装工程费用开支的调试及试车费用，以及在试运转中暴露出来的因施工原因或设备缺陷等发生的处理费用。不发生试运转或试运转收入大于（或等于）费用支出的工程，不列此项费用。

当联合试运转收入小于试运转支出时：

$$联合试运转费＝联合试运转费支出－联合试运转收入$$

试运行期按照以下规定确定：引进国外设备项目按照建设合同中规定的试运行期执行；国内一般性建设项目试运行期原则上按照批准的设计文件所规定期限执行。个别行业的建设项目试运行期需要超过规定试运行期，应报项目设计文件审批机关批准。试运行期一经确定，各建设单位应严格按规定执行，不得擅自缩短或延长。

(11) 特殊设备安全监督检验费

这是指在施工现场组装的锅炉机压力容器、压力管道、消防设备、燃气设备、电梯等特殊设备和设施，由安全监察部门按照有关安全检查条例和实施细则以及设计技术要求进行安全检验，应由建设项目支付的、向安全监察部门缴纳的费用。

特殊设备安全监督检验费按照建设项目所在省（市、自治区）安全监察部门的规定标准计算。无具体规定的，在编制投资估算和概算时可按受检查设备现场安装费的比例估算。

(12) 市政公用设施建设及绿化补偿费

这是指使用市政公用设施的建设项目，按照项目所在地省一级人民政府有关规定建设或缴纳的市政公用设施建设配套费用，以及绿化工程补偿费用，按工程所在地人民政府规定标准执行。

2）无形资产费用

（1）建设用地费

是指按照《中华人民共和国土地管理法》等规定，建设项目征用土地或租赁土地应支付的费用。

土地征用及补偿费经营性建设项目通过出让方式购置的土地使用权（或建设项目通过划拨方式取得无限期的土地使用权）而支付的土地补偿费、安置补偿费、地上附着物和青苗补偿费、余物迁建补偿费、土地登记管理费等；行政事业单位的建设项目通过出让方式取得土地使用权而支付的出让金；建设单位在建设过程中发生的土地复垦费用和土地损失补偿费用；建设期间临时占地补偿费。

根据征用建设用地面积、临时用地面积，按建设项目所在省、市、自治区人民政府制定颁发的土地征用补偿费、安置补助费标准和耕地占用税、城镇土地使用税标准计算。

建设用地上的建（构）筑物如需迁建，其迁建补偿费应按迁建补偿协议计列或按新建同类工程造价计算。建设场地平整中的余物拆除清理费在"场地准备及临时设施费"中计算。

（2）专利及专有技术使用费

费用内容包括国外设计及技术资料、引进有效专利、专有技术使用费和技术保密费；国内有效专利、专有技术使用费用；商标使用费、特许经营权费等。

费用按专利使用许可协议和专有技术使用合同的规定计列；专有技术的界定应以省、部级鉴定批准为依据；项目投资中只计需在建设期支付的专利及专有技术使用费。协议或合同规定在生产期支付的使用费应在生产成本中核算。

3）其他资产费用

其他资产费用指生产准备及开办费，即指建设项目为保证正常生产（或营业、使用）而发生的人员培训费、提前进场费以及投产使用必备的生产办公、生活家具用具及工器具购置费用。包括：

（1）人员培训费及提前进场费自行组织培训或委托其他单位培训的人员工资、工资性补贴、职工福利费、差旅交通费、劳动保护费、学习资料费；

（2）为保证初期正常生产（或营业、使用）所必需的生产办公、生活家具用具购置费；

（3）为保证初期正常生产（或营业、使用）必需的第一套不够固定资产标准的生产工具、器具、用具购置费，不包括备品备件费。

新建项目按设计定员为基数计算，改扩建项目按新增设计定员为基数计算：

$$生产准备费＝设计定员×生产准备费指标（元/人）$$

可采用综合的生产准备费指标进行计算，也可以按费用内容的分类指标计算。

一般建设项目很少发生或一些具有明显行业特征的工程建设其他费用项目，如移民安置费、水资源费、水土保持评价费、地震安全性评价费、地质灾害危险性评价费、河道占用补偿费、超限设备运输特殊措施费、航道维护费、植被恢复费、种质检测费、引种测试费，各省（市、自治区）、各部门可在实施办法中补充或具体项目发生时依据有关政策规定列入。

3.2 工程量清单计价规范

为了贯彻招标投标法、合同法,住建部于 2013 年 7 月 1 日颁布实施《建设工程工程量清单计价规范》(GB50500—2013),这是我国工程造价计价向逐步实现"政府宏观调控、企业自主报价、市场竞争形成价格"的目标迈出了坚实的一步。工程量清单计价办法的主旨就是在全国范围内,统一项目编码、统一项目名称、统一计量单位、统一工程量计算规则。

3.2.1 工程量清单及格式

工程量清单就是表现建设工程分部分项工程项目、措施项目、其他项目、规费项目和税金项目的名称和相应数量等的明细清单。

工程量清单体现了招标人要求投标人完成的工程及相应的工程数量,全面反映了投标报价要求,是投标人进行报价的依据,是招标文件不可分割的一部分。工程量清单的内容包括分布分项工程量清单、措施项目清单、其他项目清单、规费项目清单和税金项目清单。

工程量清单一般由招标人填写。清单编制应有总说明,主要说明工程概况包括建筑规模、工程特征、计划工期、施工现场实际情况、交通运输情况、自然地理条件、环境保护要求等;工程招标和分包范围;工程量清单编制依据;工程质量、材料、施工等的特殊要求;招标人自行采购材料的名称、规格型号、数量等;预留金、自行采购材料的金额数量;其他需说明的问题。

1)分部分项工程量清单

分部分项工程量清单的内容包括项目编码、项目名称、计量单位和工程数量等。

项目编码采用十二位阿拉伯数字表示。一至九位为统一编码,其中一、二位为专业工程代码,三、四位为相应专业工程规范附录顺序码,五、六位为分部工程顺序码,七至九位为分项工程顺序码,十至十二位为清单项目名称顺序码。具体如下:

第一级表示专业工程代码:房屋建筑与装饰工程为 01、仿古建筑工程为 02、通用安装工程为 03、市政工程为 04、园林绿化工程为 05、矿山工程为 06、构筑物工程为 07、城市轨道交通工程为 08、爆破工程为 09;

第二级表示专业工程规范附录顺序码;

第三级表示分部工程顺序码;

第四级表示分项工程顺序码;

第五级表示清单项目名称顺序码。

举例 以镀锌钢管安装工程为例,镀锌钢管的清单项目编码为:

03　10　01　001　001

其中:第一级 03 表示通用安装工程;第二级 10 表示通用安装工程规范附录顺序代码,给排水、采暖及燃气工程代码为 10;第三级 01 表示给排水采暖燃气管道;第四级 001 表示镀锌钢管;第五级 001 表示镀锌钢管中第一种管径或特征。

分部分项工程量清单项目名称的设置,应考虑三个因素,一是附录中项目名称;二是附录中的项目特征;三是拟建工程的实际情况。工程量清单编制时,以附录中的项目名称为主,考虑该项目的规格、型号、材质等特征,结合拟建工程的实际情况,使其工程量清单项目名称具体化、细化,能够反映影响工程造价的主要因素。凡附录中的缺项,工程量清单编制时,编制人可作补充,补充项目应填写在工程量清单相应分部工程项目之后,并在"项目编码"栏中以"补"字示之。

分部分项工程量清单列表如表 3.1。

表 3.1　分部分项工程量清单

序号	项目编码	项目名称	项目特征	计量单位	工程数量

2)措施项目清单

措施项目清单是指为完成工程项目施工,发生于该工程施工准备和施工过程中的技术、生活、安全、环境保护等方面的项目措施。措施项目清单分为单价措施项目清单和总价措施项目清单。

(1)单价措施项目清单

单价措施项目就是措施项目有相应工程量计算规则,可以采用综合单价计价的施工措施项目。常见的单价措施项目见表 3.2。

表 3.2　工程常见单价措施项目

项目编码	项目名称	工作内容及包含范围
031301001	吊装加固	1. 行车梁加固 2. 桥式起重机加固及负荷试验 3. 整体吊装临时加固件,加固设施拆除、清理
031301002	金属抱杆安装、拆除、移位	1. 安装、拆除 2. 位移 3. 吊耳制作安装 4. 拖拉坑挖埋
031301003	平台铺设、拆除	1. 场地平整 2. 基础及支墩砌筑 3. 支架型钢搭设 4. 铺设 5. 拆除、清理
031301004	顶升、提升装置	安装、拆除
031301005	大型设备专用机具	安装、拆除
031301006	焊接工艺评定	焊接、试验及结果评价

项目编码	项目名称	工作内容及包含范围
031301007	胎(模)具制作,安装、拆除	制作、安装、拆除
031301008	防护棚制作安装拆除	防护栅制作、安装、拆除
031301009	特殊地区施工增加	1. 高原、高寒施工防护 2. 地震保护
031301010	安装与生产同时进行施工增加	1. 火灾防护 2. 噪声防护
031301011	在有害身体健康环境中施工增加	1. 有害化合物防护 2. 粉尘防护 3. 有害气体防护 4. 高浓度氧气防护
031301012	工程系统检测、检验	1. 起重机、锅炉、高压容器等特种设备安装质量监督检验检测 2. 由国家或地方检测部门进行的各类检测
031301013	设备、管理施工的安全、防冻和焊接保护	保证工程施工正常进行的防冻和焊接保护
031301014	焦炉烘炉、热态工程	1. 烘炉安装、拆除、外运 2. 热态作业劳保消耗
031301015	管道安拆后的充气保护	充气管道安装、拆除
031301016	隧道内施工的通风、供水、供气、供电、照明及通信设施	通风、供水、供气、供电、照明及通信设施安装、拆除
031301017	脚手架搭拆	1. 场内、场外材料搬运 2. 搭、拆脚手架 3. 拆除脚手架后材料的堆放
031301018	其他措施	为保证工程施工正常运行所发生的费用
031302007	高层施工增加	1. 高层施工引起的人工工效降低以及由于人工工效降低引起的机械降低 2. 通信联络设备的使用

单价措施项目清单应列表见表3.3。

表3.3　单价措施项目清单

序号	项目编码	项目名称	计量单位	工程量	金额(元)		
					综合单价	合价	其中:暂估价
合计							

（2）总价措施项目清单

总价措施项目是指不能以综合单价方式进行计价措施,常按工程总价依据相应费率、以项计算取费的项目。

总价措施项目包括安全文明施工、夜间施工增加、非夜间施工增加、二次搬运、冬雨季施工增加、已完工程及设备保护、临时设施费、赶工措施费、工程按质论价等。

总价措施项目清单列表见表3.4。

表 3.4　总价措施项目清单

序号	项目编码	项目名称	计算基础	费率(%)	金额(元)	调整费率(%)	调整后金额(元)	备注
	合计							

3) 其他项目清单

其他项目清单的内容:预留金、材料购置费、总承包服务费、零星工作项目费等。工程建设标准的高低、工程的复杂程度、工期长短、工程的组成内容等直接影响其他项目清单中的具体内容。

其他项目清单见表3.5。

表 3.5　其他项目清单

序号	项目名称	合价
1	招标人部分	
	预留金	
	材料购置费	
	小计	
2	招标人部分	
	总承包服务费	
	零星工作项目费	
	小计	
	合计	

4) 零星工作项目

零星工作项目费:完成招标人提出的、工程量暂估的零星工作所需的费用。

零星工作项目见表3.6。

表 3.6　零星工作项目

序号	名称	计量单位	数量	金额	综合单价	合价
1	人工	工日				
2	材料					
3	机械					

3.2.2　工程量清单计价

工程量清单计价是投标人完成由招标人提供的工程量清单所需的全部费用,包括分部分项工程费、措施项目费、其他项目费和规费、税金。

工程量清单计价主要内容包括:投标总价、单位工程费汇总表、分部分项工程量清单计价表、措施项目清单计价表、其他项目清单计价表、零星工作项目计价表、分部分项工程量清单综合单价分析表、措施项目费分析表、主要材料价格表。

1)分部分项工程量清单计价

(1)综合单价计算

综合单价,是完成分部分项工程量清单中一个规定计量单位项目所需人工费、材料费、机械使用费、管理费和利润,并考虑风险因素。

综合单价确定的步骤:

① 根据工程量清单中某分部分项工程项目编码、项目特征,列综合单价计算表;

② 根据项目特征选套工程定额中各类安装费;

③ 计算其他应计入分部分项工程综合单价内的有关费用;

④ 计算总费用除以工程量即为该分部分项工程综合单价。

综合单价计算如表 3.7。

表 3.7　综合单价计算表

工程名称:　　　　　　　　　　　　　　　　　计量单位:

项目编号:　　　　　　　　　　　　　　　　　工程数量:

项目名称:　　　　　　　　　　　　　　　　　综合单位:

序号	定额编号	工程内容	单位	数量	综合单价					小计
					人工费	材料费	机械费	管理费	利润	

(2)分部分项工程量清单计价

分部分项工程量清单计价,就是分部分项工程量清单中各项工程量乘以各部分项综合单价之和。分部分项工程量清单计算表,如表 3.8。

表 3.8 分部分项工程量清单计价表

序号	项目编号	项目名称	单位	工程数量	金额	
					综合单价	合价

2）措施项目清单计价

措施项目指为了完成工程施工发生于该工程施工前和施工过程主要技术、生活、安全等方面的非工程实体项目。措施项目清单计价是指根据拟建工程的施工方案或施工组织设计,确定其综合单价。措施项目清单分单价措施项目清单和总价措施项目清单,则计价时也分别有两张计价表与之对应,即单价措施项目计价表和总价措施项目计价表。

单价措施项目费,是根据单价措施项目内容及工程量,依据有关计算费用规定,进行综合单价的计算,并最终计算出单价措施项目费。见表 3.9。

表 3.9 单价措施项目计价表

序号	项目编码	项目名称	计量单位	工程量	金额（元）		
					综合单价	合价	其中:暂估价

总价措施费就是以总的工程费用为计算基数,依据相应规定费率来计算措施项目的费用。见表 3.10。

表 3.10 总价措施项目计价表

序号	项目编码	项目名称	计算基础	费率（%）	金额（元）	调整费率（%）	调整后金额（元）	备注
		合计						

其他项目清单计价内容包括：预留金、材料购置费、总承包服务费和零星工作项目费。这部分费用为招标人提出预估费用，按实计入其他项目清单计价中。

其他项目清单计价表如表 3.11。

表 3.11　其他项目清单计价表

序号	项目名称	合价
1	招标人部分	
	预留金	
	材料购置费	
	小计	
2	招标人部分	
	总承包服务费	
	零星工作项目费	
	小计	
	合计	

预留金、材料购置费和零星工作项目费的估算值，虽在投标时计入投标人的报价中，但不应视为投标人所有，竣工结算时应按承包人实际完成的工作内容结算，剩余部分仍归招标人所有。

3）单位工程费汇总表

单位工程费汇总表是把分部分项工程费、措施项目费、其他项目费和规费、税金汇总计算，最终得到单位工程计价总的费用。

单位工程费汇总表见表 3.12。

表 3.12　单位工程费汇总表

序号	项目名称	金额（元）
1	分部分项工程量清单计价合计	
2	措施项目清单计价合计	
3	其他项目清单计价合计	
4	规费	
5	税金	
	合计	

4）工程量变更及费用调整

在实际工程中，由于工程量的变更而导致工程造价的增减，应依据《建设工程工程量清单计价规范》（GB50500—2013）中相关规定作调整，具体如下。

（1）因工程变更引起已标价工程量清单项目或其工程数量发生变化时，应按照下列规定调整：

① 已标价工程量清单中有适用于变更工程项目的，应采用该项目的单价；但当工程变

更导致该清单项目的工程数量发生变化,且工程量增加超过15%时,应调低该部分综合单价;反之,减少超过15%工程量时则应调高该部分综合单价。

② 已标价工程量清单中没有适用但有类似于变更工程项目的,可在合理范围内参照类似项目的单价。

③ 已标价工程量清单中没有适用也没有类似于变更工程项目的,应由承包人根据变更工程资料、计量规则和计价办法、工程造价管理机构发布的信息价格和承包人报价浮动率提出变更工程项目的单价,并应报发包人确认后调整。承包人报价浮动率可按下列公式计算:

$$招标工程:承包人报价浮动率\ L = \left(1 - \frac{中标价}{招标控制价}\right) \times 100\%$$

$$非招标工程:承包人报价浮动率\ L = \left(1 - \frac{报价}{施工图预算}\right) \times 100\%$$

④ 已标价工程量清单中没有适用也没有类似于变更工程项目,且工程造价管理机构发布的信息价格缺价的,应由承包人根据变更工程资料、计量规则、计价办法和通过市场调查等取得有合法依据的市场价格提出变更工程项目的单价,并应报发包人确认后调整。

(2)工程变更引起施工方案改变并使措施项目发生变化时,承包人提出调整措施项目费的,应事先将拟实施的方案提交发包人确认,并应详细说明与原方案措施项目相比的变化情况。拟实施的方案经发承包双方确认后执行,并应按照下列规定调整措施项目费:

① 安全文明施工费应按照实际发生变化的措施项目计算。

② 采用单价计算的措施项目费,应按照实际发生变化的措施项目,按分部分项工程量规定确定单价。

③ 按总价(或系数)计算的措施项目费,按照实际发生变化的措施项目调整,但应考虑承包人报价浮动因素,即调整金额按照实际调整金额乘以上述报价浮动率计算。如果承包人未事先将拟实施的方案提交给发包人确认,则应视为工程变更不引起措施项目费的调整或承包人放弃调整措施项目费的权利。

(3)当发包人提出的工程变更因非承包人原因删减了合同中的某项原定工作或工程,致使承包人发生的费用或(和)得到的收益不能被包括在其他已支付或应支付的项目中,也未被包含在任何替代的工作或工程中时,承包人有权提出并应得到合理的费用及利润补偿。

3.2.3 设备与材料的划分

安装工程中所需的设备与材料品种繁多、规格复杂,往往又联系在一起界限不清,在编制安装工程投标报价时,存在模糊的认识。

《建设工程工程量清单计价规范》(GB50500—2013)要求投标单位在编制综合单价时,应包含材料费,而设备费在安装项目设备购置费列项,不属建安工程费范围,因此,清单报价中不考虑此项费用。如果在报价中材料和设备混淆不清,综合单价就会产生重大的、原则性的错误,如属于设备的被列为材料,综合单价将大大地提高,这将极大影响报价的竞争力;反之属于材料的被列为设备,综合单价就会变得很低,结算时就会带来重大损失。

材料和设备的划分至今尚无统一的规定和解释,住建部标准定额研究所1991年5月拟定的《工程建设设备与材料划分的原则和实例》,可供划分设备与材料时参考。若工程中模糊不清之处,必须在招标答疑会上提出,以便澄清。

1) 材料和设备划分原则

(1) 凡是经过加工制造,由多种材料和部件按各自用途组成的具有功能、容量及能量传递或转换性能的机器、容器和其他机械、成套装置等均为设备。

设备分为标准设备和非标准设备:标准设备是指按国家规定的产品标准批量生产的,已进入设备系列的设备;非标准设备是指国家未定型、使用量较小、非批量生产的,由设计单位提供制造图纸,委托承制单位或施工企业在工厂或施工现场制作的特殊设备。

设备及其有机构成一般包括以下各项:

① 各种设备的本体及随设备到货的配件、备件和附属于设备本体制作成型的梯子、平台、栏杆及管道等。

② 各种计量器、仪表及自动化控制装置和实验室内的仪器及属于设备本体部分的仪器、仪表等。

③ 附属于设备本体的油类、化学药品等视为设备的组成部分。

④ 用于生产、生活或附属于建筑物的有机构成部分的水泵、锅炉及水处理设备、电气通风设备等。

(2) 为完成建筑、安装工程所需的经过工业加工的原料和在工艺生产过程中不起单元工艺生产作用的设备本体以外的零配件、附件、成品、半成品等,均为材料。

材料一般包括以下各项:

① 设备本体以外的不属于设备配套供货,需由施工企业自行加工制作或委托加工制作的平台、梯子、栏杆及其他金属构件等,以及以成品、半成品形式供货的管道、管件、阀门、法兰等。

② 防腐、绝热及建筑、安装工程所需的其他材料。

2) 设备与材料划分实例

以《全国统一安装工程预算定额》中涉及的设备、材料为举例范围。

(1) 通用机械

① 各种金属切削机床、锻压机械、铸造机械,各种起重机、输送机、各种电梯、风机、泵、压缩机、煤气发生炉等,及其全套附属装置等均为设备。

② 设备本体以外的各种行车轨道、滑触线、电梯的滑轨等为材料。

(2) 专业设备

① 制造厂制作成型的各种容器、反应器、热交换器、塔器等,均为设备。

② 各种工艺设备的一次性填充物料,如各种磁环、钢环、塑料环、钢球等;各种化学药品(如树脂、朱光砂、触媒、干燥剂、催化剂)均为设备的组成部分。

③ 制造厂以散件或分段分片供货的塔、器、罐等在现场拼接、组装、焊接、安装物件或改制时所消耗的物件均为材料。

(3) 热力设备

① 成套或散装到货的锅炉及其附属设备、汽轮发电机及其附属设备等均为设备。

② 热力系统的除氧水箱和疏水箱,工业水系统的工业水箱,油冷却系统的油箱,酸碱系

统的酸碱储存槽等均为设备。

③ 循环水系统的旋转滤网视为设备,钢板闸门及拦污栅为材料;启闭装置的启闭机视为设备,启闭架构为材料。

④ 随锅炉炉墙砌筑时埋置的铸铁块、看火孔、窥视孔、人孔等各种成品预埋件、挂钩等均为材料。

（4）自控装置及仪表

① 成套供应的盘、箱、柜、屏（包括安装就位的仪表、元件等）及随主机配套供应的仪表均为设备。

② 计算机、空调机、工业电视、机械超分析、显示仪表、基地式仪表、单元组合仪表、变送器、传送器及调节阀、压力、温度、流量、差压、物位仪表等均为设备。

③ 随管、线同时组合安装的仪器、仪表（测量仪表）、元件（包括就地安装的温度计、压力表等）、配件等均为材料。

（5）通信

市内、长途电话交换机,程控电话交换机,微波、载波通信设备,传真设备,中、短波通信设备及中短波电视天、馈线装置,移动通信设备,通讯电源设备,光纤通信数字设备等各种专业生产设备及配套设备和随机附件均为设备。

（6）电气

① 各种电力变压器、互感器、调压器、感应移相器、电抗器、高压断路器、高压熔断器、稳压器、电源调整器、高压隔离开关、装置式空气开关、电力电容器、蓄电池、磁力启动器、交直流报警器,成套供应的箱、盘、柜、屏及随设备带来的母线和支持瓷瓶均为设备。

② 各种电缆、电线、母线、管材、型钢、桥架、梯架、槽盒、立柱、托背、灯具及其开关、插座、按钮等均为材料。

③ P型开关、保险器、杆上避雷器、各种避雷针、各种绝缘子、金具、电线杆、铁塔、各种支架等均为材料。

④ 各种在现场或加工厂制作的照明配电箱、0.5 kV·A 照明变压器、电扇、铁壳开关、电铃等小型电器等均为材料。

（7）通风

① 空气加热器、冷却器、各类风机、除尘设备、各种空调机、风盘管、过滤器、净化工作台、喷淋室等均为设备。

② 各种风管及其附件和施工现场加工制作的调节阀、风口、消声器及其他部件、构件等均为材料。

（8）管道

① 公称直径 300 mm 以上的阀门为设备。

② 各种管道、管件、配件及金属结构等均为材料。

③ 各种栓类,低压器具、卫生器具,供暖器具、现场自制的钢板水箱及民用燃气管道和附件、器具、灶具等均为材料。

（9）炉窑和砌筑

① 装置在炉窑中的成品炉管、电机、鼓风机和炉窑传动、提升装置均为设备。

② 属于炉窑本体的金属铸件、锻件、加工件及测温装置、计器仪表、消烟、回收、除尘装置等，均为设备。

③ 随炉供应已安装就位的金具、耐火衬里、炉体金属埋件等均为设备。

④ 现场制作与安装的炉管及其他所需的材料或填料均为材料。

⑤ 现场砌筑用的耐火、耐酸、保温、防腐、捣打料、绝热纤维、玄武岩、金具、炉门及窥视孔、预埋件等均为材料。

未包括在上述范围内的材料和设备，可参照上述划分方法，按类似情况区别。

3.3 "营改增"后工程计价

3.3.1 有关规定

根据财政部、国家税务总局 2016 年《关于全面推开营业税改增值税试点的通知》，江苏省建筑业自 2016 年 5 月 1 日起纳入营业税改增值税试点范围。按照国家住房和城乡建设部办公厅《关于做好建筑业营改增建设工程计价依据调整准备工作的通知》的要求，结合江苏省实际情况，按照"价税分离"的原则，江苏省住建厅就建筑业实施"营改增"后建设工程计价定额及费用定额作了相应调整。

（1）调整后的建设工程计价依据适用于江苏省行政区域内，合同开工日期为 2016 年 5 月 1 日及以后的建筑和市政基础设施工程发承包项目。合同开工日期以《建筑工程施工许可证》注明的合同开工日期为准；如未取得《建筑工程施工许可证》的项目，以承包合同注明的开工日期为准。此次调整内容是根据营改增的规定和要求等修订的，不改变现行清单计价规范和计价定额的作用、适用范围。

（2）按照 2016 年《关于全面推开营业税改增值税试点的通知》，营改增后，建设工程计价分为一般计税方法和简易计税方法。除清包工工程、甲供工程、合同开工日期在 2016 年 4 月 30 日前的建设工程可采用简易计税方法外，其他一般纳税人提供建筑服务的建设工程，采用一般计税方法。

（3）甲供材料和甲供设备费用不属于承包人销售货物或应税劳务向发包人收取的全部价款和价外费用范围之内。因此，在计算工程造价时，甲供材料和甲供设备费用应在计取甲供材料和甲供设备的现场保管费后，在税前扣除。

（4）一般计税方法下，建设工程造价＝税前工程造价×（1＋11％），其中税前工程造价中不包含增值税可抵扣进项税额，即组成建设工程造价的要素价格中，除无增值税可抵扣项的人工费、利润、规费外，材料费、施工机具使用费、管理费均按扣除增值税可抵扣进项税额后的价格计入。由于计费基础发生变化，费用定额中管理费、利润、总价措施项目费、规费费率需相应调整。调整后的费率具体见《江苏省建设工程费用定额》（2014）营改增后调整内容。

现行安装工程计价定额中的材料预算单价、施工机械台班单价均按除税价格调整。调整表格见《江苏省现行专业计价定额材料含税价和除税价表》、《江苏省机械台班定额含税价和除税价表》。

同时,城市建设维护税、教育费附加及地方教育附加,不再列入税金项目内,调整放入企业管理费中。

(5) 简易计税方法下,建设工程造价除税金费率、甲供材料和甲供设备费用扣除程序调整外,仍按营改增前的计税依据执行。

(6) 由于一般计税方法和简易计税方法的建设工程计价口径不同,今后发布招标文件的招投标工程,应在招标文件中明确计税方法;合同开工日期在 2016 年 5 月 1 日以后的非招投标工程,应在施工合同中明确计税方法。对于不属于可采用简易计税方法的建设工程,不能采用简易计税方法。

3.3.2　工程计价方法

1) 建设工程费用组成

(1) 一般计税方法

① 根据住房和城乡建设部办公厅 2016 年《关于做好建筑业营改增建设工程计价依据调整准备工作的通知》规定的计价依据调整要求,营改增后,采用一般计税方法的建设工程费用组成中的分部分项工程费、措施项目费、其他项目费、规费中均不包含增值税可抵扣进项税额。

② 企业管理费组成内容中增加附加税:国家税法规定的应计入建筑安装工程造价内的城市建设维护税、教育费附加及地方教育附加。

③ 甲供材料和甲供设备费用应在计取现场保管费后,在税前扣除。

④ 税金定义及包含内容调整为:税金是指根据建筑服务销售价格,按规定税率计算的增值税销项税额。

(2) 简易计税方法

① 营改增后,采用简易计税方式的建设工程费用组成中,分部分项工程费措施项目费、其他项目费的组成,均与《江苏省建设工程费用定额》(2014 年)原规定一致,包含增值税可抵扣进项税额。

② 甲供材料和甲供设备费用应在计取现场保管费后,在税前扣除。

③ 税金定义及包含内容调整为:税金包含增值税应纳税额、城市建设维护税、教育费附加及地方教育附加。

2) 取费标准调整

(1) 一般计税方法

① 企业管理费和利润取费标准(表 3.13)

表 3.13　安装工程企业管理费和利润取费标准表

序号	项目名称	计算基础	企业管理费率(%)			利润率(%)
			一类工程	二类工程	三类工程	
一	安装工程	人工费	48	44	40	14

企业工程类别划分见表 3.14。

表 3.14 安装工程类别划分表

一类工程

(1) 10 kV 变配电装置。

(2) 10 kV 电缆敷设工程或实物量在 5 km 以上的单独 6 kV(含 6 kV)电缆敷设分项工程。

(3) 锅炉单炉蒸发量在 10 t/h(含 10 t/h)以上的锅炉安装及其相配套的设备、管道、电气工程。

(4) 建筑物使用空调面积在 15 000 m² 以上的单独中央空调分项安装工程。

(5) 建筑物使用通风面积在 15 000 m² 以上的通风工程。

(6) 运行速度在 1.75 m/s 以上的单独自动电梯分项安装工程。

(7) 建筑面积在 15 000 m² 以上的建筑智能化系统设备安装工程和消防工程。

(8) 24 层以上的水电安装工程。

(9) 工业安装工程一类项目。

二类工程

(1) 除一类范围以外的变配电装置和 10 kV 以下架空线路工程。

(2) 除一类范围以外且在 400 V 以上的电缆敷设工程。

(3) 除一类范围以外的各类工业设备安装、车间工艺设备安装及其相配套的管道、电气工程。

(4) 锅炉单炉蒸发量在 10 t/h 以下的锅炉安装及其相配套的设备、管道、电气工程。

(5) 建筑物使用空调面积在 15 000 m² 以下、5 000 m² 以上的单独中央空调分项安装工程。

(6) 建筑物使用通风面积在 15 000 m² 以下、5 000 m² 以上的通风工程。

(7) 除一类范围以外的单独自动扶梯、自动或半自动电梯分项安装工程。

(8) 除一类范围以外的建筑智能化系统设备安装工程和消防工程。

(9) 8 层以上或建筑面积在 10 000 m² 以上建筑的水电安装工程。

三类工程

除一、二类范围以外的其他各类安装工程。

② 措施项目及安全文明施工措施费取费标准(表 3.15~表 3.16)

表 3.15 措施项目费取费标准表

项目	计算基础	各专业工程费率(%)
		安装工程
临时设施		0.6~1.6
赶工措施	分部分项工程费＋单价措施项目费－除税工程设备费	0.5~2.1
按质论价		1.1~3.2

注:本表中除临时设施、赶工措施、按质论价费率有调整外,其他费率不变。

表 3.16 安全文明施工措施费取费标准

序号	工程名称	计费基础	基本费率(%)	省级标化增加费(%)
一	安装工程	分部分项工程费＋单价措施项目费－除税工程设备费	1.5	0.3

③ 其他项目取费标准

暂列金额、暂估价、总承包服务费中均不包括增值税可抵扣进项税额。

④ 规费取费标准(表 3.17)

表 3.17 社会保险费及公积金取费标准表

序号	工程类别	计算基础	社会保险费率(%)	公积金费率(%)
一	安装工程	分部分项工程费＋措施项目费＋其他项目费－除税工程设备费	2.4	0.42

⑤ 税金计算标准及有关规定

税金以除税工程造价为计取基础,费率为 11%。

（2）简易计算法

税金包括增值税应纳税额、城市建设维护税、教育费附加及地方教育附加。

① 增值税应纳税额＝包含增值税可抵扣进项税额的税前工程造价×适用税率,税率:3%;

② 城市建设维护税＝增值税应纳税额×适用税率,税率:市区 7%、县镇 5%、乡村 1%;

③ 教育费附加＝增值税应纳税额×适用税率,税率:3%;

④ 地方教育附加＝增值税应纳税额×适用税率,税率:2%。

以上四项合计,以包含增值税可抵扣进项额的税前工程造价为计费基础,税金费率为:市区 3.36%、县镇 3.30%、乡村 3.18%。如各市另有规定的,按各市规定计取。

3）计价程序

（1）一般计税方法

一般计税方法下工程量清单计算程序见表 3.18。

表 3.18 工程量清单法计算程序(包工包料)

序号	费用名称		计算公式
一	分部分项工程费		清单工程量×除税综合单价
	其中	1. 人工费	人工消耗量×人工单价
		2. 材料费	材料消耗量×除税材料单价
		3. 施工机具使用费	机械消耗量×除税机械单价
		4. 管理费	(1+3)×费率或(1)×费率
		5. 利润	(1+3)×费率或(1)×费率
二	措施项目费		
	其中	单价措施项目费	清单工程量×除税综合单价
		总价措施项目费	(分部分项工程费＋单价措施项目费－除税工程设备费)×费率 或以项计费
三	其他项目费		
四	规费		
	其中	1. 工程排污费	
		2. 社会保险费	(一＋二＋三－除税工程设备费)×费率
		3. 住房公积金	
五	税金		[一＋二＋三＋四－(除税甲供材料费＋除税甲供设备费)/1.01]×费率
六	工程造价		一＋二＋三＋四－(除税甲供材料费＋除税甲供设备费)/1.01＋五

（2）简易计税方法

简易计税方法下包工不包料工程(清包工工程)计算程序如表 3.19。

表 3.19 工程量清单法计算程序(包工包料)

序号	费用名称		计算公式
	清单工程量×综合单价		分部分项工程费
一	其中	1. 人工费	人工消耗量×人工单价
		2. 材料费	材料消耗量×材料单价
		3. 施工机具使用费	机械消耗量×机械单价
		4. 管理费	(1+3)×费率或(1)×费率
		5. 利润	(1+3)×费率或(1)×费率
二	措施项目费		
	其中	单价措施项目费	清单工程量×综合单价
		总价措施项目费	(分部分项工程费+单价措施项目费-工程设备费)×费率 或以项计费
三	其他项目费		
四	规费		
	其中	1. 工程排污费	(一+二+三-工程设备费)×费率
		2. 社会保险费	
		3. 住房公积金	
五	税金		[一+二+三+四-(甲供材料费+甲供设备费)/1.01]×费率
六	工程造价		一+二+三+四-(甲供材料费+甲供设备费)/1.01+五

复习思考题

1. 请叙述建设项目投资由哪些费用组成。
2. 建筑安装工程费用由哪些部分组成?
3. 建筑工程综合单价怎样计算?
4. 什么叫措施项目费?具体包括哪些内容?
5. 叙述"营改增后"工程量清单计算程序。

4 给排水、采暖、燃气工程

4.1 给排水、采暖、燃气工程基础

4.1.1 建筑给排水工程

1）建筑给排水系统

建筑给排水工程主要包括给水工程和排水工程两部分,即建筑给水系统和建筑排水系统。建筑给水系统是根据用户对水质、水量和水压等的要求,将水从城市自来水厂通过供水管网输送到各建筑用水点的供水系统。

（1）建筑给水系统

建筑给水系统分为室内给水系统和室外给水系统两部分。

室内给水系统按其用途可划分为三类:生活给水系统、生产给水系和消防给水系统。各系统均由引入管、水表节点、配水管、给水附件、供水设备等部分组成。

其中给水附件是安装在管道或设备上用于启闭或调节水流装置的总称,分为配水附件和控制附件两类。配水附件是指装在卫生器具及用水点的各式水龙头,用以调节和分配水流。控制附件则是用来调节水量、水压、关断水流、改变水流方向等,如球形阀、闸阀、止回阀、浮球阀及安全阀等。

供水设备主要是在室外给水管网压力不能满足室内供水要求,或室内对安全供水、水压稳定有要求时,设置的各种附属设备,如水箱、水泵、气压罐、水池等。

相对于室内给水系统而言,室外给水系统则主要是指建筑室外供配水管网或设施,也包括企事业单位自己建造的取水构筑物、净水构筑物、泵站及输配水管网等。

（2）建筑排水系统

建筑排水系统主要接纳、汇集建筑物内各种卫生器具和用水设备排放的污废水、屋面雨水排入室外的排水系统。建筑排水系统也分为室内部分和室外部分。

室内排水系统主要由卫生器具、排水横支管、排水立管、出户管、通气管、清通设备、污水提升设备等组成。清通设备主要包括检查口、清扫口、检查井以及带有清通门弯头或三通接头等设备,作为疏通排水管道之用。而污水提升设备主要把建筑的地下部分的污废水提升至室外地面排水系统,这类设备主要是潜污泵等。

室外排水系统是指把室内排出的生活污废水及雨水通过室外管网收集送至市政排水管网或经过污水处理设施处理后达标排放。室外排水系统包括:窨井、雨水口、排水管道、污水泵站、污水处理设施和污水排水口等部分,其中污水处理设施常有污水收集池、化粪池、隔油

池、冷却池,以及其他水处理装置与构筑物。

2)给排水管材

(1)钢管

钢管是应用最广泛的金属给水管材,分为焊接钢管、无缝钢管两种。钢管也可分镀锌钢管和不镀锌钢管。钢管镀锌的目的是防腐、防锈、不使水质变坏、延长使用年限。无缝钢管采用较少,只在焊接钢管不能满足压力要求或特殊情况下才采用。钢管强度高,承受流体的压力大,抗震性能好,长度大,接头少,加工安装方便,但造价较高,抗腐蚀性差。一般镀锌钢管规格常以公称直径(DN)表示,如常用连接水龙头的镀锌钢管规格为 DN15,DN20;而其他焊接钢管、无缝钢管等常以外径×壁厚来表示,如焊接钢管规格为 219×5,表示钢管外径为219 mm,管壁厚为 5 mm。

(2)塑料管材

近年来各种塑料管材逐渐取代金属管材,广泛应用在给排水工程中。硬聚氯乙烯塑料管(UPVC)是目前使用最为广泛的塑料管道,具有较高的抗冲击性能和耐化学性能,主要用于城市供水、城市排水、建筑给水和建筑排水系统。聚丙烯(PPR)管,具有较好的抗冲击性能、耐湿性能和抗蠕变性能,主要应用于建筑物室内冷热水供应和地面辐射供暖。聚乙烯管材(PE)中,高密度聚乙烯(HDPE)管具有较高的强度和刚度,中密度聚乙烯(MDPE)管还具有良好的柔性和抗蠕变性能,低密度聚乙烯(LDPE)管的柔性、伸长率、耐冲击性能较好,尤其是耐化学稳定性好。目前,国内的 HDPE 管和 MDPE 管主要用作城市燃气管道,少量用作城市供水管道。

(3)铸铁管

铸铁管是用由铸铁浇铸成型的管道。铸铁管可用于给水、排水和煤气输送管线,它包括铸铁直管和管件。按铸造方法不同,可分为连续铸铁管和离心铸铁管;按材质不同也分为灰口铸铁管和球墨铸铁管;按接口形式不同还分为柔性接口、法兰接口、自锚式接口、刚性接口等。

(4)铜管

铜管广泛应用于高档建筑物室内热水供应系统和室内饮水供应系统。铜管的主要优点在于其具有很强的抗锈蚀能力,强度高,可塑性强,坚固耐用,能抵受较高的外力负荷,热胀系数小。同时铜管能抗高温环境,防火性能也较好,而且铜管使用寿命长,可完全被回收利用,不污染环境。由于铜是贵金属材料,所以其价格较高。

(5)复合管材

常用的复合管材主要有钢塑复合(SP)管和铝塑复合(PAP)管。钢塑复合管具有钢管的力学强度和塑料管的耐腐蚀特点。一般为三层结构,中间层为带有孔眼的钢板卷焊层或钢网焊接层,内外层为熔于一体的高密度聚乙烯(HDPE)层或交联聚乙烯(PDX)层,也有用外镀锌钢管内涂敷聚乙烯(PE)等的钢塑复合管。铝塑复合(PAP)管材是通过挤出成型工艺而生产制造的新型复合管材,根据中间铝层焊接方式不同,分为搭接焊铝塑复合管和对接焊铝塑复合管。铝塑复合管广泛应用于建筑物室内冷热水供应和地面辐射供暖。

3）给水附件

给水附件是指安装在管道及设备上的启闭和调节装置的总称,一般分为配水附件和控制附件两类。

（1）配水附件

配水附件就是装在卫生器具及用水点的各式水龙头,用以调节和分配水流,主要有:

球形阀式配水龙头,水流经过水龙头因改变流向而阻力较大,主要安装在洗涤盆、污水盆、盥洗槽上;旋塞式配水龙头主要安装在压力不大的给水系统上,旋转90°即完全开启,可短时获得较大流量,但启闭迅速容易产生水击,适用于浴池、洗衣房、开水间等处;盥洗龙头是装设在洗脸盆上专供冷水或热水用,有莲蓬头式、鸭嘴式、角式、长脖式等多种形式;混合龙头,用以调节冷、热水的龙头,供盥洗、洗涤、沐浴等用。

（2）控制附件

控制附件用来调节水量、水压、关断水流、改变水流方向,如球形阀、闸阀、止回阀、浮球阀及安全阀等,见图4.1—图4.6。

截止阀。截止阀关闭严密,但水流阻力较大,适用于管径≤DN50的管道上。

图4.1 截止阀

图4.2 闸阀

图4.3 蝶阀

闸阀。一般管道DN70以上时采用闸阀,此阀全开时水流呈直线通过、阻力小,但水中有杂质落入阀座后,使阀不能关闭到底,因而产生磨损和漏水。

蝶阀。蝶阀是指关闭件阀板为圆盘,围绕阀轴旋转来达到开启与关闭的一种阀,在低压管道上起切断和节流作用。

止回阀。用来阻止水流的反向流动,有升降式和旋启式两种类型。升降式止回阀装于水平管道上,水头损失较大,只适用于小管径;旋启式止回阀一般直径较大,水平、垂直管道上均可装置。

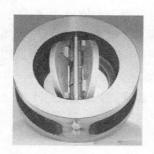
图4.4 止回阀

图4.5 浮球阀

图4.6 安全阀

浮球阀。是一种可以自动进水自动关闭的阀门,一般装在水箱或水池内控制水位。当水箱充水到设计最高水位时,浮球浮起,关闭进水口;当水位下降时,浮球下落,开启进水口,从而自动向水箱充水。

安全阀。为了避免管网和其他设备中压力超过规定的范围而使管网、用具或密闭水箱受到破坏时,需装此阀,一般分为弹簧式和杠杆式两种。

4)管道连接方式

(1)螺纹连接

螺纹连接是一种广泛使用的可拆卸的固定连接,具有结构简单、连接可靠、装拆方便等优点。它是通过内外螺纹把管道与管道、管道与阀门连接起来。为了增加管道螺纹接口的严密性和维修时不致因螺纹锈蚀而不易拆卸,螺纹处一般要加填充材料,如对热水供暖系统或冷水管道,可以采用聚四氟乙烯胶带。

(2)焊接

焊接一般采用手工电弧焊和氧-乙炔气焊,接口牢固严密,焊缝强度高,缺点是不能拆卸。焊接只能用于非镀锌钢管,因为镀锌钢管焊接时锌层被破坏,反而加速锈蚀。焊接完成后要对焊缝进行外观检查、严密性检查和强度检查。

(3)法兰连接

在较大管径的管道上(DN50以上),常将法兰盘焊接或用螺纹连接在管端,再以螺栓连接。法兰连接一般用在连接阀门、水泵、水表等处,以及需要经常拆卸、检修的管段上。法兰连接的接口必须加垫圈,法兰垫圈厚度一般为3~5 mm,常用的垫圈材质有橡胶板、石棉橡胶板、塑料板等。见图4.7。

 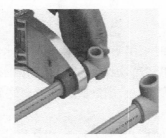 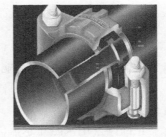

图4.7　法兰连接　　　　　图4.8　热熔连接　　　　　图4.9　卡箍连接

(4)承插连接

主要用于带承插接头的铸铁管、混凝土管、陶瓷管、塑料管等。承插连接接口主要有:青铅接口、石棉水泥接口、膨胀性填料接口、胶圈接口等。承插连接还分为接刚性承插连接和柔性承插连接两种。刚性承插连接是用管道的插口插入管道的承口内,对位后先用嵌缝材料嵌缝,然后用密封材料密封,使之成为一个牢固的封闭的整体。柔性承插连接接头在管道承插口的止封口上放入富有弹性的橡胶圈,然后施力将管子插端插入,形成一个能适应一定范围内的位移和振动的封闭管。

(5)粘接和热熔连接

粘接是借助胶粘剂在固体表面上所产生的粘合力,将管道牢固地连接在一起的方法,粘接连接适用于管径较小的塑料管道。热熔连接泛应用于 PPR 管、PB 管、复合管等新型管材与管件连接,经过加热升温至熔点后的一种连接方式。见图 4.8。

（6）卡箍连接见图 4.9。

5）管道的敷设

根据建筑对卫生、美观方面要求不同,室内给水管道的敷设分为明装和暗装两类。

（1）明装。即管道在室内沿墙、梁、柱、天花板下、地板旁暴露敷设。明装管道造价低,施工安装、维护修理均较方便。缺点是由于管道表面积灰、产生凝水等影响环境卫生,而且有碍建筑美观。一般民用建筑和大部分生产车间均为明装方式。另外,为清通检修方便,排水管道应以明装为主。

（2）暗装。即管道敷设在地下室天花板下或吊顶中,或在管井、管槽、管沟中隐蔽敷设。管道暗装时,卫生条件好,房间美观,在标准较高的高层建筑、宾馆等均采用暗装;在工业企业中,某些生产工艺要求,如精密仪器或电子元件车间要求室内洁净无尘时,也采用暗装。暗装的缺点是造价高,施工维护均很不便。

室外管道的敷设方式也有两种方式,即架空敷设和埋地敷设。

（1）架空敷设。将管道敷设于地面上的独立支架、桁架以及建筑物的墙壁上的方式就是架空敷设,其适用于地下水位较高、地下土质差、年降雨量大,或地下管线较多以及采用地下敷设而需大量开挖土石方的地方。架空敷设所用的支架按材料分为砖砌体、毛石砌体、钢筋混凝土、钢结构、木结构等类型。

（2）埋地敷设。埋地敷设又分为直埋敷设和管沟敷设。直埋敷设是将管道直接埋地的一种敷设方式,在室外管道工程中常用。管沟敷设是将管道敷设于地面下的混凝土或砖砌筑而成的地沟内,分为不通行地沟、半通行地沟和通行地沟三种形式。

4.1.2 室内采暖安装工程

1）室内采暖系统

供暖就是用人工方法向室内供给热量,保持一定的室内温度,以创造适宜的生活条件或工作条件的技术。所有供暖系统都由热源、管网和散热设备三个主要部分组成。根据三个主要组成部分的相互位置关系来分,供暖系统可分为局部供暖系统和集中式供暖系统。

（1）局部供暖系统

热媒制备、热媒输送和热媒利用三个主要组成部分在构造上都在一起的供暖系统称为局部供暖系统,如电热供暖、燃气供暖等。虽然燃气和电能通常由远处输送到室内来,但热量的转化和利用都是在散热设备上实现的。

（2）集中式供暖系统

热源和散热设备分别设置,用热媒管道相连接,由热源向各个房间或各个建筑物供给热量的供暖系统称为集中式供暖系统。以热水为热媒的供热系统称为热水供暖系统。根据循环动力不同,热水供暖系统可分为自然循环系统和机械循环系统。自然循环热水供暖靠水的密度差进行循环,它无需水泵为热水循环提供动力,而机械循环热水供暖系统在系统中设置有循环水泵,依靠水泵的机械能使水在系统中强制循环。

2) 散热器和换热器

(1) 散热器

散热器是安装在供暖房间里的一种放热设备,它把热媒(热水或蒸汽)的部分热量传递给室内空气,用以补偿建筑物热损失,从而使室内维持所需要的温度而达到供暖目的。散热器用铸铁或钢制成。我国常用的几种散热器有柱形散热器、翼型散热器以及光管散热器、钢串片对流散热器等。

柱形散热器,由铸铁制成,它又分为四柱、五柱及二柱三种。柱的上、下端全部互相连通。在散热片顶部和底部各有一对带丝扣的穿孔供热媒进出,并可借正、反螺丝把单个散热片组合起来。在散热片的中间有两根横向连通管,以增加结构强度。见图4.10。

翼形散热器,由铸铁制成,分为长翼型和圆翼型两种。长翼型散热器是一个在外壳上带有翼片的中空壳体。在壳体侧面的上、下端各有一个带丝扣的穿孔,供热媒进出,并可借正反螺丝把单个散热器组合起来。

钢串片对流散热器是用在用联箱联通的两根(或两根以上)钢管上串上许多长方形薄钢片而制成的,这种散热器的优点是承压高,体积小,质量轻,容易加工,安装简单和维修方便。见图4.11。

(2) 换热器

换热器是实现两种或两种以上温度不同的流体相互换热的设备。从构造上主要可分为壳管式、肋片管式、板式、板翅式、螺旋板式等,前两种用得最为广泛。

壳管式换热器,流体在管外流动,管外各管间常设置一些圆缺形的挡板,其作用是提高管外流体的流速,使流体充分流经全部管面,改善流体对管子的冲刷角度,从而提高壳侧的换热系数。此外,挡板还可以起支承管束、保持管间距离等作用。流体从管的一端流到另一端称为一个管程,当管子总数及流体流量一定时,管程数设得越多,则管内流速越高。见图4.10。

图4.10 壳管式换热器

图4.11 肋片管式换热器

图4.12 板式换热器

肋片管式换热器。肋片管亦称翅片管,在管子外壁加肋,肋化系数可达25左右,大大增加了空气侧的换热面积,强化了传热,与光管相比,传热系数可提高1～2倍。这类换热器结构较紧凑,适用于两侧流体换热系数相差较大的场合。见图4.11。

板式换热器。由若干传热板片叠置压紧组装而成,板四角开有角孔,流体由一个角孔流入,即在两块板形成的流道中流动,而经另一对角孔流出,流道很窄,通常只有3～4 mm,冷热两流体的流道彼此相间隔。为强化流体在流道中的扰动,板面都做成波纹形,板片间装有密封垫片,既用来防漏,又用以控制两板间的距离。见图4.12。

4.1.3 城市燃气系统

燃气是一种气体燃料。燃气根据来源的不同,主要有人工煤气、液化石油气和天然气三大类。液化石油气一般采用瓶装供应,而天然气、人工煤气则采取管道输送。

1) 城市燃气输配系统

天然气或人工煤气经过净化后即可输入城市燃气管网。城市燃气管网根据输送压力不同可分为:低压管网(压力≤5 kPa)、中压管网(≤150 kPa)、次高压管网(≤300 kPa)和高压管网(≤800 kPa)。城市燃气管网通常包括街道燃气管网和小区燃气管网两部分。

在大城市里,街道燃气管网大都布置成环状,只在边缘地区,才采用枝状管网。燃气由街道高压管网或次高压管网,经过燃气调压站,进入街道中压管网。然后,经过区域的燃气调压站,进入街道低压管网,再经小区管网而接入用户。临近街道的建筑物也可直接由街道管网引入。

小区燃气管路是指燃气总阀门井以后至各建筑物前的户外管路。小区燃气管敷设在土壤冰冻线以下0.1~0.2 m的土层内。根据建筑群的总体布置,小区燃气管道宜与建筑物轴线平行,并埋在人行道或草地下;管道距建筑物基础应不小于2 m,与其他地下管道的水平净距为1.0 m;与树木应保持1.2 m的水平距离。小区燃气管不能与其他室外地下管道同沟敷设,以免管道发生漏气时经地沟渗入建筑物内。

2) 燃气表及燃气用具

(1) 燃气表

燃气表是计量燃气用量的仪表。我国目前常用的是一种干式皮囊燃气流量表。这种燃气表适用于室内低压燃气供应系统中。各种规格燃气表的计量范围为2.8~260 m³/h。为保证安全,小口径燃气表一般挂在室内墙壁上,表底距地面1.6~1.8 m,燃气表到燃气用具的水平距离不得小于0.8~1.0 m。

(2) 燃气用具

住宅常用燃气用具有厨房燃气灶、燃气热水器等。

3) 室内燃气管道系统及其敷设

用户燃气管由引入管进入房屋以后,到燃具燃烧器前称为室内燃气管,这一管道是低压的。室内管多用钢管丝扣连接,埋于地下部分应涂防腐涂料。明装于室内管应采用镀锌钢管。所有燃气管不允许有微量漏气以保证安全。

室内燃气管穿墙或地板时应设套管。为了安全,燃气立管不允许穿越居室。一般可布置在厨房、楼梯间墙角外。进户干管应设不带手轮旋塞式阀门。立管上接出每层的横支管一般在楼上部接出,然后折向燃气表,燃气表上伸出燃气支管,再接橡皮胶管通向燃气用具。燃气表后的支管一般不应绕气窗、窗台、门框和窗框敷设。

建筑物如有可通风的地下室时,燃气干管可以敷设在这种地下室上部。不允许室内煤气干管埋于地面下或敷于管沟内。若公共建筑物地沟为通行地沟且有良好的自然通风设施时,可与其他管道同沟敷设,但燃气干管应采用无缝钢管焊接连接。

4.2 给排水、采暖、燃气工程量计算

给排水、采暖、燃气工程量的计算执行《通用安装工程工程量计算规范》(GB50856—2013)附录 K 中关于给排水、采暖、燃气工程量计算规则、计量单位的规定,依据工程设计图纸、施工组织设计或施工方案及有关技术经济文件进行工程量计算。

4.2.1 工程量计算范围

给排水、采暖、燃气工程量计算参照的规范标准主要是《通用安装工程工程量计算规范》(GB50856—2013)中附录 K 给排水、采暖、燃气工程部分,包括给排水、采暖、燃气管道安装,支架及套管制作安装,管道附件安装,卫生器具安装,采暖、给排水设备安装,燃气器具安装,医疗气体设备及附件安装,采暖、空调水工程系统调试等内容。

在工程量计算中,涉及建筑物室内外界限之划分,具体划分标准规定如下:

(1)给水管道、采暖管道室内外的界限,是以建筑物外墙皮 1.5 m 处为分界点,入口处如设有阀门者以阀门为分界点。

(2)燃气管道则是由地下引入室内的以室内第一个阀门为分界点,由地上引入的以墙外三通为分界点。

(3)排水管道则是以排水管出户后第一个检查井为分界点,在分界点以内的部分为室内给排水工程,分界点以外的部分为室外排水管道。

在给排水、采暖及燃气工程中,还可能涉及其他的相关工程的内容,工程量统计时应按所属专业类别分别进行计算。如管道热处理、无损探伤,医疗气体管道及附件,水泵房、锅炉房等的建筑设备间内与设备相连管道等,应按安装工程规范附录 H 工业管道中相关要求计算;管道设备及支架除锈、刷油、保温,应按规范附录 M 刷油、防腐蚀、绝热工程计算。

4.2.2 工程量计算规则

本节以安装工程规范附录 K 给排水、采暖、燃气工程的章节顺序,介绍给排水、采暖、燃气工程量计算规则。

1)给排水、采暖、燃气管道

(1)各种管道以设计图中管中心长度计,不扣除阀门、给水附件(如减压器、疏水器、水表、伸缩器等)所占的长度,但扣除暖气片所占的长度。计量单位为"m"。

管道安装的水平长度按比例由平面图量取,也可按轴线尺寸推算;垂直长度可用标高推算管道长度,也可用图注长度计算。

(2)统计管道长度时,应按管材材质、公称直径、接口方式、接口材料、管道用途、使用场所等项目特征,分别列项。

(3)直埋式预制保温管道及管件安装,需扣除管件所占长度;管件尺寸应按照芯管的公称直径,以"个"为计量单位。

(4)给排水管道的接头零件、排水管的检查口、通气帽等不计算材料数量,这些材料已

作为辅材包含在定额综合单价内,但燃气管道中的承插煤气铸铁管(柔性机械接口)接头零件,需计算管件用量。

(5)铸铁排水管、雨水管、塑料排水管安装内容中,已包含管卡、托吊支架、通气帽、雨水漏斗的制作安装,不需要计算其工程量。

(6)管道消毒、冲洗、压力试验,按管道长度计量,不扣除阀门、管件长度。

(7)钢管表面除锈工程量是按锈蚀程度等级不同计算管道表面展开面积;刷油工程量以刷油的遍数计算表面积;绝热工程是以保温材料的厚度计算其体积作为工程量。

(8)室内外管道、管沟开挖的土方量应单独计算,按施工图要求的挖深、底宽、边坡、沟长计算体积。对管沟挖、填土方工程量可按下式计算:

$$V=(b+0.3)\times h \times L$$

式中:h—沟深,按设计管底标高计算,单位 m;b—沟宽,单位 m;L—沟长,单位 m;0.3—放坡系数(若开挖较浅,也可考虑不放坡)。

若沟宽有设计尺寸的,按设计尺寸取值;无设计尺寸时可参照表 4.1 取定。

表 4.1 管沟宽度表(单位:m)

管径(mm)	铸铁管、钢管	缸瓦管	附注
50～80	0.6	0.7	(1) 本表按埋深 1.5 m 以内考虑的
100～200	0.7	0.8	(2) 当埋深 2 m 以内时沟宽增 0.1 m
250～350	0.8	0.9	(3) 当埋深 3 m 以内时沟宽增 0.2 m
400～450	1	1.1	(4) 计算土方量时可不考虑坡度

2)支架与套管工程量

给排水、采暖及燃气工程中,管道、设备安装时需要安装相应的支架以保护管道和设备,防止管道弯曲变形而造成管道的损坏。同时,为防止管道穿墙、穿池体安装时墙体漏水、渗水而事先预埋在穿管位置的短管,即为套管。

(1)管道及设备支架的安装通常以质量"kg"为单位,且按管道支架和设备支架分别计算。

(2)管道支架制作安装,室内管道公称直径 32 mm 及以下的安装工程已包括在内,不再另行计算。

(3)管道支架按材质、管架形式,按设计图示计算质量。质量在 100 kg 以上的单件管道支架,执行设备支架制作安装。成品支架安装,统计管道或设备支架安装数量,而不应再计取制作工程量。

(4)套管制作安装应按照设计图示及施工验收规范,以"个"为计量单位。

(5)金属结构除锈、刷油工程量计算:用人工喷砂除锈时,按重量"100 kg"计算;若用动力工具或化学除锈时,按面积计算(金属结构 100 kg 折成 5.8 m² 面积);设备除锈工程量按锈蚀程度等级不同,以设备表面积展开面积计算工程量。

3)管道附件

管道附件包括各类阀门,还有减压器、疏水器、伸缩器、除污器、软接头、法兰、水表、防倒流器等。

（1）各种阀门安装应按施工图上阀门型号、连接方式等以"个"为单位计量。法兰阀门安装，如仅为一侧法兰连接时，工程量中法兰、带帽螺栓及垫圈数量应减半。

（2）法兰阀（带短管甲乙）安装，均以"套"为计量单位，接口材料不同时可做调整。

（3）自动排气阀安装以"个"为计量单位，已包括了支架制作安装，不再另行计算。

（4）浮球阀安装以"个"为计量单位，包括了联杆及浮球的安装。

（5）减压器、疏水器组成安装以"组"为计量单位，是按《采暖通风国家标准图集》编制的，如设计组成与标准图集不同时，阀门和压力表数量可按设计用量进行调整，按实统计或说明备注。

（6）管道伸缩器的制作安装，按不同直径及形式分别以"个"为计量单位。但方形伸缩器的两臂，按臂长的两倍合并在管道长度内计算。

（7）法兰水表安装是按《全国通用给水排水标准图集》编制的，以"组"为计量单位，包含旁通管及止回阀等。若单独安装法兰水表，则以"个"为计量单位单独计算。

4）卫生器具

给排水中所有卫生器具安装项目，均参照有关标准图集编制，如施工图有特殊要求时，应作相应调整。

（1）成组安装的卫生器具，以"组、套"计量；标准图中的短管等附件已包含在卫生器具安装工程中，故不应重复计算给、排水管道。

（2）浴盆、净身盆安装。按材质，以冷、热水及其带喷头划分，分别以"组"为单位计量；浴盆支架及四周侧面的砌砖、贴瓷砖需单独计算。

（3）洗脸盆、洗手盆安装，按普通钢管、铜管、立式理发用、肘式开关、脚踏开关及冷热水区分，以"组"为单位计量。

（4）洗涤盆、化验盆安装，按单、双嘴、肘式、脚踏开关、鹅颈水嘴区分，以"组"为单位计量。

（5）淋浴器的组成、安装。按铜管、钢管分冷水、冷热水，以"组"为单位计量。

（6）小便器安装，按普通式和自动冲洗方式，挂斗式和立式分别以"组"为单位计量。

（7）小便槽冲洗管制作安装，以长度为单位计量。

（8）大便器安装有坐式、蹲式之分，按水箱形式、冲洗方式分项；大便槽自动冲洗水箱安装，以套为计量单位，安装中已包含成套配件。

（9）地漏、地面扫除口、排水栓以"个或组"为单位计算。

5）给排水、采暖及燃气设备

给排水、采暖及燃气设备通常有：变频给水设备、稳压给水设备、太阳能热水、电热水器等。

（1）太阳能热水器安装以"台"为计量单位，太阳能热水器安装中已含支架制作安装，若设计用量超过图集含量的，应另行增加金属支架的制作安装工程量。

（2）电热水器、电开水炉安装以"台"为计量单位，只考虑本体安装，连接管、连接件等工程量应另行计算。

（3）饮水器安装以"台"为计量单位，阀门和脚踏开关工程量应另行计算。

（4）钢板水箱制作，按施工图所示尺寸，以"kg"为计量单位，不扣除人孔、手孔重量，法兰和短管水位计另行计算。

（5）钢板水箱安装，按国家标准图集水箱容量"m³"计算。水箱支架制作安装、混凝土或砖支座需单独计算。

6）燃气器具

（1）燃气表安装按不同规格、型号分别以"块"为计量单位，表托、支架、表底垫层基础的工程量应另行计算。

（2）燃气加热设备、灶具等按用途、型号，分别以"台"为计量单位。

（3）气嘴安装按规格型号连接方式，以"个"为计量单位。

（4）调长器及调长器与阀门连接，包括一副法兰安装，螺栓规格和数量以压力为0.6 MPa 的法兰装配，如压力不同可按设计要求的数量、规格进行调整。

4.2.3　工程量计算实例

【例4.1】　某住宅楼工程为4层普通住宅楼，层高为2.8 m，室内一层地面与室外地坪高差为0.3 m，户内有1间厨房、1间卫生间。外墙及承重墙均为240墙，厨卫间墙为120墙。给水采用直接给水方式，户内计量。给水进户管在−1.0 m 标高进入户内，立即返上至−0.3 m 处，然后水平干管接至 JL-1。在立管上距每层地坪1 m 处设三通引出分户支管，每户分户管上设有阀门1只、DN15分户水表1只。

排水采用分流排水方式，即生活污水和厨房废水分别用各自的管道排除。厨房内设洗涤盆1个，地漏1只，废水由 FL-1 单独排除；卫生间内设普通水龙头1只（洗衣用）、洗脸盆1套、坐式大便器1套、地漏2只（内外间各1只），卫生间污水均由污水管 WL-1 排除。排水出户管在标高−1.0 m 处。出户后进入检查井，检查井距建筑物外墙皮3 m。

设计施工说明：

① 本设计标高以米计，其余以毫米计。给水管标高指管中心，排水管标高指管内底。

② 生活给水管采用镀锌钢管，螺纹连接；排水管采用排水铸铁管，承插连接，水泥接口。

③ 给水管道安装完毕后，按规定压力进行水压试验；排水管道安装完毕后，按规定进行渗漏试验。

④ 生活给水管道埋地部分刷冷底子油1遍、沥青漆2遍；排水管道明装部分刷红丹防锈漆2遍、银粉防锈漆2遍，埋地部分刷沥青漆2遍。

⑤ 卫生器具安装按国家标准图集施工。

设计图纸见图4.13—图4.15。

另，建设单位拟购置一些给排水设备，估价约3 000元，放入预留金中。

请计算本工程的工程量。

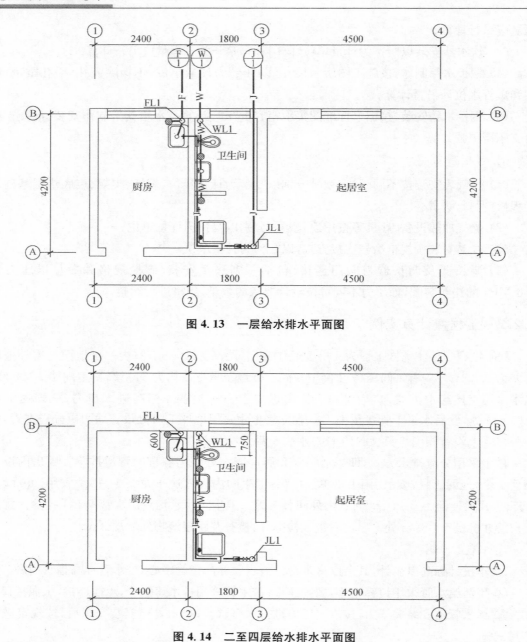

图 4.13 一层给水排水平面图

图 4.14 二至四层给水排水平面图

解:根据题意,工程量计算过程如下。

(1) 工程量计算步骤:

① JL-1 给水系统

A) DN32 镀锌钢管:[1.5 m(进户管至外墙皮)+0.3 m(240 墙加内外抹灰)+0.7 m (由标高-1.0 m 提高到标高-0.3 m)+3.8 m(在标高-0.3 m 水平干管长度,按内墙皮净距计算,即轴线长度 4.2 m 减去 2 个半墙加抹灰,即减去 0.3 m;DN32 钢管中心距内墙皮按 0.05 m,两侧共减去 0.1 m)+0.3 m(由标高-0.3 m 升高到标高 0.0 m)](以上为埋地部分

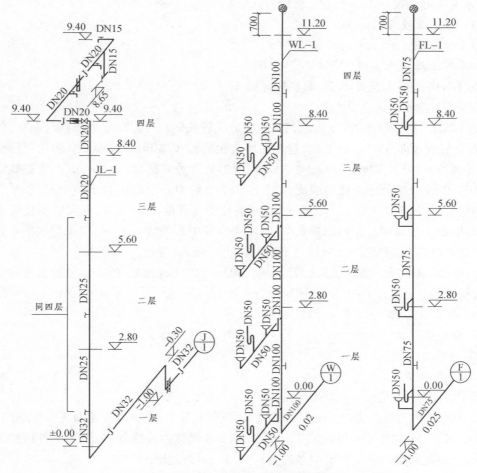

图 4.15　给水排水系统图

工程量)＋1 m(由标高 0.0 m 提高到标高 1.0 m 处,以后出现分支,管径出现变化)＝
6.6 m(埋地)＋1.0 m

B) DN25 镀锌钢管:5.6 m(从标高 1.0 m 处提高到标高 5.6 m＋1.0 m 处,以后出现分支,管径出现变化)

C) DN20 镀锌钢管:2.8 m(从标高 5.6 m＋1.0 m 处到标高 8.4＋1.0 m 处)＋[1.48 m(轴线长度 1.8 m,减去两侧半墙厚度 0.15 m 和 0.09 m,再减去 DN20 管中心距内墙皮距离为 0.04 m×2,即 0.08 m)＋2.85 m(轴线距离 4.2 m 减去 2 个半墙厚共 0.3 m,再减去管中心距一侧墙皮 0.04 m,减去大便器中心距墙皮 0.75 m,减去大便器水箱的一半 0.25 m,再减去 0.01 m 的距低水箱侧距离)](每层或每户分支管长度)×4(层)＝2.8＋
4.33×4＝20.12 m

D) DN15 镀锌钢管:[0.75 m(轴线距离 4.2 m 减去两个半墙所占长度 0.3 m,减去管中心距墙 0.04 m,DN20 所占长度 2.85 m,减去洗涤盆距墙 0.6 m)＋0.75 m(至大便器支管长度)＋0.22 m(穿 120 墙进厨房的管道长度,分别为管中心距墙 0.04 m,穿墙 0.18 m)＋0.1 m×

3(3 个水龙头分别接 0.1 m 长的短管)]×4(层)＝2.02×4＝8.08 m

E) DN32 螺纹阀门:1 只

F) DN20 螺纹阀门:1 只×4(层)＝4 只

G) DN15 螺纹水表:1 只×4(层)＝4 只

H) DN15 普通水龙头:3 只×4(层)＝12 只

② WL-1 排水系统

A) DN100 铸铁排水管:0.7 m(高出屋面通气管长度)＋11.2 m(地面到屋面标高差)＋[1.0 m(立管埋地部分)＋0.15 m(立管距内墙皮距离)＋0.3 m(外墙厚 240 加抹灰)＋3.0 m(外墙皮到检查井)](埋地部分)＋[0.3 m(大便器接管垂直部分)＋0.3 m(大便器接管水平部分)＋0.6 m(大便器中心距内墙皮 0.75 m 减去立管中心距墙 0.15 m)](每层水平支管和器具连接管)×3(2、3、4 层)＋[0.3 m(大便器接管垂直部分)＋0.3 m(大便器接管水平部分)＋0.6 m(大便器中心距内墙皮 0.75 m 减去立管中心距墙 0.15 m)](每层水平支管和器具连接管)×1(1 层埋地部分)＝15.5 m(明装)＋5.65 m(埋地)

B) DN50 铸铁排水管:[0.3 m(地漏垂直管)×2(2 个地漏)＋0.3 m(洗脸盆排水管地面至排水横管的处置长度)＋1.8 m(水平横管长度)]×3(层)＋[0.3 m×2＋0.3 m＋1.8 m](埋地)＝8.1 m(明装)＋2.7 m(埋地)

C) 洗脸盆:4 套

D) 坐便器:4 套

E) DN50 地漏:8 个

③ FL-1 排水系统

A) DN75 铸铁排水管:0.7 m(高出屋面通气管长度)＋11.2 m(地面到屋面标高差)＋[1.0 m＋0.15 m(立管中心距内墙皮)＋0.3 m(240 墙加内外抹灰)＋3.0 m(外墙皮到检查井净距)](埋地部分)＝11.9 m(明装部分)＋4.45 m(埋地部分)

B) DN50 铸铁排水管:[0.3 m(地漏垂直支管)＋0.5 m(地漏水平支管)＋0.6 m(洗涤盆水平支管)]×3(层)＋0.6 m(洗涤盆水平支管)＋(0.3 m＋0.5 m)(埋地)＝4.8 m(明装)＋0.8 m(埋地)

C) DN50 排水栓:4 组

D) DN50 地漏:4 个

(2) 工程量计算见表 4.2。

表 4.2　工程量计算表

序号	分部分项工程名称及特征	单位	工程量	计算式
1	镀锌钢管　螺纹连接 DN32 埋地	m	6.60	1.5＋0.3＋0.7＋(4.2－0.3－0.05×2)＋0.3
2	镀锌钢管　螺纹连接 DN32	m	1.00	1.00
3	镀锌钢管　螺纹连接 DN25	m	5.60	5.60
4	镀锌钢管　螺纹连接 DN20	m	20.12	2.8＋[(1.8－0.15－0.09－0.04×2)＋(4.2－0.3－0.04－0.75－0.25－0.01)]×4

续表

序号	分部分项工程名称及特征	单位	工程量	计算式
5	镀锌钢管　螺纹连接 DN15	m	6.72	$[(4.2-2.85-0.03-0.04-0.6)+0.75+(0.04+0.18)+0.1\times3]\times4$
6	承接铸铁管　水泥接口 DN100　埋地	m	5.65	$(1.0+0.15+0.3+3.0)+(0.3+0.3+0.6)$
7	承接铸铁管　水泥接口 DN100	m	15.50	$(0.7+11.2)+(0.3+0.3+0.6)\times3$
8	承接铸铁管　水泥接口 DN75　埋地	m	4.45	$1.0+0.15+0.3+3.0$
9	承接铸铁管　水泥接口 DN75	m	11.90	$0.7+11.2$
10	承接铸铁管　水泥接口 DN50　埋地	m	3.50	$(0.3\times2+0.3+1.8)+(0.3+0.5)$
11	承接铸铁管　水泥接口 DN50	m	12.9	$(0.3\times2+0.3+1.8)\times3+(0.3+0.5+0.6)\times3+0.6$
12	螺纹阀　DN32	只	1	1
13	螺纹阀　DN20	只	4	1×4
14	螺纹水表　DN20	只	4	1×4
15	普通水龙头　DN15	个	12	3×4
16	洗脸盆	套	4	1×4
17	坐式大便器	套	4	1×4
18	地漏 DN50	个	12	$1\times4+2\times4$
19	排水栓 DN50	组	4	1×4

4.3　工程量清单的编制

4.3.1　工程量清单编制内容

工程量清单是载明分部分项工程、措施项目和其他项目等工程名称和数量的明细清单，包括分部分项工程量清单、措施项目清单和其他项目清单。

措施项目清单主要是根据项目实施过程中采取的技术措施进行编写，主要包括总价措施项目清单和单价措施项目清单，单价措施项目可列于分部分项工程量清单中，也可单独编制。措施项目清单编制应参照《通用安装工程工程量计算规范》(GB50856—2013)附录 N，包括专业措施项目、安全文明施工及其他措施项目。

其他项目清单则是指招标方提出的临时增加的或暂估的工程量编制的清单。

分部分项工程量清单是最主要的工程量清单，项目内容多而且复杂。工程量清单内容主要包括项目编码、项目名称、项目特征，在编写时还应重点考虑各分部分项工程的工作内容，详细、准确填写各项目特征。本节编写时参照了国家住建部颁发的《通用安装工程工程量计算规范》(GB50856—2013)附录 K. 给排水、采暖及燃气工程的相关条目。

4.3.2　分部分项工程量清单编制

给排水、采暖、燃气工程量清单的编制，应按《通用安装工程工程量计算规范》(GB50856—2013)附录 K 执行，附录 K 给排水、采暖、燃气工程共 10 节 101 项，详细规定了项目划分、特征描述、计量单位等内容。

1) 给排水、采暖、燃气管道

给排水、采暖、燃气工程中管道的工程量清单项目设置、项目特征描述的内容、计量单位及工程量计算规则,应按表 4.3 的规定执行。

表 4.3　给排水、采暖、燃气管道

项目编码	项目名称	项目特征	计量单位	工程量计算规则	工作内容
031001001	镀锌钢管	1. 安装部位 2. 介质 3. 规格压力等级 4. 连接形式 5. 压力试验及吹、洗设计要求 6. 警示带形式	m	按设计图示管道中心线以长度计算	1. 管道安装 2. 管件制作、安装 3. 压力试验 4. 吹扫、冲洗 5. 警示带铺设
031001002	钢管				
031001003	不锈钢管				
031001004	钢管				
031001005	铸铁管	1. 安装部位 2. 介质 3. 材质、规格 4. 连接形式 5. 接口材料 6. 压力试验及吹、洗设计要求 7. 警示带形式			1. 管道安装 2. 管件安装 3. 压力试验 4. 吹扫、冲洗 5. 警示带铺设
031001006	塑料管	1. 安装部位 2. 介质 3. 材质、规格 4. 连接形式 5. 阻火圈设计要求 6. 压力试验及吹、洗设计要求 7. 警示带形式			1. 管道安装 2. 管件安装 3. 塑料卡固定 4. 阻火圈安装 5. 压力试验 6. 吹扫、冲洗 7. 警示带铺设
031001009	承插陶瓷缸瓦管	1. 埋设深度 2. 规格 3. 接口方式及材料 4. 压力试验及吹、洗设计要求 5. 警示带形式			1. 管道安装 2. 管件安装 3. 压力试验 4. 吹扫、冲洗 5. 警示带铺设
0310010010	承插水泥管				

上表中,管道安装部位是指管道安装在室内、室外;输送介质包括给水、排水、中水、雨水、热媒体、燃气、空调水等;压力试验按设计要求描述试验方法,如水压试验、气压试验、限制性试验、闭水试验、通球试验、真空试验等;吹洗按设计要求描述吹扫、冲洗方法,如水冲洗、消毒冲洗、空气吹扫等。

【例 4.2】　某住宅楼给排水工程中,安装 DN32 镀锌钢管生活给水管道,管长 6.6m,螺纹连接,埋地敷设。请编制工程量清单。

解:工程量清单编制如表 4.4。

表 4.4　DN32 镀锌钢管工程量清单

项目编码	项目名称	项目特征	计量单位	工程量
031001001001	镀锌钢管 DN32	1. 安装部位:室内 埋地 2. 规格、压力等级:DN32,低压 3. 连接形式:螺纹连接 4. 压力试验及吹、洗设计要求:水压试验,消毒冲洗	m	6.60

　　2）支架与套管

　　管道与设备支架工程量清单项目设置、项目特征描述的内容、计量单位及工作量计算规则,应按表4.5的规定执行。

表 4.5　支架及其他

项目编码	项目名称	项目特征	计量单位	工程量计算规则	工作内容
031002001	管道支架	1. 材质 2. 管架形式	1. kg 2. 套	1. 以千克计量,按设计图示质量计算 2. 以套计量,按设计图示数量计算	1. 制作 2. 安装
031002002	设备支架	1. 材质 2. 形式			
031002002	套管	1. 材质 2. 形式 3. 规格 4. 填料材质	个	按设计图示数量计算	1. 制作 2. 安装 3. 除锈刷油

　　支架制作安装通常以重量单位 kg 计算,工作内容包括支架的制作和安装两部分。管道支架的形式有:(1) 根据支架对管道的制约不同可分为活动支架和固定支架;(2) 根据支架的结构形式可分为托架和吊架。单件支架质量 100 kg 以上的管道支吊架执行设备支架制作安装。

　　套管制作安装,适用于穿基础、墙、楼板等部位,主要形式有防水套管、填料套管、无填料套管及防火套管等。

　　3）管道附件

　　管道附件工程量清单项目设置、项目特征描述的内容、计量单位及工程量计算规则,应按表4.6的规定执行。

表 4.6　管道附件

项目编码	项目名称	项目特征	计量单位	工程量计算规则	工作内容
031003001	螺纹阀门	1. 类型 2. 材质 3. 规格、压力等级 4. 连接形式 5. 焊接方式	个	按设计图示数量计算	1. 安装 2. 调试 3. 电气接线
031003002	螺纹法兰阀门				
031003003	焊接法兰阀门				1. 安装 2. 调试
031003005	塑料阀门	1. 规格 2. 连接形式			组装
0310030010	软接头(软管)	1. 材质 2. 规格 3. 连接形式	个(组)		安装
0310030011	法兰	1. 材质 2. 规格、压力等级 3. 连接形式	副(片)	按设计图示数量计算	
0310030013	水表	1. 安装部位(室内外) 2. 型号、规格 3. 连接形式 4. 附件配置	组(个)		组装
0310030017	浮标水位标尺	1. 用途 2. 规格	套		

　　表4.6中阀门的类型主要分闸阀、蝶阀、截止阀、止回阀、浮球阀、减压阀等,材质主要有

碳钢、铜质及不锈钢等。压力等级分类主要有低压阀、中压阀及高压阀,低压阀是指公称压力 PN≤1.6 MPa 的阀门;中压阀指公称压力 PN 为 1.6～10 MPa 的阀门;高压阀指公称压力 PN 为 10～80 MPa 的阀门。在给排水管道中,一般使用的是低压阀门。

【例 4.3】 某管道工程安装 DN150 蝶阀 6 个,该阀门为法兰阀门,材质为碳钢,连接方式为氩弧焊焊接。请编写该阀门安装工程量清单。

解:该阀门安装工程量清单编写如表 4.7。

表 4.7 蝶阀工程量清单

项目编码	项目名称	项目特征	计量单位	数量
031003003001	焊接法兰阀门	1. 类型:蝶阀 2. 材质:碳钢 3. 规格、压力等级:DN150,低压 4. 连接形式:法兰 5. 焊接方式:氩弧焊	个	6

4) 卫生器具

卫生器具工程量清单项目设置、项目特征描述的内容、计量单位及工程量计算规则,应按表 4.8 的规定执行。

表 4.8 卫生器具

项目编码	项目名称	项目特征	计量单位	工程量计算规则	工作内容
031004001	浴缸	1. 材质 2. 规格、类型 3. 组装形式 4. 附件名称、数量	组	按设计图示数量计算	1. 器具安装 2. 附件安装
031004003	洗脸盆				
031004004	洗涤盆				
031004006	大便器				
031004007	小便器				
031004008	其他成品卫生器具				
031004009	烘手器	1. 材质 2. 型号、规格	个		安装
0310040010	淋浴器	1. 材质、规格 2. 组装形式 3. 附件名称、数量	套	按设计图示数量计算	1. 器具安装 2. 附件安装
0310040013	大、小便槽自动冲洗水箱	1. 材质、类型 2. 规格 3. 水箱配件 4. 支架形式及做法 5. 器具及支架除锈、刷油设计要求			1. 制作 2. 安装 3. 支架制作、安装 4. 除锈、刷油
0310040014	给、排水附(配)件	1. 材质 2. 规格、型号 3. 安装方式	个(组)	按设计图示数量计算	安装
0310040016	蒸汽-水加热器	1. 类型 2. 型号、规格 3. 安装方式	套		安装
0310040018	饮水器				

上表中洗脸盆适用于洗脸盆、洗发盆、洗手盆安装。卫生器具项目中的附件名称,主要指给水附件,包括水嘴、阀门、喷头等,排水附配件包括排水栓、下水口、地漏、清扫口等。

5）供暖器具

供暖器具工程量清单项目设置、项目特征描述的内容、计量单位及工程量计算规则,应按表 4.9 的规定执行。

表 4.9 供暖器具

项目编码	项目名称	项目特征	计量单位	工程量计算规则	工作内容
031005001	铸铁散热器	1. 型号、规格 2. 安装方式 3. 托架形式 4. 器具、托架除锈、刷油设计要求	片（组）	按设计图示数量计算	1. 组对、安装 2. 水压试验 3. 托架制作、安装 4. 除锈、刷油
031005002	钢制散热器	1. 结构形式 2. 型号、规格 3. 安装方式 4. 托架刷油设计要求	组（片）		1. 安装 2. 托架安装 3. 托架刷油
031005003	其他成品散热器	1. 材质、类型 2. 型号、规格 3. 托架刷油设计要求			
031005005	暖风机	1. 质量 2. 型号、规格 3. 安装方式	台	按设计图示数量计算	安装
031005007	热媒集配装置	1. 材质 2. 规格 3. 附件名称、规格、数量	台	按设计图示数量计算	1. 制作 2. 安装 3. 附件安装

铸铁散热器包括拉条制作安装。钢制散热器结构形式包括钢制闭式、板式、壁板式、扁管式及柱式散热器等。

6）采暖、给排水设备

采暖、给排水设备工程量清单项目设置、项目特征描述的内容、计量单位及工程量计算规则,应按表 4.10 的规定执行。

表 4.10 采暖、给排水设备

项目编码	项目名称	项目特征	计量单位	工程量计算规则	工作内容
031006001	变频给水设备	1. 设备名称 2. 型号、规格 3. 水泵主要参数 4. 附件名称、规格、数量 5. 减震装置形式	套		1. 设备安装 2. 附件安装 3. 调试 4. 减震装置制作、安装
031006002	稳压给水设备				
031006003	无负压给水设备				
031006004	气压罐	1. 型号、规格 2. 安装方式	台	按设计图示数量计算	1. 安装 2. 调试
031006005	太阳能集热装置	1. 设备名称 2. 安装方式 3. 附件名称、规格、数量	套		1. 安装 2. 附件安装
031006008	水处理器	1. 类型 2. 型号、规格			
031006009	超声波灭藻设备				
031006010	水质净化器				
031006011	紫外线杀菌设备	1. 名称 2. 规格			

续表

项目编码	项目名称	项目特征	计量单位	工程量计算规则	工作内容
031006012	热水器、开水炉	1. 能源种类 2. 型号、容积 3. 安装方式		按设计图示数量计算	1. 安装 2. 附件安装
031006013	消毒器、消毒锅	1. 类型 2. 型号、规格			安装
031006014	直饮水设备	1. 名称 2. 规格	套	按设计图示数量计算	安装
031006015	水箱	1. 材质、类型 2. 型号、规格	台		1. 制作 2. 安装

变频给水设备、稳压给水设备及无负压给水设备为成套装备,其组成部分压力容器分别为气压罐、稳压罐和无负压罐,附件包括给水装置中配备的阀门、仪表、软接头,以及设备、附件之间管路连接。

4.3.3　工程量清单编制实例

【例4.4】　请按本章【例4.1】某住宅单元给排水工程量计算表,编制工程量清单。

【解】　(1)分部分项工程量清单编制

查《通用安装工程工程量计算规范》(GB50856—2013)中附录给排水、采暖、燃气工程,根据该部分规定的项目编码、项目名称、计量单位和工程量计算规则进行编制。项目名称应以附录K中的项目名称为准,项目特征以附录中所列特征依次描述。项目编码编制时,1～9位应按附录的规定编制;10～12位应根据清单项目名称及内容由编制人自001起的顺序编制。

编制步骤为:① 确定分部分项工程的项目名称;② 确定清单分项编码;③ 拟定项目特征的描述;④ 填入项目的工程量。分部分项工程量清单编制如表4.11。

表4.11　分部分项工程量清单

序号	项目编码	项目名称	项目特征描述	计量单位	工程量
1	031001001001	镀锌钢管　DN32	1. 安装部位　室内 2. 规格、压力等级　DN32 3. 连接形式　螺纹连接 4. 压力试验及吹、洗设计要求:消毒冲洗	m	1.00
2	031001001002	镀锌钢管　DN32	1. 安装部位　室内　埋地 2. 规格、压力等级　DN32 3. 连接形式　螺纹连接 4. 压力试验及吹、洗设计要求:消毒冲洗	m	6.60
3	031001001003	镀锌钢管　DN25	1. 安装部位　室内 2. 规格、压力等级　DN25 3. 连接形式　螺纹连接 4. 压力试验及吹、洗设计要求:消毒冲洗	m	5.60
4	031001001004	镀锌钢管　DN20	1. 安装部位　室内 2. 规格、压力等级　DN20 3. 连接形式　螺纹连接 4. 压力试验及吹、洗设计要求:消毒冲洗	m	20.12

序号	项目编码	项目名称	项目特征描述	计量单位	工程量
5	031001001005	镀锌钢管 DN15	1. 安装部位 室内 2. 规格、压力等级 DN15 3. 连接形式 螺纹连接 4. 压力试验及吹、洗设计要求:消毒冲洗	m	6.72
6	031001005001	铸铁管 DN100	1. 安装部位 室内 2. 材质、规格 DN100 3. 连接形式 承插 4. 接口材料 水泥接口	m	15.50
7	031001005002	铸铁管 DN100	1. 安装部位 室内 埋地 2. 材质、规格 DN100 3. 连接形式 承插 4. 接口材料 水泥接口	m	5.65
8	031001005003	铸铁管 DN75	1. 安装部位 室内 2. 材质、规格 DN75 3. 连接形式 承插 4. 接口材料 水泥接口	m	11.90
9	031001005004	铸铁管 DN75	1. 安装部位 室内 埋地 2. 材质、规格 DN75 3. 连接形式 承插 4. 接口材料 水泥接口	m	4.45
10	031001005005	铸铁管 DN50	1. 安装部位 室内 2. 材质、规格 DN50 3. 连接形式 承插 4. 接口材料 水泥接口	m	12.90
11	031001005006	铸铁管 DN50	1. 安装部位 室内 埋地 2. 材质、规格 DN50 3. 连接形式 承插 4. 接口材料 水泥接口	m	3.50
12	031003001001	螺纹阀门 DN32	1. 类型 螺纹阀 2. 规格、压力等级 DN32 低压 3. 连接形式 螺纹连接	个	1.00
13	031003001002	螺纹阀门 DN20	1. 类型 螺纹阀 2. 规格、压力等级 DN20 低压 3. 连接形式 螺纹连接	个	4.00
14	031003013001	水表	1. 安装部位(室内外) 室内 2. 型号、规格 DN15 3. 连接形式 螺纹连接	个	4.00
15	031004003001	洗脸盆	1. 材质 陶瓷 2. 规格、类型 台式	组	4.00
16	031004006001	大便器	1. 材质 陶瓷 2. 规格、类型 坐式	组	4.00
17	031004014001	水龙头	1. 材质 铜质 2. 型号、规格 DN15 3. 安装方式 螺纹	个	12.00
18	031004014002	地漏	1. 材质 铜质 2. 型号、规格 DN50	个	12.00
19	031004014003	排水栓	1. 材质 UPVC 2. 型号、规格 DN50	套	4.00

（2）措施项目清单编制

措施项目清单包括单价措施项目清单和总价措施项目清单。单价措施项目主要参阅施工技术方案及设计图纸的施工要求。在本例题中工程需采用脚手架搭拆措施项目,故列清单如表 4.12。

表 4.12　单价措施项目清单

序号	项目编码	项目名称	项目特征	计量单位	工程量
1	031301017001	脚手架搭拆		项	1.00

总价措施项目清单的编制,是依据拟建工程施工组织设计及施工的实际需要进行编制,本例题根据该工程施工要求,应发生安全文明施工措施费和临时设施费,其中安全文明施工措施费包括基本费和增加费两部分。总价措施项目清单见表 4.13。

表 4.13　总价措施项目清单

序号	项目编码	项目名称	备注
1	031302001001	安全文明施工	
1.1		基本费	
1.2		增加费	
2	031302008001	临时设施	

（3）其他项目清单编制

其他项目清单内容主要包括暂列金额、暂估价、计日工及总承包服务费等。根据本拟建工程的实际情况,建设单位计划购置设备 1 台,暂估价 3 000 元,计入其他项目清单中。其他项目清单编制见表 4.14。

表 4.14　其他项目清单

序号	项目名称	金额(元)	备注
1	暂列金额		
2	暂估价	3 000	
2.1	材料(工程设备)暂估价	3 000	
2.2	专业工程暂估价		
3	计日工		
4	总承包服务费		
	合计	—	

4.4 给排水、采暖、燃气工程计价

在建设工程招投标中,招标人编制反映工程实体消耗和措施性消耗的工程量清单后,作为招标文件的一部分提供给投标人,由投标人依据工程量清单自主报价。投标人针对招标人提供的工程量清单计算并编制出分部分项工程费、措施项目费、其他项目费、规费和税金,此过程即为工程量清单计价。工程量清单计价中,主要包括分部分项工程量清单计价、措施项目清单计价和其他项目清单计价,而其中分部分项工程量清单计价是最主要计价部分。本节主要介绍计价中的有关费用规定和清单综合单价计算。

4.4.1 套用定额及有关费用规定

1) 给排水、采暖、燃气工程套用定额

给排水、采暖、燃气工程的工程量清单计价是依据《江苏省安装工程计价定额〈第十册给排水、采暖、燃气工程〉》(2014年版)来进行计价的,该册定额共设置8章988条定额子目,包括给排水采暖管道、支架、附件、卫生器具、供暖器具、燃气器具等项目的制作安装。

2) 一般计价费用规定

(1) 脚手架搭拆费

脚手架搭拆费,按人工费的5%计算,其中人工工资占25%,材料费占75%。脚手架搭拆属于单价措施项目。

【例4.5】 某多层建筑给排水工程管道安装需进行搭脚手架施工,经计算管道安装分部分项工程费中人工费累计为2 417.74元。请计算该单价措施项目脚手架搭拆的综合单价。

解:根据题意,脚手架搭拆费是按分部分项工程费中相关人工费的5%计算,其中人工工资占25%,材料费占75%,机械费则为零。

$$则综合单价中人工费 = 2\ 417.74 \times 5\% \times 25\% = 30.22\ 元$$
$$材料费 = 2\ 417.74 \times 5\% \times 75\% = 90.67\ 元$$
$$机械费 = 0$$

管理费和利润是以人工费为计算基价,乘以相关费率取得。由于本工程为多层建筑按三类工程计算,查表3.13安装工程企业管理费和利润取费表,得管理费费率为40%,利润费费率取14%。

$$则综合单价中管理费 = 30.22 \times 40\% = 12.09\ 元$$
$$利润 = 30.22 \times 14\% = 4.23\ 元$$
$$综合单价 = 30.22 + 90.67 + 0 + 12.09 + 4.23 = 137.21\ 元$$

计算结果如表4.15。

表 4.15 脚手架综合单价计算表

序号	定额编号	工程内容	单位	数量	人工费	材料费	机械费	管理费	利润	小计
	031301017001	脚手架搭拆	项	1.00	30.22	90.67		12.09	4.23	137.21
1	10-9300	第10册脚手架搭拆费增加人工费5%其中人工工资25%材料费75%	项	1.00	30.22	90.67		12.09	4.23	137.21

（2）高层建筑增加费

高层建筑增加费指高度在6层或20 m以上的工业与民用建筑使用机械而增加的费用。该费用属于单价措施项目费，以工程人工费作为计价基础，并拆分为人工费和机械费。费率及拆分比例按表4.16计算。

表 4.16 高层建筑增加费表

层数	9层以下 (30 m)	12层以下 (40 m)	15层以下 (50 m)	18层以下 (70 m)	21层以下 (70 m)	24层以下 (80 m)	27层以下 (90 m)	30层以下 (100 m)	33层以下 (110 m)
按人工费的(%)	12	17	22	27	31	35	40	44	48
其中人工工资占(%)	17	18	18	22	26	29	33	36	40
机械费占(%)	83	82	82	78	74	71	68	64	60
层数	36层以下 (120 m)	40层以下 (130 m)	42层以下 (140 m)	45层以下 (150 m)	48层以下 (160 m)	51层以下 (170 m)	54层以下 (180 m)	57层以下 (190 m)	60层以下 (200 m)
按人工费的(%)	53	58	61	65	68	70	72	73	75
其中人工工资占(%)	42	43	46	48	50	52	56	59	61
机械费占(%)	58	57	54	52	50	48	44	41	39

另外应注意，高层建筑增加费的计算基数包括6层或20 m以下的全部人工费，并且包括应按系数调整中人工调整部分的费用。同一建筑物部分高度不同时，可分别按高度计算高层建筑增加费。

（3）超高增加费

超高增加费是指施工过程中操作高度超过3.6m时，其超过部分（指由3.6m至操作物高度）的定额人工费乘以相应系数。此项费用属单价措施项目费，其超高增加费系数见表4.17。

表 4.17 超高增加费系数表

标高±(m)	3.6～8	3.6～12	3.6～16	3.6～20
超高系数	1.10	1.15	1.20	1.25

在高层建筑施工中，同时又符合超高施工条件的，可同时计算高层建筑增加费和超高增加费。

（4）采暖工程系统调整费按采暖工程人工费的15%计算，其中人工工资占20%。该费用属单价措施项目费。

（5）空调水工程系统调试，按空调水系统（扣除空调冷凝水系统）人工费的13%计算，其中人工工资占25%。该费用计入单价措施项目费。

（6）设置于管道间、管廊内的管道、阀门、法兰、支架的安装，其人工费乘以系数1.3。

这是指采暖、给排水、燃气管道、阀门、法兰、支架进入管道间、管廊内，需要在管道间、管廊内安装操作的工程量。"管道间"是指高层建筑内专门安装各种管线的竖向通道，也称"管道井"；"管廊"是指宾馆或饭店内封闭的天棚。

（7）主体结构为现场浇注采用钢模施工的工程，内外浇注的人工乘以系数1.05，内浇外砌的人工乘以系数1.03。

3）其他定额的借用

在给排水工程计价中，可能涉及其他相关工程内容，则工程计价时应借用其他相应工程定额。

（1）工业管道、生产生活共用的管道、锅炉房和泵类配管以及高层建筑物内加压泵间的管道执行《第八册 工业管道工程》相应项目。

（2）刷油、防腐蚀、绝热工程执行《第十一册 刷油、防腐蚀、绝热工程》相应项目。

4.4.2　综合单价计算

1）管道安装

（1）管道安装

在定额综合单价中，管道安装的工作内容包括切管、套丝、上零件、调直、管道安装及水压试验等，管道安装套用定额时，还需计算钢管、承插铸铁给水管、给水塑料管、给水塑料复合管、燃气铸铁管、塑料排水管、承插铸铁雨水管等主材价格。

在给排水管道安装时，有时需要有对管道的冲洗、消毒、刷油及保温等工作，因此在管道计价时还应根据实际发生情况，计入相应工作内容的费用。

安装管道的规格与定额子目规格不符时，应套用接近规格的项目；规格居中时，按上限套用。上水管道绕房屋周围敷设，按室外管道计算。

（2）管件的安装费用

在给排水、采暖管道安装工程中，管件一般不需计算工程量，已包含于管道安装工程费用中，但不锈钢管和铜管除外，不锈钢管和铜管的管件应计算工程量，并套用工业管道工程中低压管件安装。

（3）管道消毒、冲洗、压力试验

管道消毒、冲洗定额子目适用于设计和施工有要求的工程，并非所有管道都需要；管道安装定额基价已包括压力试验或灌水试验的费用，需要再次进行管道试验时才可执行管道压力试验定额，不要重复计算。

【例4.6】　某住宅单元安装室内给水管，管材为DN25镀锌钢管，螺纹连接，安装工程量为5.6 m，DN25镀锌钢管单价为6.3元/m，请计算综合单价。

解：因为管道是住宅给水管道，所以在安装完成后应进行冲洗、消毒后方可交付使用，因此给水管道综合单价计算应包括冲洗、消毒的费用。计算如表4.18。

表 4.18 室内给水管综合单价计算表

项目编码:031001001003 工程数量:5.6 m

项目名称:镀锌钢管 DN25 综合单价:37.47 元/m

序号	定额编号	工程内容	单位	数量	其中:(元)					
					人工费	材料费	机械费	管理费	利润	小计
1	10-161	室内给排水、采暖镀锌钢管(螺纹连接)DN25	10 m	0.56	95.31	22.18	0.46	38.12	13.34	169.41
2		镀锌钢管 DN25(主材)	m	5.712		35.99				35.99
3	10-371	管道消毒冲洗 DN50	100 m	0.056	2.03	1.3		0.81	0.28	4.42
		合计			97.34	59.47	0.46	38.93	13.62	209.82

其中,镀锌钢管是安装过程中需要的主材,在计算综合单价时要把主材费用加进去,因为安装费用中只计算了辅材费用,而没有计算主材费用。其次,在安装过程中,材料是有损耗的,定额中镀锌钢管的损耗率为 2%,即每安装 1 m 的管道,需要 1.02 m 的管材。所以本例中,安装镀锌钢管 5.6 m,需要 5.6 m×1.02=5.712 m 管材。

在套用管道冲洗消毒这定额时,定额中没有 DN25 管道冲洗消毒的子目,只有冲洗消毒 DN50 以下的子目,所以分别套用 DN50 以下的子目。

最后综合单价的计算:209.83 元÷5.6 m=37.47 元/m。

(4)管道除锈、刷油、绝热

钢管除锈、刷油工程量按管道表面展开面积计算,除锈按锈蚀程度等级不同、刷油按刷油漆的遍数进行计价。

管道保温安装工程量:按不同保温材料品种(瓦块、板材等)、管道直径计算绝热层的体积计算。计算管道长度时不扣除法兰、阀门、管件所占长度。保温层外包保护层的敷设工程量,保护层的面积计算工程量,根据绝热层的材质套用保温材料安装的相应定额。

【例 4.7】 某住宅单元需安装室内 DN100 铸铁排水管,承插连接,水泥接口,安装工程量为 5.65 m,管材埋地敷设需刷沥青漆 2 遍。已知 DN100 铸铁管单价为 15.6 元/m,管道外径为 114 mm,请计算 DN100 铸铁管安装的综合单价。

解:因为管道是住宅排水管道,在图纸设计中要求埋地敷设并刷沥青漆保护,因此综合单价计算应含刷沥青漆的费用。见表 4.19。

表 4.19 铸铁排水管综合单价计算表

项目编码:031001005002 工程数量:5.65 m

项目名称:铸铁管 DN100 埋地 综合单价:95.41 元/m

序号	定额编号	工程内容	单位	数量	其中:(元)					
					人工费	材料费	机械费	管理费	利润	小计
1	10-294	室内承插铸铁排水管(水泥接口)DN100	10m	0.565	156.37	186.65		62.55	21.89	427.46
2		DN100 铸铁排水管(主材)		5.028 5		78.44				78.44
3	11-66	管道刷油沥青漆 第一遍	10 m²	0.195 2	3.47	12.20		1.39	0.49	17.55
4	11-67	管道刷油沥青漆 第二遍	10 m²	0.195 2	3.32	10.48		1.33	0.46	15.59
		合计			163.16	287.77		65.27	22.84	539.04

本例铸铁管安装工程中,排水铸铁管是主材,在计算综合单价时要把主材费用加进去。但在铸铁管安装过程中,定额规定铸铁管的使用量每米只需要 0.89 m 长度铸铁管,所以需要主材的长度为 5.65 m×0.89=5.028 5 m。另外,管道刷油漆时,刷第一遍的油漆使用量比刷第二遍的使用量大,所以刷两遍油漆的价格也不一样,应分别计算。

最后综合单价的计算:539.07 元÷5.65 m=95.41 元/m。

2)管道支架、附件制作安装

(1)支架制作安装

支架制作安装的工程量应根据设计图示计算支架质量计算综合单价。单件支架质量 100 kg 以上的管道支架,应执行设备支架制作安装。成品支架安装不应再计取制作费用。

(2)套管制作、安装

套管制作安装,适用于防水套管、填料套管、无填料套管及防火套管等。而其中钢制套管的制作安装费用就套用工业管道工程定额中套管制作与安装。

(3)水表的安装

水表安装定额是以标准图集以组为单位进行计价的,如螺纹水表每组安装包括水表和表前阀门安装,而法兰水表每组安装则包括闸阀、止回阀及旁通管的安装,法兰、闸阀、止回阀为定额中已计价材料。若图纸中设计组成与定额中规定的安装形式不同,阀门及止回阀数量可按设计规定进行调整。见图 4.16—图 4.17。

图 4.16　螺纹水表组成　　　　　图 4.17　法兰水表组成

【例 4.8】 某住宅单元安装 DN20 水表 4 只,DN20 水表单价为 28 元,请计算综合单价。

解:因为螺纹水表的安装是按照标准图集来编制的,即 1 只螺纹闸阀(Z15T-10K)和 1 只水表(如图 4.16 所示)。而在本项目中要求安装 4 只水表,因此综合单价计算应扣除螺纹闸阀的安装费用。见表 4.20。

表 4.20　水表安装综合单价计算

项目编码:031003013001　　　　　　　　　　　　　　　　　　工程数量:4个

项目名称:水表　DN20　　　　　　　　　　　　　　　　　综合单价:71.92 元/个

序号	定额编号	工程内容	单位	数量	其中:(元)					
					人工费	材料费	机械费	管理费	利润	小计
1	10-627	螺纹水表安装 DN20	组	4	112.48	69.56		45	15.76	242.80
2		DN20 水表(主材)	个	4		112				112
3		扣除阀门	个	−4.04		−67.14				−67.14
		合计			112.48	114.42		45	15.76	287.66

查表 4.21 螺纹阀门水表定额,得 DN20 螺纹水表安装原综合安装单价每组为:60.70

元,4 组共 242.80 元;

现安装水表费用加主材费用共为:242.80＋28.00×4＝354.80 元;

定额 10-627 中 DN20 螺纹闸阀(Z15T-10K)单价为:16.62 元;

则安装 4 个水表的总费用为:354.80 元－16.62 元/个×4×1.01＝287.66 元,其中阀门的损耗率为 1%;

则综合单价为:287.66 元÷4 个＝71.92 元/个。

表 4.21　螺纹阀门水表定额

定额编号			10-627		
项目		单位	单价	DN20	
				数量	合计
综合单价		元		60.70	
其中	人工费	元		28.12	
	材料费	元		17.39	
	机械费	元		—	
	管理费	元		11.25	
	利润	元		3.94	
二类工		工日	74.00	0.38	28.12
材料	21010303　螺纹水表　DN15	只			
	21010304　螺纹水表　DN20	只		(1.00)	
	21010305　螺纹水表　DN25	只			
	16030503　螺纹闸阀　Z15T-10K　DN15	个	15.41		
	16030504　螺纹闸阀　Z15T-10K　DN20	个	16.62	1.01	16.79
	16030505　螺纹闸阀　Z15T-10K　DN25	个	27.04		
	02010106　橡胶板　δ1～15	kg	7.72	0.05	0.39
	11112524　厚漆	kg	8.58	0.01	0.09
	12050311　机油	kg	7.72	0.01	0.08
	02290103　线麻	kg	10.29	0.001	0.01
	03652422　钢锯条	根	0.21	0.13	0.03

(4) 减压器、疏水器安装基价中包括法兰、闸阀、止回阀、安全阀及旁通管的安装费用,法兰、闸阀、止回阀、安全阀为已计价材料,若图纸中设计组成与定额中规定的安装形式不同时,阀门及止回阀数量可按设计规定进行调整,其余不变。

(5) 带法兰的阀门、减压器组、疏水器、水表等附件安装中,已包括了法兰盘、带帽螺栓的安装,法兰盘、带帽螺栓为已计价材料,已包含在安装辅材中,在组价时不应重复计价。

3) 卫生器具制作安装

(1) 给排水采暖工程卫生器具安装项目,均参照全国通用《给水排水标准图集》中有关标准图集计算,设计无特殊要求均不作调整。与给水、排水管道连接的人工和材料定额已包含其中。

（2）不锈钢洗槽、瓷洗槽为单槽，若为双槽，按单槽定额的人工乘以 1.20 计算。

（3）台式洗脸盆定额不含台面安装，发生时套用相应的定额。

（4）小便器带感应器定额适用于挂式、立式等各种安装形式。

（5）大、小便槽水箱托架安装已按标准图集计算在定额内，不得另行计算。

（6）容积式水加热器安装，定额内已按标准图集计算了其中的附件，但不包括安全阀安装、本体保温、刷油和基础砌筑。

4）供暖器具安装

（1）供暖器具安装是参照《全国通用暖通空调标准图集》（T9N112）"采暖系统及散热器安装"编制的。

（2）定额中列出的接口密封材料，除圆翼汽包垫采用橡胶石棉板外，其余均采用成品汽包垫，如采用其他材料，不做换算。

（3）光排管散热器制作、安装项目，单位每 10 m 系指光排管长度，联管作为材料已列入定额，不得重复计算。

（4）板式、壁板式，已计算了托钩的安装人工和材料，闭式散热器，如主材价不包括托钩者，托钩价格另行计算。

（5）采暖工程暖气片安装定额中未包含其两端的阀门，可以按其规格，另套用阀门安装定额相应子目。

4.4.3　工程量清单计价

工程量清单计价是指在建设工程招标投标中，投标人依据招标人提供的工程量清单进行计算工程建设所需的全部费用。

因工程量清单包括分部分项工程量清单、措施项目清单及其他项目清单，所以工程量清单计价中，首先应针对这 3 份工程清单进行计价，即得到分部分项工程费、措施项目费和其他项目费。另外，根据国家规定，工程项目建设还应向建设和税务部门交纳相应的规费、税金，分别计入工程造价中。因此，工程总造价应包括分部分项工程费、措施项目费、其他项目费、规费和税金这五个部分。

在计算方法中，分部分项工程费、单价措施项目费应采用综合单价计价法，即完成各分部分项工程所需的人工费、材料费、机械使用费、管理费和企业利润。而总价措施项目费、规费及税金的费用，根据项目内容依规定系数进行计算。

工程量清单计价的步骤为：（1）先根据定额及主材价格计算出各分部分项工程的综合单价，再根据各项目工程量计算出分部分项工程费；（2）依分部分项工程费计算出总价措施项目费；（3）计算其他项目费用；（4）依前四项用系数法计算规费；（5）用系数法计算出税金；（6）把前述各项费用累加起来即为工程总价。

下面以某住宅给排水工程量清单为例，编制工程量清单计价表。

【例 4.9】　依据例 4.4 某住宅单元给排水安装工程量清单，请计算并编制该项目的工程造价。

解:(1) 各分部分项项目综合单价计算

根据例 4.4 工程量清单,依据《江苏省安装工程计价定额》(2014 版),并经营改增调整后方法,计算各分部分项工程综合单价。结果见表 4.22~表 4.24 分部分项工程综合单价计算表。

表 4.22   分部分项工程量清单综合单价计算表

某住宅单元给排水安装工程   计量单位:m

项目编码:031001001001   工程数量:1

项目名称:镀锌钢管   DN32   综合单价:39.97

序号	定额编号	工程内容	单位	数量	其中:(元)					
					人工费	材料费	机械费	管理费	利润	小计
1	10-162	室内给排水、采暖镀锌钢管(螺纹连接)DN32	10 m	0.1	17.02	4.53	0.08	6.81	2.38	30.82
2	001	主材		1.02		8.36				8.36
3	10-371	管道消毒冲洗 DN50	100 m	0.01	0.36	0.23		0.15	0.05	0.79
		合计			17.38	13.12	0.08	6.96	2.43	39.97

表 4.23   分部分项工程量清单综合单价计算表

某住宅单元给排水安装工程   计量单位:m

项目编码:031001001002   工程数量:6.6

项目名称:镀锌钢管   DN32   埋地   综合单价:42.97

序号	定额编号	工程内容	单位	数量	其中:(元)					
					人工费	材料费	机械费	管理费	利润	小计
1	10-162	室内给排水、采暖镀锌钢管(螺纹连接)DN32	10 m	0.66	112.33	29.87	0.55	44.93	15.73	203.41
2	001	主材		6.732		55.2				55.2
3	10-371	管道消毒冲洗 DN50	100 m	0.066	2.39	1.53		0.96	0.34	5.22
4	11-80	管道刷油冷底子 第一遍	10 m²	0.0879	1.56	2.43		0.62	0.22	4.83
5	11-66	管道刷油沥青漆 第一遍	10 m²	0.0879	1.56	5.5		0.62	0.22	7.9
6	11-67	管道刷油沥青漆 第二遍	10 m²	0.0879	1.5	4.72		0.6	0.21	7.03
		合计			119.34	99.25	0.55	47.73	16.72	283.6

表 4.24   分部分项工程量清单综合单价计算表

某住宅单元给排水安装工程   计量单位:个

项目编码:031003001002   工程数量:4

项目名称:螺纹阀门   DN20   综合单价:28.98

序号	定额编号	工程内容	单位	数量	其中:(元)					
					人工费	材料费	机械费	管理费	利润	小计
1	10-419	螺纹阀门安装 DN20	个	4	29.6	20.64		11.84	4.16	66.24
2	007	主材		4.04		49.69				49.69
		合计			29.6	70.32		11.84	4.16	115.92

由于本书篇幅有限,其余分部分项工程综合单价计算略。

（2）分部分项工程费

分部分项工程费把各分部分项综合单价与相应工程量相乘，合计得出分部分项工程费用。

$$分部分项工程费 = \sum 分部分项综合单价 \times 工程量$$

分部分项工程费，见表4.25。

表 4.25　分部分项工程量清单计价表

序号	项目编号	项目名称	计量单位	工程数量	金额（元）	
					单价	合价
1	031001001001	镀锌钢管 DN32	m	1.00	39.97	39.97
2	031001001002	镀锌钢管 DN32 埋地	m	6.60	42.97	283.60
3	031001001003	镀锌钢管 DN25	m	5.60	37.47	209.83
4	031001001004	镀锌钢管 DN20	m	20.12	31.20	627.74
5	031001001005	镀锌钢管 DN15	m	6.72	30.46	204.69
6	031001005001	铸铁管 DN100	m	15.50	96.70	1498.85
7	031001005002	铸铁管 DN100 埋地	m	5.65	95.62	540.25
8	031001005003	铸铁管 DN75	m	11.90	72.89	867.39
9	031001005004	铸铁管 DN75 埋地	m	4.45	72.05	320.62
10	031001005005	铸铁管 DN50	m	12.90	50.89	656.48
11	031001005006	铸铁管 DN50 埋地	m	3.50	50.32	176.12
12	031003001001	螺纹阀门 DN32	个	1.00	42.67	42.67
13	031003001002	螺纹阀门 DN20	个	4.00	28.98	115.92
14	031003013001	水表	个	4.00	78.40	313.60
15	031004003001	洗脸盆	组	4.00	737.76	2951.04
16	031004006001	大便器	组	4.00	546.01	2184.04
17	031004014001	水龙头	个	12.00	21.35	256.20
18	031004014002	地漏 DN50	个	12.00	28.58	342.96
19	31004014003	排水栓 DN50	组	4.00	53.03	212.12
		合计				11 844.09

（3）措施项目费

措施项目费包括单价措施项目费和总价措施项目费。

单价措施项目费是根据定额措施项目综合单价与工程量的乘积得到。本例题中单价措施项目费是脚手架搭拆费。脚手架搭拆费按分部分项工程费中相关人工费的5%计算，其中人工工资占25%，材料费占75%。本工程按三类工程计算，管理费取费为人工费的40%，利润费率取14%。计算结果如表4.26。

表 4.26　单价措施项目清单计价表

序号	定额编号	工程内容	单位	数量	其中：(元)					小计
					人工费	材料费	机械费	管理费	利润	
	031301017001	脚手架搭拆	项	1.00	32.14	96.43		12.54	4.50	145.61
1	10-9300	第10册 脚手架搭拆费增加人工费5%其中人工工资25%材料费75%	项	1.00	30.22	90.67		12.09	4.23	137.21
2	11-9300	第11册 脚手架刷油搭拆费增加人工费8%其中人工工资25%材料费75%	项	1.00	1.92	5.76		0.77	0.27	8.72

总价措施项目费是根据分部分项工程费及其他费用,用系数法计算,即:

$$措施项目费 = \sum (分部分项工程费 + 单价措施项目费 - 分部分项除税工程设备费 -$$
$$单价措施除税工程设备费) \times 费率$$

总价措施项目费率由当地建设主管部门定额及有关文件确定。江苏省住建厅规定,安全文明施工费基本费费率为1.5%,增加费费率为0.3%,临时设施费费率为0.6%~1.6%,因本项目工程量较小,所以临时设施费费率取1.6%。总价措施项目费见表4.27。

表 4.27　总价措施项目清单计价表

序号	项目编码	项目名称	计算基础	费率(%)	金额(元)	备注
1	031302001001	安全文明施工			215.82	
1.1	1.1	基本费	11 990.02	1.5	179.85	
1.2	1.2	增加费	11 990.02	0.3	35.97	
2	031302008001	临时设施	11 990.02	1.6	191.84	
		合计			407.66	

(4) 其他项目费用计算

其他清单项目一般为建设单位暂时预留费用,工程结束时按实际发生计算,此处如实填写进其他清单费。其他清单项目费,见表4.28。

表 4.28　其他项目清单计价表

序号	项目名称	金额(元)	结算金额(元)	备注
1	暂列金额			
2	暂估价	3 000		
2.1	材料(工程设备)暂估价	—		
2.2	专业工程暂估价	3 000		
3	计日工			
4	总承包服务费			
	合计	3 000		—

(5) 规费和税金

规费是政府要求缴纳的费用,江苏省住建厅主要要求缴纳社会保险费、住房公积金和工

程排污费,费率分别为 2.4%,0.42%,0.1%。即:

$$规费 = \sum(分部分项工程费 + 措施项目费 + 其他项目费除税工程设备费) \times 费率$$

$$税金 = \Big(分部分项工程费 + 措施项目费 + 其他项目费 + 规费 -$$

$$\frac{甲供材料费 + 甲供设备费}{1.01}\Big) \times 11\%$$

计算结果见表 4.29。

表 4.29　规费税金计价表

序号	项目名称	计算基础	计算基数(元)	计算费率(%)	金额(元)
1	规费				449.61
1.1	社会保险费	分部分项工程费 + 措施项目费 + 其他项目费 - 除税工程设备费	15 397.68	2.4	369.54
1.2	住房公积金		15 397.68	0.42	64.67
1.3	工程排污费		15 397.68	0.1	15.40
2	税金	分部分项工程费 + 措施项目费 + 其他项目费 + 规费 - (甲供材料费 + 甲供设备费)/1.01	15 847.29	11	1 743.20
合计					2 192.81

（6）工程造价总费用

工程造价总费即为上述所有费用累加之和,即是工程总报价。单位工程费汇总表见表 4.30。

表 4.30　单位工程费汇总表

序号	项目名称	单位	计算参数	数量	费率(%)	金额(元) 单价	合价	注
1	分部分项工程	元	11 844.09			11 844.09	11 844.09	
2	措施项目	元	553.59			553.59	553.59	
3	其他项目	元	3 000.0			3 000.0	3 000.0	
4	规费	元	15 397.68			449.61	449.61	
5	税金	元	15 847.29		11	1 743.20	1 743.20	
6	小计	元				17 590.49	17 590.49	

复习思考题

1. 建筑室内给排水工程主要包括哪些组成部分?
2. 建筑室外排水工程包括哪些组成部分?
3. 建筑给排水工程与其他工程界限如何划分?
4. 给排水工程计价计算时应注意哪些问题?
5. 工程量清单表包括哪些表格?
6. 工程量计价表要提交哪些表格?

5 电气设备安装工程计价

5.1 电气工程基础

5.1.1 供电系统

供电系统一般由发电厂、辅电线路、变电所、配电线路及用电设备构成。

一般我们把 1 kV 以上的电压称为高压,1 kV 以下的电压称为低压。6~10 kV 电压用于送电距离为 10 km 左右的工业与民用建筑的供电,380 V 电压用于民用建筑内部动力设备供电或向工业生产设备供电,而 220 V 电压则用于向小型电器和照明系统供电。

供配电系统中,电能是通过高压交流电的方式进行输送,高压电流通过变压器将电压降至 220 V、380 V 后供给用户,再通过建筑内部的低压配电系统将电能供应到各个照明及用电设备。

5.1.2 建筑内配电系统

建筑内配电系统一般为低压配电系统。低压配电系统可分为照明配电系统和动力配电系统,各系统均由配电装置及配电线路组成。电源引入建筑物后应在便于维护操作之处装设配电开关和保护设备,电源引入建筑物时应尽量接近负荷中心。照明和电力设备的供电一般由同一台变压器供电,也可分别由电力变压器和照明变压器供电。

低压配电系统的接线一般应考虑简单、经济、安全、操作方便、调度灵活等因素。低压配电的接线方式有放射式、树干式及混合式之分,如图 5.1 所示。

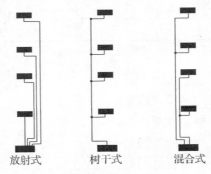

放射式　　　树干式　　　混合式

图 5.1　配电方式

从变电所至用电设备之间的低压配电级数不宜超过三级,总配电长度一般不宜超过200

m,受条件限制时不宜大于 250 m,最末级配电箱至用电设备线路长度不宜大于 30 m。

5.1.3 配电导线

电流的输送是通过各类配电导线输送至照明及设备,配电导线通常包括电线、电缆、母线等。

1) 电线及其型号

电线是指用于承载电流的导电金属线材,一般结构简单。通常有实心的、绞合的或箔片编织的等各种形式,按绝缘状况可分为裸电线和绝缘电线两大类。

室内供电线路一般采用绝缘电线。绝缘电线按绝缘材料的不同,分为橡皮绝缘电线和塑料绝缘电线;按导体材料分为铝芯电线、铜芯电线,铝芯电线比铜芯电线电阻率大、机械强度低,但质轻、价廉;按制造工艺分为单股电线和多股电线,截面在 6 mm² 及以下的电线通常为单股。

电线型号一般用下述图示方法表示,如图 5.2。

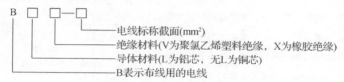

图 5.2 电线型号表示

电气设备及照明工程绝缘电线有多种,常见的种类及型号规格见表 5.1。

表 5.1 常用的绝缘电线

型号	名称	用途
BX	500 V 铜芯橡皮绝缘电线	室内架空或穿管敷设交流电 500 V 以下,直流电 1 000 V 以下。
BV	铜芯聚氯乙烯绝缘线	交流电 500 V 以下,直流电 1 000 V 以下电器设备及电气线路,明敷或暗敷,护套线要埋地
BVR	铜芯聚氯乙烯绝缘软线	
RV	铜芯聚氯乙烯绝缘软线	交流 250 V 或直流 500 V 以下各种电气自动化装置接线用,阻燃线用于有阻燃要求的场合
ZR-RV	阻燃型铜芯聚氯乙烯绝缘软线	
RVB	铜芯聚氯乙烯绝缘平型软线	
RVS	铜芯聚氯乙烯绝缘绞型软线	
ZR-RVS	阻燃型铜芯聚氯乙烯绝缘绞型软线	
WDZ-BYJ	低烟无卤聚烯烃–铜芯交联聚乙烯	
WDZN-BYJ	低烟无卤聚烯烃耐火–铜芯交联聚乙烯电线	

2) 电缆

通常是由几根或几组导线绞合而成的类似绳索的电缆,每组导线之间相互绝缘,并常围绕着一根中心扭成,整个外面包有高度绝缘的覆盖层。电缆具有内通电,外绝缘的特征。一般都由线芯、绝缘层和保护层三个部分组成,其中的线芯也分为单芯、双芯及多芯。

电缆的种类很多,按其用途可分为电力电缆和控制电缆两大类;按其绝缘材料可分为油浸纸绝缘电缆、橡皮绝缘电缆、塑料绝缘电缆和矿物绝缘电缆等类别。常见电缆型号、名称及主要用途见表 5.2。

3）输电线路的敷设

电线、电缆的敷设应根据建筑功能、室内装饰要求和使用环境等因素，经技术、经济比较后确定，特别是按环境条件确定导线的型号及敷设方式。

绝缘导线的敷设方式可分为明敷和暗敷。明敷时，导线直接或者在管子、线槽等保护体内、敷设于墙壁、顶棚的表面及桁架等处；暗敷时，导线在管子、线槽等保护体内，敷设于墙壁、顶棚、地坪及楼板等内部，或者在混凝土板孔内。布线用塑料管、塑料线槽及附件，应采用难燃型制品。

表 5.2　塑料绝缘电力电缆种类及用途

型号	名称	主要用途
ZR-YJ22	交联聚乙烯绝缘钢带铠装聚氯乙烯护套阻燃电力电缆	固定敷设在交流 50 Hz，额定电压 0.6/1 kV 的电力传输和电力分配线路上
ZR-YJ32	交联聚乙烯绝缘细钢丝铠装聚氯乙烯护套阻燃电力电缆	
ZR-YJV	交联聚乙烯绝缘聚氯乙烯护套电力电缆	高层建筑、地铁、地下隧道、核电站、火电站等场所
ZRY-JV22	交联聚乙烯绝缘钢带铠装聚氯乙烯护套阻燃电力电缆	
ZR-YJV32	交联聚乙烯绝缘细钢丝铠装聚氯乙烯护套阻炮燃电力电缆	
BTTQ	轻型铜芯铜扩套矿物绝缘电缆	额定电压 500 V 以下，耐高温、防爆，适用于重要建筑及环境条件恶劣的场所
BTTVQ	轻型铜芯铜扩套矿物绝缘聚氯乙烯外套电缆	
WD-BTTVQ	轻型铜芯铜扩套矿物绝缘无卤低烟外套电缆	
BTTZ	重型铜芯铜扩套矿物绝缘电缆	额定电压 750 V 以下，耐高温、防爆，适用于重要建筑及环境条件恶劣的场所
BTTVZ	重型铜芯铜扩套矿物绝缘聚氯乙烯外套电缆	
WD-BTTVZ	重型铜芯铜扩套矿物绝缘无卤低烟外套电缆	

电缆在室外敷设时，可以架空敷设和埋地敷设。架空敷设造价低，施工容易，检修方便，但美观性较差；埋地敷设可在排管、电缆沟、电缆隧道内敷设，也可直接埋地敷设。电缆在室内敷设时，通常采用金属托架或金属托盘明设。在有腐蚀性介质的房屋内明敷的电缆宜采用塑料护套电缆。无铠装的电缆在室内明敷时，水平敷设的电缆离地面的距离不应小于 2.5 m；垂直敷设的电缆离地面的距离小于 1.8 m 时应有防止机械损伤的措施，但明敷在配电室内时例外。

线路敷设方式及敷设部位代号分别见表 5.3 和表 5.4。

表 5.3　线路敷设方式代号

代号	名称	代号	名称	代号	名称	代号	名称
DB	直接埋设	CP	穿金属软管敷设	MT	穿电线管敷设	KPC	穿聚氯乙烯波纹电线管敷设
TC	电缆沟敷设	M	用钢索敷设	PC	穿硬塑料管敷设	PR	塑料线槽敷设
CT	电缆桥架敷设	MR	用金属线槽敷设	FPC	穿阻燃半硬聚氯乙烯管敷设	SC	穿焊接钢管敷设

表 5.4　线路敷设部位代号

代号	名称	代号	名称	代号	名称	代号	名称
AB	沿或跨梁（屋架）敷设	CLC	暗设在柱内	CE	沿顶棚或顶板面敷设	F	地板或地面下敷设
BC	暗设在梁内	WS	沿墙面敷设	CC	暗设在屋面内或顶板内		
AC	沿柱或跨柱敷设	WC	暗敷设在墙内	SCE	吊顶内敷设		

4）配电设备

（1）配电柜、配电盘（图 5.3～图 5.4）

为了集中控制和统一管理供配电系统,常把整个系统或配电分区中的开关、计量、保护和信号等设备,分路集中布置在一起,形成各种配电柜、配电盘。

配电柜是用于成套安装供配电系统中配电设备的定型柜,各类柜具有统一的外形尺寸,按照供配电过程中不同的功能要求,选用不同标准的接线方案。

图 5.3　配电柜

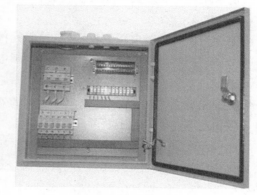

图 5.4　配电盘

配电盘有照明配电盘和照明动力配电盘,配电盘可明装在墙外或暗装镶嵌在墙体内。箱体材料有木制、塑料制和钢板制。当配电盘明装时,应在墙内适当位置预埋木砖或铁件,盘底离地面的高度一般为 1.2 m。当配电盘暗装时,应在墙面适当部位预留洞口,底口距地面高度为 1.4 m。

（2）熔断器

熔断器是一种保护电器,它主要由熔体和安装熔体用的绝缘体组成。它在低压电网中主要用作短路保护,有时也用于过载保护。熔断器的保护作用靠熔体来完成,一定截面的熔体只能承受一定值的电流,当通过的电流超过规定值时,熔体将熔断,从而起到保护作用。

"R"为熔断器的型号编码,RC 为插入式熔断器,RH 为汇流排式,RL 为螺旋式,RM 为封闭管式,RS 为快速式,RT 为填料管式,RX 为限流式熔断器。

（3）断路器

断路器(又称为自动空气开关)属于一种能自动切断电路故障的控制兼保护电器。在正常情况下,可作"开"与"合"的开关作用。

在电路出现故障时,自动切断故障电路,主要用于配电线路的电气设备过载、失压和短路保护。断路器动作后,只要切除或排除了故障,一般不需要更换零件,又可以再投入使用。它的分断能力较强,所以应用极为广泛,是低压网络中非常重要的一种保护电器。

断路器按其用途可分为配电用、电动机保护用;按其结构可分为微型、塑壳式和框架式三大类;基本形式主要是万能式和装置式两种,分别用 W 和 Z 表示。自动开关用 D 表示,其型号含义如图 5.5。

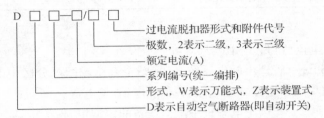

图 5.5　断路器表示符号

目前常用的低压断路器型号主要有:DW、CW、MT、DZ、CM、NSX、iC65N 等系列。

(4)漏电保护器

漏电保护器又称触电保安器,装有检漏元件及联动执行元件,能自动分断发生故障的线路。漏电保护器能迅速断开发生人身触电、漏电和单相接地故障的低压线路。

5)灯具

灯具是能透光、分配和改变光源光分布的器具,以达到合理利用和避免眩光的目的。灯具由光源和控照器配套组成。

电光源按照其工作原理可分为两大类。一类是热辐射光源,如白炽灯、卤钨灯等;另一类是气体放电光源,如荧光灯、高压汞灯、金属卤化物灯等。另外,还有近年来渐成主流,以发光二极管(LED)作为光源的各种灯具。灯具有多种形式,其类型按结构分为以下几种。

(1)开启式灯具:光源与外界环境直接相通。

(2)保护式灯具:具有闭合的透光罩,但内外仍能自由通气,如半圆罩瑚棚灯和乳白下班球形灯等。

(3)密封式灯具:透光罩将灯具内外隔绝,如防水防尘灯具。

(4)防爆式灯具:在任何条件下,不会产生因灯具引起爆炸的危险。

按固定方式分类有以下几种。

(1)吸顶灯:直接固定于顶棚上的灯具称为吸顶灯。

(2)镶嵌灯:灯具嵌入顶棚中。

(3)吊灯:吊灯是利用导线或钢管将灯具从顶棚上吊下来。大部分吊灯都带有灯罩。灯罩常用金属、玻璃和塑料制作而成。

(4)壁灯:壁灯装设在墙壁上。在大多数情况下与其他灯具配合使用。除有实用价值外,也有很强的装饰性。

灯具根据不同类型,其安装方式也各不相同,其安装方式见表 5.5。

表 5.5　灯具安装方式符号

符号	说明	符号	说明	符号	说明	符号	说明
SW	线吊式	CS	链吊式	R	嵌入式	S	支架上安装
C	吸顶式	DS	管吊式	HM	柱上安装	CL	柱上安装
WR	墙壁内安装	W	壁装式	CR	顶棚内安装		

5.2　工程量计算

电气设备工程量的计算执行《通用安装工程工程量计算规范》(GB50856—2013)附录 D 中关于电气设备安装工程量计算规则、计量单位的规定,依据工程设计图纸、施工组织设计或施工方案及有关技术经济文件进行工程量计算。

5.2.1　电气设备工程量的计算范围

电气设备工程量计算参照《通用安装工程工程量计算规范》(GB50856—2013)中附录 D 电气设备安装工程部分,适用于 10 kV 以下变配电设备及线路的安装工程,如变压器安装、配电装置安装、母线安装、控制设备及低压电器安装、电缆安装、防雷及接地装置、10 kV 以下架空配电线路、配管配线、照明器具安装、电气调整试验等。

电气设备安装工程中涉及其他专业内容,则需要参照相关规范计算:如挖土、填土工程,应按现行国家标准《房屋建筑与装饰工程工程量计算规范》(GB50854)相关项目计算;开挖路面应按现行国家标准《市政工程工程量计算规范》(GB50857)相关项目计算;过梁、墙、楼板的钢套管,应按《通用安装工程工程量计算规范》(GB50856—2013)附录 K 采暖、给排水、燃气工程相关项目计算;除锈、刷漆、保护层安装,应按《通用安装工程工程量计算规范》(GB50856—2013)附录 M 刷油、防腐蚀、绝热工程相关项目计算。

5.2.2　电气设备安装工程量的计算

1) 控制设备及低压电器

低压电器可分为控制电器和保护电器。控制电器主要用来接通和断开线路,以及用来控制用电设备。如:刀开关、低压断路器、减压启动器、电磁启动器等。保护电器主要用来获取、转换和传递信号,并通过其他电器对电路实现控制。如:熔断器、热继电器等。

(1) 控制设备及低压电器安装多数以"台"为计量单位。以上设备安装均未包括基础槽钢、角钢的制作安装,其工程量应另行计算。

(2) 配电板制作安装及包铁皮,按配电板图示外形尺寸,以"m²"为计量单位。

(3) 盘、箱、柜的外部进出线预留长度按表 5.6 计算。

表 5.6　盘、箱柜的外部进出线预留长度

序号	项目	预留长度（m/根）	说明
1	各种箱、柜、盘、板盒	高＋宽	盘面尺寸
2	单独安装的铁壳开关、自动开关、刀开关、启动器、箱式电阻器、变阻器	0.5	从安装对象中心算起
3	继电器、控制开关、信号灯、按钮、熔断器等小电器	0.3	从安装对象中心算起
4	分支接头	0.2	分支线预留

（4）焊（压）接线端子定额只适用于导线，电缆终端头制作安装定额中已包括压接线端子，不得重复计算。

（5）开关、按钮安装的工程量，应根据开关、按钮安装形式、种类、极数以及单控与双控，以"套"为计量单位计算。

（6）插座安装的工程量，应根据电源相数、额定电流、插座安装形式、插孔个数，以"套"为计量单位计算。

2）配管、配线

配管、配线工程量的计算，应弄清每层之间的供电关系，注意引上管和引下管，防止漏算干火线路。一般先管后线，先干线后直线。干线是指外线引入总配电盘的一段，或是各配电盘之间的连接线，支线是指由配电盘引各用电设备的线路。线路按楼层、供电系统、回路、逐条列式计算，计算中应区别线材、敷设方式、敷设位置等。线管敷设方式及位置见表 5.7—表5.8。

表 5.7　配管材质及敷设方式符号

管道材质	符号	管道材质	符号	敷设方式	符号
电线管	T	塑料管（硬质）	P	明敷	E
水煤气管	G	塑料管（半硬质）	P	暗敷	C
钢管	S	金属软管	F		
扣压式薄壁镀锌管	KBG	紧扣式薄壁镀锌管	JDG		

表 5.8　线管敷设部位符号

敷设部位	符号	敷设部位	符号
梁	B	地面（板）	F
顶棚	CE	墙	W
柱	C		

（1）各种配管应按敷设方式、位置、管材材质、规格计算工程量，不扣除管路中接线箱（盒）、灯头盒、开关盒所占长度。

在电气平面图上配电线路的标注格式一般这样表示：

$$a-b(c \times d)e-f$$

式中：a—回路编号（N_1、N_2、…）；b—表示导线型号；c—导数根数；d—单根导数截面（mm²）；

e—敷设方式及穿管管径;f—为敷设部位。

【例 5.1】 设计有一电路回路:WL1:WDZ-BYJ-3×2.5,JDG20,CC/WC。请解释其含义。

【解】 该回路表示:

WL1 回路选用三根截面 2.5 mm² 的低烟无卤阻燃交联聚氯乙烯铜芯导线(WDZ-BYJ),穿 JDG 20 紧扣式薄壁镀锌钢管,在顶板内/墙内暗敷(CC/WC)。

(2)管内穿线的工程量,应按线路性质、导线材质、导线截面,以单线长度计算(含配电设备、电气元器件等处的预留长度)。

【例 5.2】 某电线管暗敷设中,DN25 二根管,一根长 15 m、内穿四根导线;另一根长 20 m、内穿 5 根同规格导线,请分别计算配管穿线的长度(不考虑预留长度)。

【解】 配管穿线长度为:

DN25 电缆管长度=15+20=35 m

管内穿线长度=15×4+20×5=160 m

(3)线夹配线、绝缘子配线、槽板配线、线槽配线、塑料护套线等工程量,应区别材质、线式(两线、三线)、敷设位置(在木、砖、混凝土)以及导线规格计算工程量。

(4)钢索架设工程量,应区别圆钢、钢索直径(Φ6、Φ9),按墙(柱)内缘距离,以长度计算,不扣除拉紧装置所占长度。

(5)母线拉紧装置及钢索拉紧装置制作安装工程量,应根据母线截面、花篮螺栓直径(M12、M16、M18),以"套"计算。

(6)车间带形母线安装工程量,应区别母线材质(铝、钢)、母线截面、安装位置以长度计算。

(7)配管混凝土地面刨沟工程量,以长度计算。

(8)接线箱、接线盒安装工程量,应区别安装形式(明装、暗装)、接线盒半周长,以"个"计算。

(9)配线进入开关箱、柜、板的预留线,按表 5.9 规定的长度计算工程量。配线长度计算见示意图 5.6。

表 5.9 配线进入箱、柜、板的预留线(每一根线)

序号	项目	预留长度	说明
1	各种开关、柜、板	宽+高	盘面尺寸
2	单独安装(无箱、盘)的铁壳开关、闸刀、开关、启动器、母线槽进出线盒等	0.3 m	从安装对象中心算起
3	由地面管子出口引至动力接线箱	1.0 m	从管口计算
4	电源与管内导线连接(管内穿线与软、硬母线节点)	1.5 m	从管口计算
5	出户线	1.5 m	从管口计算

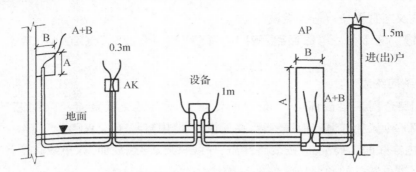

图 5.6　导线与柜、箱、设备等连接的预留长度

3）电缆

（1）电缆沟盖板揭、盖定额，按每揭或每盖一次以延长米计算，如又揭又盖，则按两次计算。

（2）电缆保护管长度，横穿道路，按路基宽度两端各增加 2 m 计算；垂直敷设时，管口距地面增加 2 m；穿过建筑物外墙时，按基础外缘以外增加 1 m 计算；穿过排水沟时，按沟壁外缘以外增加 1 m 计算。

（3）电缆保护管埋地敷设土方量，按施工图计算。无施工图的，一般按沟深 0.9 m、沟宽按最外边的保护管两侧边缘外各增加 0.3 m 工作面计算。

（4）电缆终端头及中间头均以"个"为计量单位。电力电缆和控制电缆均按一根电缆有两个终端头考虑。中间电缆头按设计确定，设计没有规定的，按平均 250 m 一个中间头考虑。

（5）16 mm² 以下截面电缆头执行压接线端子或端子板外部接线。

（6）电缆敷设长度应根据敷设路径的水平和垂直敷设长度，按表 5.10 规定增加附加长度。

表 5.10　电缆敷设的附加长度

序号	项目	预留长度（附加）	说明
1	电缆敷设弛度、波形弯度、交叉	2.5%	按电缆全长计算
2	电缆进入建筑物	2.0 m	规范规定最小值
3	电缆进入沟内或吊架时引上（下）预留	1.5 m	规范规定最小值
4	变电所进线、出线	1.5 m	规范规定最小值
5	电力电缆终端头	1.5 m	检修余量最小值
6	电缆中间接头盒	两端各留 2.0 m	检修余量最小值
7	电缆进控制、保护屏及模拟盘等	高+宽	按盘面尺寸
8	高压开关柜及低压配电盘、箱	2.0 m	盘下进出线
9	电缆至电动机	0.5 m	从电机接线盒起算
10	厂用变压器	3.0 m	从地坪起算
11	电缆绕过梁柱等增加长度	按实计算	按被绕物的断面情况计算增加长度
12	电梯电缆与电缆架固定点	每处 0.5 m	规范最小值

电缆敷设不分明敷与暗敷,按电缆单芯最大截面分别以每100 m单根计量;控制电缆敷设按芯数不同以长度计量。

电缆总长＝水平长度＋垂直长度＋预留长度

$\qquad$＝(水平长度＋垂直长度＋除电缆敷设驰度、波形弯度、交叉以外的预留长度之和)

$\qquad\qquad$×(1+2.5%)

$\qquad$＝$(l_1+l_2+l_3+l_4+l_5+l_6+l_7+l_8+l_9+l_{10})$

$\qquad$＝$(l_1+l_2+l_3+l_4+l_5+l_6+l_7+l_8+l_9+l_{10})$×(1+2.5%)

式中:l_1—水平长度,按设计图所示计算;l_2—垂直及斜长度,按图5.7所示计算;l_3—预留长度(驰度、波形弯度、交叉),电缆全长的2.5%;l_4—穿墙基及进入建筑预留长度;l_5—沿电杆、墙引上或引下长度;l_6、l_7—电缆终端头、中间头预留长度;l_8—电缆进入屏、柜、箱预留长度;l_9—电缆至电动机的预留长度;l_{10}—其他预留长度。

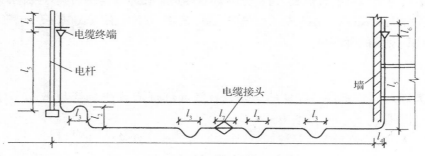

图5.7 电缆长度组成示意图

(7) 电缆沟槽的土石方开挖和回填,应扣除路面开挖部分的实际挖、填量,按不同土质以开挖断面的体积计量,计算公式为:$V=B\times H\times L$。见电缆沟剖面图5.8。

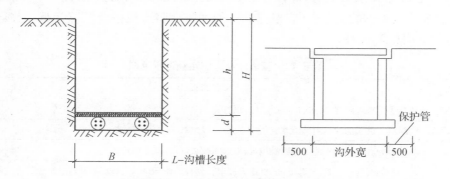

h—电缆埋深;d—电缆直径;n—电缆根数;L—沟槽长度

图5.8 电缆沟剖面图

直埋电缆的挖、填土方量,设计图纸有设计断面图时按图纸尺寸计算,无设计图纸时,直埋1~2根电缆,按下式计算,即

$$V=SL=\frac{(0.6+0.4)\times 0.9}{2}\ \text{m}^2=0.45\ \text{m}^2$$

即每米沟长0.45 m²。每增加1根电缆,沟宽增加0.17 m,也即每米沟长增加0.153 m³。

也可以根据表 5.11 计算。

表 5.11 直埋电缆的挖、填土(石)方量

项目	电缆根数	
	1~2	每增一根
每米沟长挖方量(m³)	0.45	0.153

两根以内的电缆沟,按上口宽度 600 mm、下口宽度 400 mm、深度 900 mm 计算常规土方量。每增加 1 根电缆,其宽度增加 170 mm。以上土方量按埋深从自然地坪起算,若设计埋深超过 900 mm,其土方量应另行计算。有电缆保护管时,最边缘管外壁应增加 0.3 m 工作面。

4) 照明器具

照明器具主要包括各种灯具,通常分为普通灯具和装饰灯具两大类,应分别计量。灯具的安装方式分吸顶式(D)、吊链式(L)、吊管(G)、壁装式(B)、嵌入式(R)等,电气施工图中,经常见到灯具安装的标注格式为:

$$a-b\frac{c\times d}{e}f$$

式中:a—为灯具的数量;b—灯具的型号;c—每盏灯灯泡数或灯管数量;d—灯泡的容量(W);e—安装高度(m);f—安装方式。

【例 5.3】 有一灯具安装标注如下,请说明它所表达含义。

$$4-Y_{01}\times\frac{1\times 40}{3.2}L$$

【解】 该表达式表示:

安装 4 套 Y_{01} 型单管荧光灯,灯管容量 40 W,距地 3.2 m,吊链式。

(1)普通灯具安装的工程量,应根据灯具的种类、型号、规格以"套"计算。普通灯具安装定额适用范围见表 5.12。

表 5.12 普通灯具安装定额适用范围

定额名称	灯具种类
圆球吸顶灯	材质为玻璃的螺口、卡口圆球独立吸顶灯
半圆球吸顶灯	材质为玻璃的独立的半圆球吸顶灯、扁圆罩吸顶灯、平圆形吸顶灯
方形吸顶灯	材质为玻璃的独立的矩形罩吸顶灯、方形罩吸顶灯、大口方罩顶灯
软线吊灯	利用软线为垂吊材料、独立的,材质为玻璃、塑料、搪瓷,形状如碗伞、平盘灯罩组成的各式软线吊灯
吊链灯	利用吊链作辅助悬吊材料、独立的,材质为玻璃、塑料罩的各式吊链灯
防水吊灯	一般防水吊灯
一般弯脖灯	圆球弯脖灯、风雨壁灯
一般墙壁灯	各种材质的一般壁灯、镜前灯
软线吊灯头	一般吊灯头
声光控座灯头	一般声控、光控座灯头
座灯头	一般塑胶、瓷质座灯头

（2）吊式艺术装饰灯具的工程量，以不同装饰以及灯体直径垂吊长度，以"套"计算。灯体直径为装饰物的最大外缘直径，灯体垂吊长度为灯座底部到灯梢之间总长度。

（3）吸顶式艺术装饰灯具安装的工程量，应根据装饰物、吸盘的几何形状、灯体直径、灯体周长和灯体垂吊长度，以"套"计算。灯体直径为吸盘最大外缘直径；灯体半周长为矩形吸盘的半周长；吸顶式艺术装饰灯具的灯体垂吊长度为吸盘到灯梢之间的总长度。

（4）组合荧光灯光带安装的工程量，以安装形式、灯管数量，以长度计算；立体广告灯箱、荧光灯光沿的工程量，应根据装饰灯具示意图所示，以"延长米"为计量单位。

（5）发光棚安装的工程量，以面积计算。

（6）一般灯具、开关、插座的预留接线长度已综合在定额内，不可另加。凡需加长吊管、吊链，可按设计增加引下线。艺术花灯、路灯、庭院路灯的引线、应单独列项计算。

5）防雷及接地装置

防雷及接地装置包括：避雷针、避雷网、避雷带、避雷引下线、接地装置等。防雷接地示意图见图 5.9。

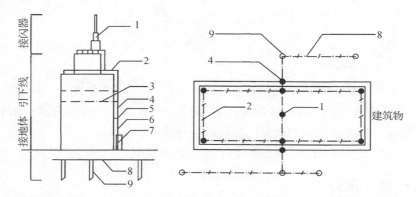

1—避雷针；2—避雷网；3—避雷带；4—引下线；5—引下线卡子；6—断接卡子；7—引下线保护管；8—接地母线；9—接地极

图 5.9　防雷接地示意图

（1）接地跨接线以"处"为计量单位，每跨接一次按一处计算，户外配电装置构架均需接地，每副构架按"一处"计算。

（2）避雷针的加工制作、安装、以"根"为计量单位，独立避雷针安装以"基"为计量单位。避雷针见图 5.10。

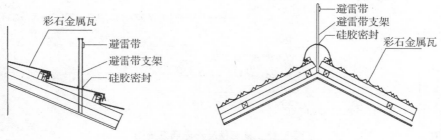

图 5.10　避雷针与避雷带

（3）半导体长针消雷装置安装以"套"为计量单位，装置本身由设备制造厂成套供货。

（4）利用建筑物内主筋作接地引下线安装以长度计量，按每一柱子内焊接两根主筋考虑，如果焊接主筋数超过两根时，可按比例调整。

（5）柱子主筋与圈梁连接以"处"为计量单位，每处按两根主筋与两根圈梁钢筋分别焊接连接考虑。如果焊接主筋和圈梁钢筋超过两根时，按比例调整。

（6）断接卡子制作安装以"套"为计量单位，按设计规定装设的断接卡子数量计算，接地检查井内的断接卡子安装按每井一套计算。

（7）均压环敷设以长度为单位计算，主要考虑利用圈梁内主筋作均压环接地连线，焊接按两根主筋考虑，超过两根时，可按比例调整。长度按设计需要作均压接地的圈梁中心线长度，以延长米计算（图5.11）。

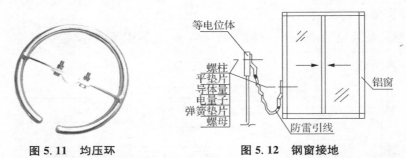

图5.11 均压环 　　　　　　　　图5.12 钢窗接地

（8）钢、铝窗接地以"处"为计量单位（高层建筑45 m以上的外围金属门窗设计一般要求与均压环焊接），按设计规定的金属门窗数进行计算（图5.12）。

（9）电气设备的接地引线属设备安装内容，不应在此计算。

5.2.3 工程量计算实例

【例5.4】 某值班室配电工程电源由低压屏引来，钢管为JDG32埋地敷设，管内穿WDZ-BYJ-5×6 mm² 线；照明配电箱为300 mm×250 mm×120 mm PZ30箱，下口距地1.5 m；全部插座、照明线路采用BYJ-2.5 mm² 线，穿JDG20管暗敷设；单相五孔插座为86系列，安装高度距地0.3 m；跷板单、双联开关安装高度距地1.3 m。见图5.13、图5.14。建设单位在工程中欲购500元设备，价格及数量待定。请计算本例电气工程的工程量。

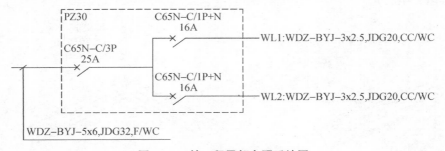

图5.13 某工程局部电照系统图

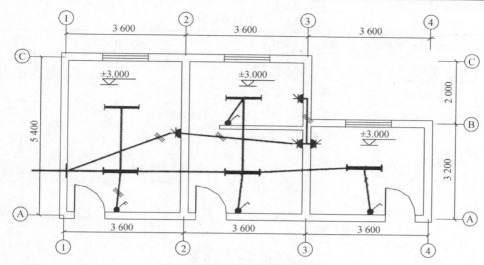

图 5.14 某工程局部电照平面

【解】 根据题意,工程量计算过程如下。

(1) PZ30 配电箱安装:(300×250×120)mm,1 个。

(2) 钢管沿墙暗敷设:JDG32

1.50(规则)+0.15(半墙)+1.50(配电箱安装高度)+0.10(箱内预留)=3.25 m

(3) 进户线:WDZ-BYJ-6 mm²:

[1.50(规则)+0.15(半墙)+1.50(配电箱高度)+(0.30+0.25)(规则)]×5 根=18.50 m

(4) 配电箱-日光灯

WDZ-BYJ2.5 mm²:[3.00(层高)-1.50(配电箱高度)-0.25(箱高)+(0.30+0.25)(规则)+1.80(配电箱至①-②轴日光灯)+3.60(房间宽)+2.70(房间内两灯距离)×2(两个房间)+3.60(房间宽)]×2 根+[1.60(灯至开关水平距离)+(3.00-1.30)(开关至顶板)]×3 个×2 根+[1.60+(3.00-1.30)]×3 根=62.10 m

JDG20 管:3.00-1.50-0.25+0.10+1.80+3.60+2.70×2+3.60+(1.60+3.00-1.30)×4=28.95 m

(5) 配电箱-插座

WDZ-BYJ2.5 mm² 线:{3.00-1.50-0.25+(0.30+0.25)+3.80(②轴插座)+[(3.00-0.30)(插座至顶板)+0.30(预留长度)]×4 个+3.60(②-③插座)+0.30(墙厚)+1.50(③内外间插座距离)}×3 根=69.00 m

JDG20 管:3.00-1.50-0.25+0.10+3.80+(3.00-0.30)×4+3.60+0.30+1.50=21.35 m

(6) 单管日光灯   5 套

(7) 五孔插座(二孔+三孔)   4 个

(8) 单联开关   3 个

(9) 双联开关   1 个

(10) 低压电系统调整试   1 个系统

根据工程量计算结果列表,见表 5.13。

表 5.13　工程量计算表

序号	工程名称及部位	单位	工程量	计算式
1	PZ-30 配电箱	个	1	1
2	入户线保护管 JDG32	m	3.25	1.5+0.15+1.5+0.1
3	进户线 WDZ-BYJ-6 mm²	m	18.50	[1.50+0.15+1.50+(0.30+0.25)]×5
4	照明灯具、插座布线 BYJ-2.5 mm²	m	131.10	[3.00−1.50−0.25+(0.30+0.25)+1.80+3.60+2.70×2 +3.60]×2+[1.60+(3.00−1.30)]×3 个×2+[1.60+ (3.00−1.30)]×3=62.10 〈3.00−1.50−0.25+(0.30+0.25)+3.80+[(3.00−0.30) +0.30]×4 个+3.60+0.30+1.50〉×3=69.00
5	JDG20 管	m	50.30	3.00−1.50−0.25+0.10+1.80+3.60+2.70×2+3.60+ (1.60+3.00−1.30)×4=28.95 3.00−1.50−0.25+0.10+3.80+(3.00−0.30)×4+3.60 +0.30+1.50=21.35
6	单管日光灯	套	5	5
7	五孔插座(两孔+三孔)	个	4	4
8	单联开关	个	3	3
9	双联开关	个	1	1
10	低压电系统调整试	系统	1	1

5.3　工程量清单编制

5.3.1　工程量清单编制内容

工程量清单是载明分部分项工程、措施项目和其他项目等工程名称和数量的明细清单，即包括分部分项工程量清单、措施项目清单和其他项目清单。

措施项目清单主要是根据项目实施过程中采取的技术措施进行编写，主要包括总价措施项目清单和单价措施项目清单，单价措施项目可列于分部分项工程量清单中，也可单独编制。其他项目清单则是指临时增加的或暂估的工程量。

由于分部分项清单项目内容多而且复杂，将作为本部分主要内容来进行介绍。分部分项工程量清单主要包括项目编码、项目名称、项目特征，在编写时还应考虑各项目的工作内容。编写时应按现行国家住建部颁发的《通用安装工程工程量计算规范》(GB50856—2013)附录 D 电气设备安装工程。

5.3.2　分部分项工程量清单编制

电气设备安装工程量清单的编制，应按《通用安装工程工程量计算规范》(GB50856—2013)执行，其中附录 D 电气设备安装工程包括 15 节 148 项，详细规定了项目划分、特征描述、计量单位等内容。

1) 控制设备及低压电器安装

电气工程中,控制设备包括各种控制屏、继电、信号屏、模拟屏、配电屏、整流柜、电气屏、控制箱等;低压电器包括各种控制开关、控制器、接触器、启动器等。

控制设备及低压电器安装工程量清单项目设置、项目特征描述的内容、计量单位及工程量计算规则,按表5.14规定执行。

表5.14 控制设备及低压电器安装

项目编码	项目名称	项目特征	计量单位	工程量计算规则	工作内容
030404001	控制屏	1. 名称 2. 型号 3. 规格 4. 种类 5. 基础型钢形式、规格 6. 接线端子材质、规格 7. 端子板外部接线材质、规格 8. 小母线材质、规格 9. 屏边规格	台	按设计图示数量计算	1. 本体安装 2. 基础型钢制作、安装 3. 端子板安装 4. 焊、压接线端子 5. 盘柜配线、端子接线 6. 小母线安装 7. 屏边安装 8. 补刷(喷)油漆 9. 接地
030404002	继电、信号屏				
030404003	模拟屏				
030404004	低压开关柜(屏)				1. 本体安装 2. 基础型钢制作、安装 3. 端子板安装 4. 焊、压接线端子 5. 盘柜配线、端子接线 6. 屏边安装 7. 补刷(喷)油漆 8. 接地
0304040016	控制箱	1. 名称 2. 型号 3. 规格 4. 基础形式、材质、规格 5. 接线端子材质、规格 6. 端子板外部接线材质、规格 7. 安装方式	台	按设计图示数量计算	1. 本体安装 2. 基础型钢制作、安装 3. 焊、压接线端子 4. 补刷(喷)油漆 5. 接地
0304040017	配电箱				
0304040019	控制开关	1. 名称 2. 型号 3. 规格 4. 接线端子材质、规格 5. 额定电流(A)	个		1. 本体安装 2. 焊、压接线端子 3. 接线
0304040031	小电器	1. 名称 2. 型号 3. 规格 4. 接线端子材质、规格	个(套、台)		1. 本体安装 2. 焊、压接线端子 3. 接线
0304040032	端子箱	1. 名称 2. 型号 3. 规格 4. 安装部位	台		1. 本体安装 2. 接线
0304040034	照明开关	1. 名称 2. 型号 3. 规格 4. 安装方式	个		1. 本体安装 2. 接线
0304040035	插座				
0304040036	其他电器	1. 名称 2. 规格 3. 安装方式	个(套、台)		1. 安装 2. 接线

本节的清单项目多以工程实体名称列项,所以设备名称通常是项目的名称。但小电器是同类实体的统称,它包括按钮、电笛、电铃、水位电气信号装置、测量表计、继电器、电磁锁、屏上辅助设备等,由于品种、规格繁多,故以"小电器"统称,在项目特征中应描述小电器的具体名称及型号规格等。其他电器安装指规范中未列出的电器项目,列项时必须把该实体的本名作为项目名称,描述其工作内容、项目特征等。

【例 5.5】 某综合楼电气安装工程中安装电铃 16 个,型号为铸铁式,规格为 12 寸;安装水位电气信号装置 4 个,品牌为欧姆龙,型号为 61F-GP-N AC220 V,编制该部分工程分部分项工程量清单。

【解】 在编制工程量清单时,上述所列开关、插座等都属于在"小电器"中列项,前九位项目编码为 030404031。填写清单时,按实体的名称填写项目名称,在九位项目编码后依次按顺序加上顺序码。其分部分项工程量清单如表 5.15 所示。

表 5.15 小电器工程量清单

序号	项目编码	项目名称	项目特征	计量单位	工程数量
1	030404031001	小电器	1. 名称:电铃 2. 型号:铸铁式 3. 规格:12 寸	个	16
2	030404031002	小电器	1. 名称:欧姆龙水位电气信号装置 2. 型号:61F-GP-N AC220 V 3. 规格:16 A	个	4

本表中控制开关也与小电器一样,工程中控制开关通常包括:自动空气开关、刀型开关、铁壳开关、胶盖刀闸开关、组合控制开关、万能转换开关、漏电保护开关等。编制清单时,应在项目特征中把实际开关名称描述清楚。

2)配管、配线工程

配管包括电线管敷设,钢管及防爆钢管敷设,可挠金属套管敷设,塑料管敷设。

配管配线工程量清单项目设置、项目特征描述、计量单位及工程量计算规则,应按表 5.16 的规定执行。

(1)配管项目中,配管名称主要反映材料的大类,如电线管、钢管、防爆钢管、可挠金属套管、塑料管。在配管清单项目中,名称和材质有时是一体的。规格指管的直径。

配管的配置形式指明配、暗配、吊顶内、钢结构支架、钢索配管、埋地敷设、水下敷设、砌筑沟内敷设等。配管安装中不包括凿槽、刨沟,应按本附录 D.13 相关项目编码列项。

(2)电气配线项目特征有:配线形式、导线型号、材质、敷设部位或线制。

配线指管内穿线、瓷夹板配线、塑料夹板配线、绝缘子配线、槽板配线、塑料护套配线、线槽配线、车间带形母线等;配线形式指照明线路,动力线路。敷设部位是指木结构、顶棚内、砖、混凝土结构、沿支架、钢索、屋架、梁、柱、墙,以及跨屋架、梁、柱。

电气配线是按设计图示尺寸以"单线"延长米计算。所谓"单线"不是以线路延长米而是线路长度乘以线制,即两线制乘以 2,三线制乘以 3。管内穿线也同样,如穿三根线,则以管道长度乘以 3 即可。

表5.16　配管、配线

项目编码	项目名称	项目特征	计量单位	工程量计算规则	工作内容
030411001	配管	1. 名称 2. 材质 3. 规格 4. 配置形式 5. 接地要求 6. 钢索材质、规格			1. 电线管路敷设 2. 钢索架设(拉紧装置安装) 3. 预留沟槽 4. 接地
030411002	线槽	1. 名称 2. 材质 3. 规格	m	按设计图示尺寸以长度计算	1. 本体安装 2. 补刷(喷)油漆
030411003	桥架	1. 名称 2. 型号 3. 规格 4. 材质 5. 类型 6. 接地方式			1. 本体安装 2. 接地
030411004	配线	1. 名称 2. 配线形式 3. 型号 4. 规格 5. 材质 6. 配线部位 7. 配线线制 8. 钢索材质、规格	m	按设计图示尺寸以单线长度计算(含预留长度)	1 配线 2. 钢索架设(拉紧装置安装) 3. 支持体(夹板、绝缘子、槽板等)安装

【例5.6】　某工程中,SC25钢管在砖、混凝土结构中暗敷,长度1 200 m。编制钢管配管的工程量清单。

【解】　本例的清单项目设置如表5.17所示。

表5.17　配管工程量清单

序号	项目编号	项目名称	项目特征	计量单位	工程数量
1	030411001001	配管	1. 名称:配管 2. 材质:钢管 3. 规格:SC25 4. 配置形式:砖、混凝土结构中暗敷设	m	1 200

在确定该清单项目的综合单价时,必须根据设计图纸来判定完成该项目所需进行的工程内容。由图纸可知,发生的工程内容有:混凝土沟槽、钢管敷设、接线盒安装、灯头盒安装、防腐刷油、接地。

【例5.7】　某电气设备安装工程,在砖、混凝土结构上进行塑料槽板配线,三线制,导线规格为 BV2.5 mm²,该塑料槽板规格为 40 mm×20 mm,线路长度为 450 m,安装高度距楼面 6 m。编制槽板配线的工程量清单。(未计及预留长度)

【解】　由于清单工程量计算规则为按电线长度延长米计算,故配线长度为

$$3×450 \text{ m}=1 350 \text{ m}$$

本例的清单项目设置如表5.18所示。

表 5.18　槽板配线工程量清单

序号	项目编码	项目名称	项目特征	计量单位	工程数量
1	030411004001	配线	1. 名称:槽板配线 2. 配线形式:槽板 3. 型号:PVC25 4. 规格:40 mm×20 mm,配导线 BV2.5 mm 5. 材质:塑料槽板 6. 配线部位:砖、混凝土结构上 7. 配线线制:3 线制	m	1 350

3)电缆安装

电缆安装包括电力电缆和控制电缆的敷设、电缆桥架安装、电缆阻燃槽盒安装、电缆保护管敷设等工程量清单项目。

电缆安装工程量清单项目设置、项目特征描述的内容、计量单位及工程量计算规则,应按表 5.19 的规定执行。

表 5.19　电缆安装

项目编码	项目名称	项目特征	计量单位	工程计算规则	工作内容
030408001	电力电缆	1. 名称 2. 型号 3. 规格 4. 材质 5. 敷设方式、部位 6. 电压等级(kV) 7. 地形		按设计图示尺寸以长度计算(含预留长度及附加长度)	1. 电缆敷设 2. 揭(盖)盖板
030408002	控制电缆				
030408003	电缆保护管	1. 名称 2. 材质 3. 规格 4. 敷设方式		按设计图示尺寸以长度计算	保护管敷设
030408004	电缆槽盒	1. 名称 2. 规格 3. 材质 4. 型号	m		槽盒安装
030408005	铺砂、盖保护板(砖)	1. 种类 2. 规格			1. 铺砂 2. 盖板(砖)
030408006	电力电缆头	1. 名称 2. 型号 3. 规格 4. 材质、类型 5. 安装部位 6. 电压等级(kV)		按设计图示数量计算	电力电缆头制作 电力电缆头安装 接地
030408007	控制电缆头	1. 名称 2. 型号 3. 规格 4. 材质、类型 5. 安装方式			

在工程量计算时,应注意:

(1)电缆安装项目的规格指电缆单芯截面尺寸和芯数。

(2)电缆的敷设方式很多,除直埋敷设外,非直埋敷设方式有电缆沟敷设、电缆隧道敷设、电缆排管敷设、穿钢管、混凝土管和石棉水泥管敷设、支管、托架及悬挂敷设等。电缆采用直埋敷设时,电缆沟土方工程量清单要描述电缆沟的平均深度、宽度和土壤类别,以便于投标人报价。

(3)"电缆保护管"敷设项目,指埋地暗敷设或非埋地的明敷设两种;不适用于过路或过基础的保护管敷设。过路或过基础的保护管敷设已综合进电力电缆、控制电缆安装的清单项目的工程内容中。

【例5.8】 某电缆敷设工程,室内穿钢管 SC50,室外采用电缆沟直埋铺砂盖砖,并列 4 根 VV_{29}(3×50 mm^2+1×16 mm^2),配电室配电柜到外墙 5 m,进入车间后到配电柜 10 m,室外电缆水平长度 100 m,如图 5.15 所示。

请确定:(1)电缆敷设清单工程量。(2)编制电缆敷设的工程量清单。

图 5.15 某工程电缆敷设示意图

【解】

(1)电缆敷设清单工程量应为图示尺寸的净长。即

$$4\times(5.0+100.0+10.0)m=460.0\ m$$

其中:电缆沟直埋 400.0 m,穿 SC50 钢管 60.0 m

(2)因电缆敷设方式不同,其项目特征也就不一样,需分别列项,如表 5.20。

表 5.20 电缆敷设工程量清单

项目编码	项目名称	项目特征	计量单位	工程数量
030408001001	电力电缆	1. 名称:电力电缆 2. 型号:VV_{29} 3. 规格:($3\times50+1\times16$) 4. 材质:聚氯乙烯 5. 敷设方式、部位:电缆沟直埋,铺砂盖砖 6. 电压等级(kV):380 V	m	400
030408001002	电力电缆	1. 名称:电力电缆 2. 型号:VV_{29} 3. 规格:($3\times50+1\times16$) 4. 材质:聚氯乙烯 5. 敷设方式、部位:室内穿 SC50 钢管敷设,电缆终端头 8 个 6. 电压等级(kV):380 V	m	60

4)照明器具

照明器具安装,照明器具安装工程量清单项目设置、项目特征描述的内容、计量单位及工程量计算规则,应按表 5.21 的规定执行。

表 5.21　照明器具安装

项目编码	项目名称	项目特征	计量单位	工程量计算规则	工作内容
030412001	普通灯具	1. 名称 2. 型号 3. 规格 4. 类型	套	按设计图示数量计算	本体安装
030412002	工厂灯	5. 名称 6. 型号 7. 规格 8. 安装形式			

在工程量计算时,应注意:

(1)普通灯具包括圆球吸顶灯、半圆球吸顶灯、方形吸顶灯、软线吊灯、座灯头、吊链灯、防水吊灯、壁灯等。

(2)工程灯包括工厂罩灯、防水灯、防尘灯、碘钨灯、投光灯、泛光灯、混光灯、密闭灯等。

(3)高度标志(障碍)灯包括烟囱标志灯、高塔标志灯、高层建筑屋顶障碍指示灯等。

(4)装饰灯包括吊式艺术装饰灯、吸顶式艺术装饰灯、荧光艺术装饰灯、几何型组合艺术装饰灯、标志灯、诱导装饰灯、水下艺术装饰灯、点光源艺术灯、歌舞厅灯具、草坪灯具等。

(5)医疗专用灯包括病房指示灯、病房暗脚灯、紫外线杀菌灯、无影灯等。

(6)中杆灯是指安装在高度小于或等于 19 m 的灯杆上的照明器具。

(7)高杆灯是指安装在高度大于 19 m 的灯杆上的照明器具。

5)防雷接地

防雷及接地设置。防雷及接地装置工程量清单项目设置、项目特征描述的内容、计量单位及工程量计算规则,应按表 5.22 的规定执行。

表 5.22　防雷及接地装置

项目编码	项目名称	项目特征	计量单位	工程量计算规则	工作内容
030409001	接地极	1. 名称 2. 材质 3. 规格 4. 土质 5. 基础接地形式	根(块)	按设计图示数量计算	1. 接地极(板、桩)制作、安装 2. 基础接地网安装 3. 补刷(喷)油漆

在工程量计算时,应注意:

(1)利用桩基础作接地极,应描述桩台下桩的根数,每桩台下需焊接柱筋根数,其工程量按柱引下线计算;利用基础钢筋作接地极按均压环项目编码列项。

(2)利用柱筋作引下线的,需描述柱筋焊接根数。

(3)利用圈梁筋作均压环的,需描述圈梁筋焊接根数。

5.3.2　工程量清单编制实例

【例 5.9】　请根据本章【例 5.1】某值班室配电工程工程量计算表,编制工程量清单。

【解】　(1)分部分项工程量清单编制

查《通用安装工程工程量计算规范》(GB50856—2013)中附录 D 电气设备安装工程,根据该部分规定的项目编码、项目名称、计量单位和工程量计算规则编制工程量清单。项目名称应以附录中的项目名称为准,项目特征应以附录中所列特征依次描述。项目编码编制时,1~9位应按附录D的规定设置;10~12位应根据清单项目名称及内容由编制人自001起的顺序编制。

编制步骤为:① 确定分部分项工程的项目名称;② 确定清单分项编码;③ 项目特征的描述;④ 填入项目的工程量。分部分项工程量清单编制见表5.23。

表5.23 分部分项工程清单

序号	项目编码	项目名称	项目特征描述	计量单位	工程量
1	030404017001	配电箱	1. 名称 配电箱 2. 型号 PZ30 3. 规格 0.5×0.25 4. 安装方式 镶嵌式	个	1.00
2	030411001001	配管	1. 名称 钢管 2. 材质 薄壁钢管 扣压 3. 规格 JDG32 4. 配置形式 暗配	m	3.25
3	030411001002	配管	1. 名称 钢管 2. 材质 薄壁钢管 扣压 3. 规格 JDG20 4. 配置形式 暗配	m	50.30
4	030411004001	配线	1. 名称 管内穿线 2. 配线形式 照明线路 3. 规格 WDZ-BYJ 6 mm² 4. 材质 铜 5. 配线部位 砖混凝土结构	m	18.50
5	030411004002	配线	1. 名称 管内穿线 2. 配线形式 照明线路 3. 规格 WDZ-BYJ 2.5mm² 4. 材质 铜 5. 配线部位 砖混凝土结构	m	131.10
6	030412005001	荧光灯	1. 名称 成套整装 2. 型号 吊链式 单管 3. 安装形式 成套型	套	5.00
7	030404034001	照明开关	1. 名称 开关 2. 规格 单联	个	3.00
8	030404034002	照明开关	1. 名称 开关 2. 规格 双联	个	1.00
9	030404035001	插座	1. 名称 插座 2. 规格 5孔	个	4.00
10	030414002001	低压配电系统调试	1. 名称 配电系统调试 2. 电压等级 1 kV以下	系统	1.00

（2）措施项目清单编制

措施项目清单包括单价措施项目清单和总价措施项目清单。单价措施项目主要参阅施工技术方案,本例题中按工程需采用脚手架搭拆措施项目,故列单价措施项目清单如表5.24。

表 5.24　单价措施项目清单

序号	项目编码	项目名称	项目特征	计量单位	工程量
1	031301017001	脚手架搭拆		项	1.00

　　总价措施项目清单的编制,首先是依据拟建工程施工组织设计,主要包括安全文明施工、施工、冬雨季施工、临时设施等措施项目费用。本例题根据该工程施工组织设计,应发生安全文明施工措施费,其中包括基本费和增加费两部分。总价措施项目清单见表 5.25。

表 5.25　总价措施项目清单

序号	项目编码	项目名称	备注
1	031302001001	安全文明施工	
1.1	1.1	基本费	
1.2	1.2	增加费	
2	031302008001	临时设施	

　　(3) 其他项目清单编制

　　其他项目清单内容主要包括暂列金额、暂估价、计日工及总承包服务费等。根据本拟建工程的实际情况,建设单位计划购置电气材料,材料数量及价格未定,暂估价 500 元,计入其他项目清单中。其他项目清单编制见表 5.26。

表 5.26　其他项目清单

序号	项目名称	金额(元)	结算金额(元)	备注
1	暂列金额			
2	暂估价	500		
2.1	材料(工程设备)暂估价	500		
2.2	专业工程暂估价			
3	计日工			
4	总承包服务费			

5.4　电气设备工程计价

5.4.1　计价套用定额及有关费用规定

1) 电气设备安装工程套用定额

　　电气设备安装工程的工程量清单计价是依据《江苏省安装工程计价定额〈第四册 建筑设备安装工程〉》(2014 年版)来进行计价的,该册定额共设置 15 章 2030 条定额子目,包括变压器安装,配电装置安装,母线安装,控制设备低压电器、蓄电池安装,电缆、防雷接地装置,配管配线、照明器具、电梯电气装置等项目的制作安装。

2) 一般费用规定

（1）脚手架搭拆费

脚手架搭拆费按人工费的 4％ 计算，其中人工工资占 25％。脚手架搭拆属于单价措施项目，应计入单价措施项目费用中。

（2）超高增加费

操作物离楼地面高度 5 m 以上、20 m 以下的电器安装工程，其超高增加费应以超高部分工程人工费的 33％ 计算。本费用属单价措施项目费。

电气工程部分定额已经考虑了超高因素，如"滑触线及支架安装"是按 10 m 以下超高考虑的，如超过 10 m 时方可按规定的超高系数计算超高增加费；"避雷针的安装、半导体少长针消雷装置安装"均已考虑了高空作业的因素；"装饰灯具、路灯、投光灯、碘钨灯、氙气灯、烟囱或水塔指示灯"均已考虑了高空作业因素，不得重复计算超高增加费。

（3）高层建筑增加费

高层建筑增加费是指高层建筑施工应增加的费用。安装工程高层建筑增加费包括人工降效和材料等垂直运输增加的机械台班费用，故该费用可拆分为人工费和机械费。本项目属于单价措施项目，故列入单价措施项目费中。高层建筑增加费率，如表 5.27 所示。

表 5.27　高层建筑增加费表

层数	9 层以下 （30 m）	12 以下 （40 m）	15 层以下 （50 m）	18 层以下 （70 m）	21 层以下 （70 m）	24 层以下 （80 m）	27 层以下 （90 m）	30 层以下 （100 m）	33 层以下 （110 m）
按人工费的（％）	6	9	12	15	19	23	26	30	34
其中人工工资（％）	17	22	33	40	42	43	50	53	56
机械费占（％）	83	78	67	60	58	57	50	47	44
层数	36 层以下 （120 m）	40 层以下 （130 m）	42 层以下 （140 m）	45 层以下 （150 m）	48 层以下 （160 m）	51 层以下 （170 m）	54 层以下 （180 m）	57 层以下 （190 m）	60 层以下 （200 m）
按人工费的（％）	37	43	43	47	50	54	58	62	65
其中人工工资（％）	59	58	65	67	68	69	69	70	70
机械费占（％）	41	42	35	33	32	31	31	30	30

在计算高层建筑增加费时计算基数包括 6 层或 20 m 以下的全部人工费，并且包括定额各章节按规定系数调整的子目中的人工调整部分的费用。同一建筑物有部分高度不同时，可分别按不同高度计算高层建筑增加费。

单层建筑物超过 20 m 以上时的高层建筑增加费的计算：首先应将自室外设计正负零至檐口的高度除以 3.3 m（每层高度），计算出相当于多层建筑的层数，然后再按表所列相应层数的费率计算。

在高层建筑施工中，同时又符合超高施工条件的，可同时计算超高增加费和高层建筑增加费。

（4）安装生产同时进行费

通常在改建工程中，当安装与工厂的生产同时进行时安装工程的总人工费增加 10％，为因降效而增加的人工费。该项目属于单价措施项目，故应计入单价措施项目费中。

（5）有害环境增加费

在有害身体健康的环境中，如高温、多尘、噪声超过标准和在有害气体等有害环境中施工,安装工程的总人工费增加10%,全部为因降效而增加的人工费。该项目属于单价措施项目,故应计入单价措施项目费中。

3) 其他定额的借用

(1) 10 kV以上及专业专用项目的电气设备安装,应套用《江苏省市政工程计价定额》。

(2) 电气设备(如电动机等)配合机械设备进行单体试运转和联合试运转工作,应套用《江苏省安装工程计价定额〈第一册 机械设备安装工程〉》。

5.4.2 综合单价计算

1) 控制设备及低压电器安装

控制设备包括各种控制屏、继电、信号屏、模拟屏、配电屏、整流柜、电气屏、控制箱等;低压电器包括各种控制开关、控制器、接触器、启动器等。

在综合单价计算中,各种屏、柜、箱及低压电器安装,安装定额中均未包括基础槽钢、角钢的制作安装,也不包括二次喷漆及喷字、焊、压接线端子和端子板外部(二次)接线,其费用应按相应定额另行计算。

基础槽钢、角钢的制作工程量以"kg"为计量单位,套用电气工程中"一般铁构件制作"计费;而基础槽钢、角钢的安装,则是以"m"为计量单位,其长度按下式计算,尺寸如图5.16。

$$L=2A+2B$$

式中:A—柜、箱长;B—柜、箱宽

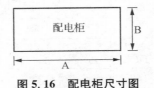

图 5.16 配电柜尺寸图

【例5.10】 某工程安装XL-21落地式配电箱1台,基础采用0.6×0.4,2 m长10♯槽钢,共20 kg,该配电箱为成品,钢材价格3.8元/kg,槽钢材料损耗量为5%。确定该配电箱安装的综合单价。

【解】 该箱为成品,前述的工程内容不是全部存在。计算过程如表5.28所示。

表 5.28 分部分项工程量清单综合单价计算表

项目编码:030404017001　　　　　　　　　　工程数量:1台
项目名称:配电箱　　　　　　　　　　　　综合单价:696.63元/台

序号	定额编号	工程内容	单位	数量	其中:(元)					
					人工费	材料费	机械费	管理费	利润	小计
1	4-266	落地式配电箱安装	台	1	205.72	32.11	60.34	82.29	28.8	409.26
2	4-1811	基础槽钢制作	100 kg	0.2	88.06	19.49	7.61	35.22	12.33	162.71
3		槽钢主材	kg	21		79.8				79.8
4	4-456	基础槽钢安装	10 m	0.2	23.38	6.61	2.24	9.35	3.27	44.86
		合计			317.16	138.01	70.19	126.86	44.4	696.63

2）电缆安装

此部分包括电力电缆和控制电缆的敷设、电缆阻燃槽盒安装、电缆保护管敷设等工程定额内容。电缆敷设定额及其相配套的定额中均未包括主材，另按设计和工程量计算规则加上定额规定的损耗率计算主材费用。电力电缆损耗率为1%，控制电缆损耗率为1.5%。

（1）电缆敷设定额

电力电缆敷设定额均是按3芯（包括3芯连地）考虑的，5芯电力电缆敷设定额乘以系数1.3，6芯电力电缆乘以系数1.6，每再增加1芯则定额增加30%，依此类推。

单芯电力电缆敷设按同截面电缆定额乘以系数0.67，截面400~800 mm² 的单芯电力电缆敷设按 400 mm² 电力电缆定额执行，截面800~1 000 mm² 的单芯电力电缆敷设按 400 mm²电力电缆定额乘以系数1.25执行。

电缆敷设定额是按平原地区和厂内电缆工程的施工条件编制的，未考虑积水区、水底、井下等特殊条件下的施工，厂外电缆敷设则另计工地运输。在一般山地、丘陵地区敷设电缆时，其人工定额乘以系数1.3。该地段所需的施工材料如固定桩、夹具等按实另计。

另外，电缆是未计价材料，应加上损耗计算其主材费。

（2）电缆头制作安装

定额均按铝芯电缆考虑的，铜芯电力电缆头按同截面电缆头定额乘以系数1.2，双屏蔽电缆头制作安装人工定额乘以系数1.05。240 mm² 以上的电缆头的接线端子为异型端子，需要单独加工，应按实际加工价计算（或调整定额价格）。

【例5.11】 资料同【例5.8】，电缆65元/m，计算电缆敷设清单项目的综合单价。

【解】 由【例5.8】所示，电缆敷设清单工程量为40 m，电缆预算工程量为 422.3 m，计算电缆材料费时，加上1%损耗，实际用量为426.50 m，沟内有4根电缆，故计算铺砂盖砖费用时，需计算增加2根电缆的费用。

计算结果如表5.29。

表5.29　电力电缆综合单价计算表

项目编码：030408001001　　　　　　　　　　　　　　　　　　　　　工程数量：422.3

项目名称：电力电缆　　　　　　　　　　　　　　　　　　　　　　　综合单价：90.1

序号	定额编号	工程内容	单位	数量	其中：（元）					
					人工费	材料费	机械费	管理费	利润	小计
1	4-728	铜芯电力电缆敷设 120 mm²（四芯）	100 m	4.223	3 028.14	1 111.32	209.71	1 211.24	423.95	5 984.36
2		电缆（主材）	m	426.5		27 722.5				27 722.50
3	4-824 * 2	铺砂盖保护板每增加1根	100 m	1	176.64	2 023.59		70.66	24.73	2 295.62
4	4-821	铺砂盖砖1~2根	100 m	1	329.82	1 537.22		131.93	46.17	2 045.14
		合计			3 534.65	32 394.63	209.71	1 413.83	494.85	38 047.62

（3）配管、配线工程

本节适用于电气工程的配管、配线工程量清单项目设置、计量及计价。配管包括电线管敷设，钢管及防爆钢管敷设，可挠金属套管敷设，塑料管敷设。

支架制作、安装配管支架制作、安装工程量按图示尺寸以"kg"为计量单位,套用"控制设备及低压电器"中"铁构件制作、安装"的子目。防腐、油漆、接地部分发生的费用已计入"配管"定额基价中。

线槽,电缆槽安装工程量,按线槽的形式、线槽宽度不同,以"m"为计量单位,套用电气工程第八章"电缆"中"塑料电缆槽、混凝土电缆槽安装"相应子目。定额中各种电缆槽、接线盒是未计价材料,宽100 mm以下的金属管,可套用加强塑料槽的定额子目,固定支架及吊杆费用另计。

电气工程配管、配线套用定额时要注意以下几点:

(1)照明线路中的导线截面大于或等于6 mm² 时,应执行动力线路穿线的相应子目。

(2)多芯导线管内穿线分别按导线相应芯数及单芯导线截面计算,以"米"为计量单位。

(3)线路分支接头线的长度已综合考虑在定额中。灯具、明开关、暗开关、插座、按钮等预留线,已分别综合在相应定额内,不另行计算。

配线工程量应按所配线的规格、敷设方式和部位分别计算工程量。线槽安装费用已算在"线槽安装"清单项目中,这里不再计算,套用定额电气设备安装工程"配管、配线"的相应子目。瓷夹板配线、塑料夹板配线、各式绝缘子配线、槽板配线定额中已包括夹板、绝缘子、槽板等支持体的安装内容,不需另外计算支持体的安装费用。

【例5.12】 某工程槽板配线共450米,请计算其综合单价。

【解】 综合单价计算如下表5.30:

表5.30 槽板配线综合单价计算表

项目编码:030411004001　　　　　　　　　　　　　　　　　　工程数量:450

项目名称:配线　　　　　　　　　　　　　　　　　　　　　　综合单价 44.03

序号	定额编号	工程内容	单位	数量	其中:(元)					
					人工费	材料费	机械费	管理费	利润	小计
1	4-1482	塑料槽板配线砖混凝土结构三线 2.5 mm²	100 m	4.5	4 455.54	339.17		1 782.23	623.79	7 200.73
2		铜芯2.5 mm²(主材)	m	1 511.73		9 826.25				9 826.25
3		塑料槽板(主材)	m	472.5		2 787.75				2 787.75
		合计			4 455.54	12 953.17		1 782	623.79	19 814.73

5.4.3 工程量清单计价实例

工程量清单计价是建设工程招标投标中,投标人依据招标人提供的工程量清单计算工程建设所需的全部费用。因工程量清单包括分部分项工程量清单、措施项目清单及其他项目清单,所以工程量清单计价中,首先应针对这三份清单进行计价,即分部分项工程费、措施项目费、其他项目费。另外,根据国家规定,工程项目建设还应交纳相应的规费、税金,分别计入工程造价中。总而言之,工程量清单计价费用包括分部分项工程费、措施项目费、其他项目费、规费和税金这五个部分。

在计算方法中,分部分项工程费采用综合单价计价法,即完成各分部分项工程工程量所需的人工费、材料费、机械使用费、管理费费用,而措施项目费、规费及税金的费用,通常根据国家相关部门的规定用系数法进行计算。

计算的顺序依次是:(1)先根据定额及主材价格计算出各分部分项工程的综合单价,再根据各项目工程量计算出分部分项工程费;(2)依分部分项工程费计算出措施项目费;(3)计算其他项目费用;(4)依前四项计算规费;(5)计算税金。

下面以某值班室电气工程工程量清单为例,编制工程量清单计价表。

【例 5.13】 依据例 5.2 某值班室电气工程安装工程量清单,请计算并编制该项目的工程量清单计价表。

【解】 (1)各分部分项项目综合单价计算

根据【例 5.9】工程量清单,依据《江苏省安装工程计价定额》(2014 版),并经营改增调整后方法,计算各分部分项工程综合单价。

分部分项项目综合单价计算见表 5.31～表 5.33。

表 5.31 分部分项工程量清单综合单价计算表

某值班室电气工程
项目编码:030404017001
称:配电箱

计量单位:台
工程数量:1 项目名
综合单价:676.68

序号	定额编号	工程内容	单位	数量	人工费	材料费	机械费	管理费	利润	小计
					其中:(元)					
1	4-268	悬挂嵌入式配电箱安装,半周长 1.0 m	台	1	102.12	34.41		40.85	14.3	191.68
2		配电箱(主材)	台	1		485				485
		合计			102.12	519.41		40.85	14.3	676.68

表 5.32 分部分项工程量清单综合单价计算表

某值班室电气工程
项目编码:030411001001
项目名称:配管

计量单位:m
工程数量:3.25
综合单价:16.98

序号	定额编号	工程内容	单位	数量	人工费	材料费	机械费	管理费	利润	小计
					其中:(元)					
1	4-1110	砖、混凝土结构暗配扣压式镀锌电线管 DN32	100 m	0.0325	11.95	4.98		4.78	1.67	23.38
2		主材	m	3.3475		31.8				31.8
		合计			11.96	36.78		4.78	1.66	55.19

表 5.33 分部分项工程量清单综合单价计算表

某值班室电气工程
项目编码:030411001002
项目名称:配管 DN20

计量单位:m
工程数量:50.30
综合单价:17.48

序号	定额编号	工程内容	单位	数量	人工费	材料费	机械费	管理费	利润	小计
					其中:(元)					
1	4-1052	砖、混凝土结构明配电线管 DN20	100 m	0.503	323.46	133.25	9.77	129.38	45.29	641.15
2	011	主材	m	51.809		238.32				238.32
		合计			323.43	371.72	9.56	129.27	45.27	879.24

由于本书篇幅有限,其余综合单价计算表略。

(2) 分部分项工程费

把各分部分项综合单价与相应工程量相乘,合计得出分部分项工程费用。

$$分部分项工程费 = \sum 分部分项综合单价 \times 工程量$$

分部分项工程费见表 5.34。

表 5.34 分部分项工程费计算表

| 序号 | 项目编码 | 项目名称 | 计量单位 | 工程量 | 金额(元) | | 其中 |
					综合单价	合价	暂估价
1	030404017001	配电箱	台	1.00	676.68	676.68	
2	030411001001	配管 DN32	m	3.25	16.98	55.19	
3	030411001002	配管 DN20	m	50.30	17.48	879.24	
4	030411004001	配线 6 mm²	m	18.50	15.61	288.79	
5	030411004002	配线 2.5 mm²	m	131.10	9.18	1 203.50	
6	030412005001	荧光灯	套	5.00	110.68	553.40	
7	030404034001	照明开关 单联	个	3.00	16.22	48.66	
8	030404034002	照明开关 双联	个	1.00	20.43	20.43	
9	030404035001	插座	个	4.00	27.74	110.96	
10	030414002001	送配电装置系统	系统	1.00	624.86	624.86	
		合计				4 461.71	

(3) 措施项目费

措施项目费包括单价措施项目费和总价措施项目费。

单价措施项目费是根据定额措施项目综合单价与工程量的乘积得到。本例题中单价措施项目费是脚手架搭拆费。脚手架搭拆费,按分部分项工程费中相关人工费的 4% 计算,其中人工工资占 25%,材料费占 75%。单价措施项目费计算结果如表 5.35。

表 5.35 单价措施项目费计算表

| 定额编号 | 工程内容 | 单位 | 数量 | 其中:(元) | | | | | | 小计 |
				人工费	材料费	机械费	直接费	管理费	利润	
031301017001	脚手架搭拆	项	1.00	6.67	20.02		26.69	2.67	0.93	30.29
4-9300	第 4 册脚手架搭拆费增加人工费 4% 其中人工工资 25% 材料费 75%	项	1.00	6.67	20.02		26.69	2.67	0.93	30.29

总价措施项目费是根据分部分项工程费及其他费用,用系数法计算,即:

$$措施项目费 = \sum (分部分项工程费 + 单价措施项目费 - 分部分项除税工程设备费 - \\ 单价措施除税工程设备费) \times 费率$$

　　总价措施项目费率由当地建设主管部门定额及有关文件确定。江苏省住建厅规定,安全文明施工费基本费费率为1.5%,增加费费率为0.3%,临时设施费费率为0.6%~1.6%。因本项目工程量较小,所以临时设施费费率取1.6%。总价措施项目费计算见表5.36。

表5.36　总价措施项目费计算表

序号	项目编码	项目名称	计算基础	调整费率(%)	调整后金额(元)	备注
1	031302001001	安全文明施工			80.86	
1.1	1.1	基本费	分部分项工程费+单价措施项目费-分部分项除税工程设备费-单价措施除税工程设备费	1.50	67.38	
1.2	1.2	增加费	分部分项工程费+单价措施项目费-分部分项除税工程设备费-单价措施除税工程设备费	0.30	13.48	
2	031302008001	临时设施	分部分项工程费+单价措施项目费-分部分项除税工程设备费-单价措施除税工程设备费	1.60	71.87	

（4）其他费用计算

　　其他清单项目一般为建设单位暂时预留费用,工程结束时按实际发生计算,此处如实填写进其他清单费。

　　其他项目清单计价见表5.37。

表5.37　其他项目费计算

序号	项目名称	金额(元)	结算金额(元)	备注
1	暂列金额			
2	暂估价	500		
2.1	材料(工程设备)暂估价	—		
2.2	专业工程暂估价	500		
3	计日工			
4	总承包服务费			
	合计	500		

（5）规费和税金

　　规费是政府要求缴纳的费用,江苏省住建厅主要要求缴纳社会保险费、住房公积金和工程排污费,费率分别为2.4%,0.42%,0.1%。即:

$$规费=\sum(分部分项工程费+措施项目费+其他项目费-除税工程设备费)\times费率$$

$$税金=\left(分部分项工程费+措施项目费+其他项目费+规费-\frac{甲供材料费+甲供设备费}{1.01}\right)\times11\%$$

规费和税金计算结果见表 5.38。

表 5.38　规费和税金计算表

序号	项目名称	计算基础	计算基数(元)	计算费率(%)	金额(元)
1	规费		150.22		150.22
1.1	社会保险费	分部分项工程费＋措施项目费＋其他项目费－除税工程设备费	5 144.73	2.4	123.47
1.2	住房公积金		5 144.73	0.42	21.61
1.3	工程排污费		5 144.73	0.1	5.14
2	税金	分部分项工程费＋措施项目费＋其他项目费＋规费－(甲供材料费＋甲供设备费)/1.01	5 294.95	11	582.44
	合计				732.66

(6) 工程造价总费用

把所有费用累加,即是工程总报价。

单位工程费汇总表见表 5.39。

表 5.39　工程费用汇总表

序号	汇总内容	金额(元)
1	分部分项工程	4 461.71
2	措施项目	183.02
2.1	单价措施项目费	30.29
2.2	总价措施项目费	152.73
3	其他项目	500.00
4	规费	150.22
5	税金	582.44
竣工结算总价合计＝1＋2＋3＋4＋5		5 877.39

复习思考题

1. 建筑电气系统通常包括哪些组成部分?

2. 常用的导线种类有哪些?

3. 计算导线电缆进入盘柜屏等设备时,预留长度为多少?

4. 在计价定额中,电气工程的费用计算规定与给排水采暖工程有什么区别?

5. 配管配线的综合单价怎样计算?

6 建筑智能化工程

6.1 建筑智能化工程基础

　　智能建筑是以现代技术的集成为基础,对相应的控制系统进行精心的智能化集成设计,并通过集成实施,最后获得一个新的综合性的智能大系统。它是对楼宇自动化、通信自动化、办公自动化进行智能化集成的实施。常见的智能化子系统有:智能化集成系统、综合布线系统、建筑设备自动化系统、安全防范系统(视频安防监控系统、入侵报警系统、出入口控制监控、访客对讲系统、停车场管理系统、电子巡查系统)、公共广播系统、有线电视系统、智能照明控制系统等。

6.1.1 综合布线系统

　　为了实现对建筑分散设备进行监视与控制,用线缆及终端插座等将相关的控制、仪表、信号显示等装置连成系统,传输与发送相应的控制信号,称为传统布线系统。

　　由于这种布线方式建成的是独立体系,但各体系之间与设备之间互不联系又不兼容,所以,我们用具有各种功能的标准化接口,通过各种线缆,将设备、体系之间相互连接起来,综合集成一个既模块化又智能化,灵活性、可靠性极高,可独立、可兼容、可扩展,既经济又易维护的一种优越性很高的信息传输系统,即为综合布线系统。

　　综合布线系统是建筑与建筑群之间以商务环境和办公自动化环境为主的布线系统,由工作区、配线(水平)、干线(垂直)、管理、设备间、建筑群、进线间 7 个子系统组成,如图 6.1 所示。

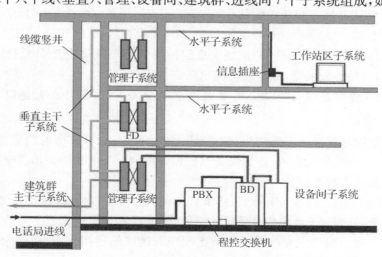

图 6.1　综合布线系统的组成

1）工作区子系统

工作区子系统是终端设备到信息插座之间的一个工作区间,由信息插座、跳线、终端设备组成,如图 6.2 所示。

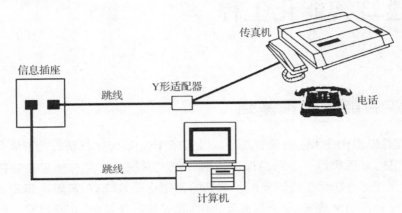

图 6.2　工作区子系统及终端设备

（1）终端设备：指通用和专用的输入和输出设备,如语音设备（电话机）、传真机、电视机、计算机（PC）、监视器、传感器或综合业务数字网终端等。

（2）线缆或跳线：配三类、五类或超五类双绞线缆,配接 RJ45 插头的光缆或铜缆直通式数据跳线或电视同轴电缆连接线等,一般长度不超过 3 m。

（3）线缆插头、插座：与线缆配套,有明装、暗装、墙面、地板上安装。

（4）导线分支与接续：可用 Y 形适配器、两用盒、中途转点盒、RJ45 标准接口、无源或有源转接器等。

2）配线（水平）子系统

配线子系统由建筑物内各层的配电间至各工作子系统（信息插座）之间的配线、配管和配线架等组成。

（1）配管：导管（线管）用金属、非金属管或线槽,沿墙或沿地面敷设。

（2）配线：常用非屏蔽双绞线缆（UTP,4 对 100 Ω）、屏蔽双绞线缆（STP,4 对 100 Ω）、大对数电缆（25 对、50 对）、多模光纤（62.5/125 μm）、单模光纤（8.3/125 μm）。

双绞线缆：长度一般不大于 90 m,加上桌面跳线 6 m,配线跳线 3 m,总长不超过 100 m。

光纤缆：以盘（轴）型供货,每盘线缆长 500 m 或 1 000 m。

接地口：为了保证系统安全,每一个设备室必须设置适当的等电位接地口。

3）管理子系统

设置在建筑物每层楼的配线间内,故称配线间子系统,也可放在弱电竖井中,由配线设备（双绞线或光纤配线架）、输入/输出设备及机柜等组成。其主要功能是将垂直干线子系统与水平布线子系统连接起来。

（1）机柜（配线柜、盘、盒）：有挂式、落地式箱柜,光纤接线盘及盒,网络交换机等。

（2）配线架：是管理子系统中最重要的组件,是实现垂直干线和水平布线两个子系统交叉连接的枢纽。通过附件主要作语音与数据配线与跳线的连接作用,可以全线满足 UTP、

STP、同轴电缆、光纤、音视频的需要。配线架有双绞线和光纤配线架,常用110系列与跳线架、理线器(IHU)、RJ45接口配套使用。配线架有配备纸质标签的传统配线架和配有LED显示屏标签的电子配线架。配线架可安装在机柜内、墙上、吊架上或钢框架上,如图6.3、图6.4所示。

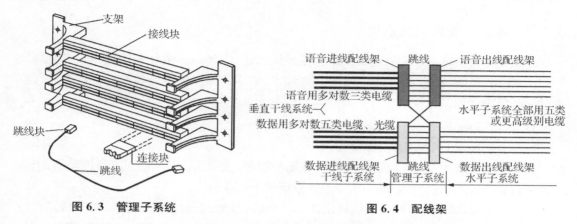

图6.3　管理子系统　　　　　　　　　图6.4　配线架

（3）线缆:主要是跳线,用屏蔽、非屏蔽双绞线及光缆做成RJ45接口跳线、RJ45转110等线与配线架相配。

4）干线（垂直）子系统

干线子系统,由从主配线间(设备间子系统)至各楼层管理间子系统之间连接的线缆组成,通常分为数据干线、语音干线和电视干线。

系统垂直方向电缆敷在电缆竖井中,用梯架、线槽、导管等敷设;水平方向用线槽、托盘、桥架或导管等沿走廊墙面、平顶敷设。系统线缆用大对数铜缆和光缆,线缆应具有足够的长度,即应有备用和弯曲长度(净长的10%),还要有适量的端接容量。按配线标准要求,双绞线长度应<100 m;多模光缆长度在500 m或2 km内;单模光纤<3 km。

5）设备间子系统

在建筑物设备间内,由主配线架连接各种公共设备,如计算机数字程控交换主机或计算机式小型电话交换机、各种控制系统、网络互联设备等组成。设备间外接进户线内连主干线,是网络管理人员值班的场所,因大量主要设备安置其间,故称为设备间子系统。

在一般设备间内通常有:机柜中安装网络交换机、服务器、配线架、理线器、数据跳线和光纤跳线等。大型设备间设备数量较多,设置专业机柜,如语音端接机柜、数据端接机柜、应用服务机柜等。设备间内供电系统用三相五线制供电电源,有市电直供电源、不间断电源UPS、普通稳压器、柴油发电机组等供电设备。

6）建筑群子系统

建筑群(商业建筑群、大学校园、住宅小区、工业园区)各建筑物之间的语音、数据、监视等的信息传递,可用微波通信、无线通信及有线通信手段互相连接达到目的。一般用有线通信以综合布线方式作为建筑群子系统的信息传递。使用线缆一般为铜缆,用双绞线缆、同轴线缆及一般铜芯线缆;另一类就是光纤缆。线缆在室外布设时通常有架空、直埋、穿埋地导管、电缆沟及地下巷(隧)道等方式敷设,线缆长度不得超过1 500 m。

7）进线间子系统

进线间是建筑物外部通信和信息管线的入口部位，并可作为入口设施和建筑群配线设备的安装场地。位置一般设置在负1层或1层方便室外线缆引入处，也可与设备间共用，内部做分隔。

6.1.2 建筑设备自动化系统

建筑设备自动化系统又称建筑设备监控系统，是智能建筑的主要系统之一。它对通风与空调、照明、消防、安防、供配电、冷热源、给排水、电梯及停车场等设备的运行状态进行监视、控制、集中管理。

1）系统组成

（1）中央管理工作站，如一台微机。

（2）操作分站，由若干区域智能分站（现场控制器，又称DDC）组成。用通讯网络，上连中央管理站下连现场控制机，是系统中交换数据的中枢神经。

（3）系统通讯网络，有现场总线网络式、电力线路载波式、市话线路或CATV线路载波式。现在主要用现场总线网络，以一对或两对屏蔽双绞线$1.0\ mm^2$ RV或RVVP等线，连接成星型或环型的总线型网络，各通讯节点并联或串联在总网络上，形成系统通讯网络。

（4）系统尾端，是各种传感器、执行器与相应的取源部件。传感器是在测量过程中将物理量、化学量转变成电信号的器件或装置。传感器常有温度、湿度、压力、流量等传感器。变送器是将传感器得到的电信号再转变成标准电信号的装置，有压力变送器、电量变送器等。执行器是得到变送器的标准信号后，直接对被控设备发生动作的装置，由执行机构和调节机构组成。

2）系统基本软件

系统基本软件有两类：系统运行环境软件和用户定制软件。目前多采用商业化的工控软件或厂商开发的专用软件，主要有系统运行情况记录存储、统计分析、设备管理及功能显示、故障诊断及声光报警、设备操作及定时控制等功能。

6.1.3 有线电视、卫星接收系统

有线电视系统，从城市有线电视公用网引入信号，用同轴电缆或光缆将相应设备及许多用户电视接收机连接起来，传输电视图像信号、音频信号的分配网络系统，称为有线电视系统，建筑物内的有线电视系统实质上就是城市有线电视系统的用户分配部分。独立的有线电视系统通常由4个主要部分组成。

（1）信号接收系统。信号接收系统有无线接收天线、卫星电视地球接收站、微波站和内办节目源等，用电缆将信号输入前端系统。

（2）前端系统。前端系统有信号处理器、A音频/V视频解调器、信号电平放大器、滤波器、混合器及前端18 V稳压电源，自办节目的录像机、摄像机、VCD、DVD及特殊服务设备等，将信号调制混合后送出高稳定的电平信号。

（3）信号传输系统图。信号传输系统将前端送来的电平信号用单模光缆、同轴电缆连

接各种类型的放大器,以减少电平信号衰减,使用户端接收到高稳定的信号。我国常用同轴射频电缆 SYV-75-5、SWY-75-5 及单模光缆作为电视信号传输系统的干线和支线。

(4) 用户分配系统。在支线上连接分配器、分支器、线路放大器,将信号分配到各个用户终端盒(TV/FM)的设备。

6.1.4　音频、视频系统

传播声音信号使用电力扩声音响系统,因扩声是公开的,故称为公共广播系统。它由一般扩声系统发展到模拟音响第二代 AM、FM 系统,到现在的第三代数字多媒体移动广播系统。

公共广播系统按使用性质和功能可分为三大类。无论是单信道或立体声系统、固定式或移动式系统、室内式或室外式系统,根据功能需求,可与火灾或事故广播系统进行互相切换。

(1) 业务性广播系统:办公楼、商业写字楼、学校、医院、铁路客运站、航空港、车站等,设置以满足业务和行政管理要求为主的业务广播。这类系统多为双信道立体声系统。

(2) 服务性广播系统:主要是背景音乐系统。宾馆、旅馆、商场、娱乐设施及大型公共活动场所,以服务为主要宗旨,所以设置服务性广播系统。

(3) 火灾或事故广播系统主要用于火灾或事故发生时,在消防保安控制室的监督管理人员通过火灾事故广播系统,引导人们迅速撤离危险场所。

所有广播系统均是将声音信号转变为电信号,经过加工处理,由传输线路传给扬声器,再转变为声音信号播出,并和听众区的建筑声学环境共同产生音响效果的系统,所以都由下列 4 部分设备组成:

(1) 节目信号源设备传声器(话筒)、激光唱机(CD)、数字信息播放器或电子乐器,以及辅助设备如电源及电源控制器、消防报警广播、监听检测盘等组成。

(2) 信号放大处理设备:功率放大器(功放)、均衡器、调音台(调音桌)及音响加工设备等。

(3) 声音信号传输线路:为了减少信号传输损耗,用阻尼系数小的无氧铜 RVS(2×4)专用导线,或 RVB 导线。

(4) 声音播出设备扬声器、音箱、音柱等。

6.1.5　安全防范系统

安全防范,是指以维护社会公共安全为目的,为了防入侵、防被盗、防破坏、防火、防爆和安全检查等采取的技术措施。将防范的设备用通信传输网络系统联合成整体的体系,称为安全防范系统。安全防范系统由探测发现、传输网络和显示监视等三部分组成。

(1) 信息的传感或探测,如电磁、红外线、微波等传感器、探测器。

(2) 传输网络。传输方式分为有线式或无线式。有线网络式是用传统布线或综合布线方式组成总线制、多线制网络传输信号;也可用电话线、电力线发送载波或音频传输音频信号,用同轴电缆传输图像信号。无线传输式是用无线发射机发送信号。

(3) 显示监测。信号显示、处理、控制是通过控制主机,操作人员可发出指令,将处理的信号进行记录并储存,并随时发送信号。

另外,楼宇可视对讲机,也是属于楼宇安全防范系统出入口目标识别设备。它广泛使用有线式系统,设置有小功率增音机、受话器和送话器,通过导线连接,双方便能互通信息的一种系统。如果增加视频的显示功能就成为可视对讲系统。

6.2 建筑智能化工程量计算

6.2.1 建筑智能化工程量的计算范围

建筑智能化工程量计算参照的标准主要是《通用安装工程工程量计算规范》(GB50856—2013)中附录 E 建筑智能化工程部分,主要包括计算机、网络系统工程、综合布线系统工程、建筑设备自动化工程、建筑信息综合管理系统工程、有线电视卫星接收系统工程、音频视频系统工程、安全防范系统工程等。

建筑智能化工程中涉及其他专业内容,需要参照相关规范计算:挖土、填土工程,应按现行国家标准《房屋建筑与装饰工程工程量计算规范》(GB50854—2013)相关项目计算;开挖路面应按现行国家标准《市政工程工程量计算规范》(GB50857—2013)相关项目计算;配管工程:线槽,桥架,电气设备,电气器件,接线箱、盒,电线,接地系统,凿槽,打孔,打洞,人孔,手孔,立杆工程应按附录 D 电气设备安装工程项目计算;机架等项目除锈、刷漆、保护层安装,应按《通用安装工程工程量计算规范》(GB50856—2013)附录 M 刷油、防腐蚀、绝热工程相关项目计算。

6.2.2 建筑智能化工程量的计算

1)综合布线工程量

(1)双绞线缆

综合布线系统配管的工程量计算规则:无论是穿保护管、线槽、桥架、支架或吊架等敷设,与电气设备安装工程的配管、线槽、桥架等计算方法相同。配线的工程量计算规则为:按设计图示尺寸以长度计算;电气设备安装中配线工程量计算规则为:按设计图示尺寸以长度计算(含预留长度)。线缆布放不包括施工后的"链路检验测试",另立项计算。

室内线缆连接设备、配线架或跳线架时,用工具打结或卡接的方法进行。连接的线缆分别按"条"计量;线缆与跳块连接用打结连接,按"个"计量。而室外线缆接续,用专用接头盒连接,按"套"或"个"计量。

(2)大对数电缆

大对数电缆敷设是与电气设备安装工程的电缆敷设的计算方法相同。电缆敷设按单根延长米计算,如一个架上敷设 3 根各长 100 m 的电缆,应按 300 m 计算。电缆附加及预留的长度是电缆敷设长度的组成部分,应计入电缆长度工程量之内。电缆进入建筑物预留长度 2 m;电缆进入沟内或吊架上引上(下)预留 1.5 m;电缆中间接头盒预留长度两端各留 2 m 等,应参照电气工程电缆工程量计算。

（3）光缆

光缆是由光纤芯束包裹缓冲层、加强层、护套层等组成。光缆种类很多,按布放(敷设)方式分自承重架空、管道布放、铠装地埋和海底布放光缆;按结构分束管式、层绞式、紧抱式、带状式、骨架式和可分支光缆。

室外布放光缆长度计算:

架空光缆工程量＝计算长度×(1＋线缆弛度1％)＋上、下杆处预留5～6 m＋
进户、出户处各预留2 m

式中,光缆预留长度可按表6.1计取。

表 6.1　光缆预留长度取值表

自然弯曲增加长度/ (m·km^{-1})	人孔内拐弯增加长度/ (m·孔$^{-1}$)	接头预留长度/ (m·侧$^{-1}$)	局内预留长度/ (m)	其他
5.00	0.50～1.00	8.00～10.00	15.00～20.00	按设计

光缆工程量＝计算长度×(1＋线缆弯余弛度2.5％)＋进沟、出沟各预留1.5 m＋进户、
出户处各预留2 m

光缆堵塞。光缆在管道中布放,其管口或缝隙用环氧树脂等材料堵塞,防止水汽浸入以及防止鼠虫蛀咬,堵口按"个"计算。

（4）光纤束吹放

光纤是8～50 μm光导纤维、能传输光能的波导介质,一般由纤芯和包层组成。光纤类型很多,按传输模式分单模、多模光纤等。

气流吹放光纤束,用光纤气流吹放机,在管道、槽道内吹放光纤束,吹放的长度计算用下式表达:

光纤吹放长度工程量＝[(管道长＋槽道长)×(1＋备用及弯余弛度2.5％)＋
管道或槽道出线端接长度5～6 m]×光纤束根数

（5）光纤连接

光缆连接与分支。光缆连接也称接续,就是光缆缆芯的直接连接或分支,因制造、运输、施工条件及地形等因素的限制,要在现场进行接续,方法有以下3种:

光纤连接盘又称接续盒、熔接盘,是标准的光纤交接硬件,用于光纤交连和互连,以及盘绕和保护柔软光纤。它是模块组合式的封闭盒,每盘可连接12～48根光纤。它组合安装在机柜内。

光缆连接盒。光缆连接(接续)的保护盒,也称接续盒、接头盒,俗称接头包、炮筒,用于架空、地埋、管道和入井光缆的连接或分支。光缆连接盒分为直通型和分支型,盒体用喷塑冷轧钢板、塑料制成,要求密封防尘、防潮。工程量按"芯"或"端口"计量。

光纤连接,按单模和多模光纤分类,以机械、熔接和磨制3种方法,分目立项。工作内容包括端面处理、测试、包封护套。光缆连接(接续)与分支,用光纤熔接机对光纤芯线进行连接。光纤连接测试,用光纤时域反射仪测试光纤接头损耗、光纤衰减等指标。

（6）光纤盒、光缆终端盒安装

光纤盒是用于保护光纤熔接点、连接跳线或理清线路的设备,是直接与用户接触的界

面。光纤盒有桌面式、墙面式和地面式,分 FTTH 型、86 型及 120 型等。

光缆终端盒是光传输系统中重要的配套装置,用于光缆终端的固定,以及光缆与尾纤的熔接和余纤的收容及保护。安装方式分机架式、壁挂式、抽屉式和桌面式。终端盒要求防潮、防尘,安装于室内,室外安装必须采取防潮和保护措施,工程量按"个"计算。

光缆终端盒安装及测试按连接的芯数,如 20,28,48~96 等分档计算。光纤熔接后,将纤芯盘绕在熔接盘上,装入盒中,在盒外套上热缩管,使其紧贴光缆与盒体,防止雨水或水汽进入。

(7) 布放尾纤

光缆尾纤是指短光纤的一端熔接 ST 连接头(器),另一端与光缆终(尾)端头的纤芯熔接,故称尾纤,一束时称尾纤束。它用于连接终端设备,如光收发器或配线架等。

光缆成端接头是光缆进入机房机架、与尾纤熔接后的端头,按"套"计量。

尾纤制作布放及测试时,需将尾纤熔接后,用光损耗测试仪测试衰减,理顺、绑扎,套以波纹保护管,盘于终端盒熔纤盘内,以便与光纤配线架连接,用"根"计量。

成端接头制作安装及测试,需剥开缆外护套露出金属护套,做等电位接地,熔接尾纤,测试,做标识、填标签等,按"套"计量。

(8) 跳线、跳块、跳线架、配线架、线管理器安装

跳线是指两端预先连接有跳接头模块(连接器、连接头)、用于配线架和跳线架上、完成各个线路与设备之间的互连与交连。

$$电缆跳线长度工程量=[跳线总长度×(1+损耗率)]/计算条数$$

跳线连接模块损耗率可取 2%;线缆损耗率可取 2%~3%。跳线制作,按"条"计算;跳线卡接(安装),按"对"计算。跳线配线长度见表 6.2。

表 6.2 跳线配线长度

跳(配)线架数	1	2	3	4	5	6	7	8	9	10
每条跳线长/m	1.9	2.2	2.5	2.8	3.1	3.4	3.7	4.0	4.3	4.6

跳块是一端压入跳线架模块中,另一端卡接跳线,实际上是跳线两端插入跳线架模块中的接头块。用专用压入跳线架模块的操作,称为跳块打接,工程量按"个"计量。

配线架是一个标准的铝质架,其上可以安装 12~96 个模块化的连接器,水平线缆连接在该连接器上,可以进行交连和互连的操作。快接式配线架接口数,以如 12 口、24 口等分档,按"条"计量。110 配线架以 25 对为模数,有 100 对、200 对等多种规格。

跳线架是由阻燃塑料的模制件组成,其上装有若干齿形条,用于端接线对。用专用工具,将线对按线序冲压到跳线架齿形条上,完成语音主干线缆和语音水平线缆的端接,以"条"计量。

线缆管理器也称理线架。在机柜内两配线架之间安装一个理线架,用于线缆整理,使单元间网线的脉络清晰有序不乱,便于测试和管理,也保证有足够的操作空间。工程量按"个"计算。

(9) 电视、电话、信息插座安装工程量

电视、电话、信息插座面板安装,按单口、双口、四口不同,按"个或块"计量。插座底盒安

装,按明装、暗装(砖墙内、混凝土墙内、木地板内、防静电地板内)不同,按"个"进行计量。

2)建筑设备自动化系统

(1)中央管理系统安装

中央管理计算机本体安装及相连器件安装、网卡、接口安装分别以"套"和"个"计量。

中央管理系统软件安装要在中央管理工作站安装及其程序编译完成后,下传到现场各控制机中,并进行检测。其他部件如 CRT 或 LCD 显示器、打印机安装,均按"台"计量。

系统联调按系统所控制的点数,如 1 000 点、2 000 点等不同,以"系统"计量。其控制点为传感器、变送器、执行器控制的点数。

(2)通讯网络控制设备安装

中央管理作站与现场控制机之间,除线缆以外,还有网络电源、接口、分支器及路由器等设备。通信机接口、计算机通信接口卡等安装,按"个"计算;控制网路由器、控制网中继器、下线连接器等安装按"台"计算;控制网分支器、控制网适配器、终端电阻等安装,按"台"计算。

(3)控制器、控制箱的安装

控制器称现场控制器(DDC),它下连传感器、变送器,向第三层的执行器输出命令,对物理量(温度、湿度、压差、风量等)进行测量、调节和控制;对第一层中央工作站和其他现场控制机进行信息交换,实现整个系统的自动化监测与管理。

控制器安装,无论类型,均按 I/O(AI/AO、DI/DO)接线的"路数"或控制的"点"数不同,以"台"计量。

控制箱安装是将相关功能的控制器集中在一个箱中,成为集中控制的电气箱柜,有壁挂式、暗式、台式,接地,按"台"计量。

(4)第三方设备通信接口安装

第三方(第三层次),即被控制设备通信协议的转换方。系统控制器向执行器输出命令对其进行控制时,需要通信接口进行信号通信,工程量按"个"计量。第三方设备通信接口,如电梯接口、智能配电接口、柴油发动机接口、冷水机组接口、保安门禁系统接口等,无论规格、型号均以接口控制的"点"数不同立项计算。

(5)传感器安装

传感器是在系统运行过程中将测量的物理量、化学量转变成电信号的器件或装置。在如下子系统常安装传感器,工程量均按"支"(台)计量。

空调系统传感器用于对风管系统、防尘系统、水系统、空调系统、制冷系统、净化系统的温度、湿度、洁度、风压、流量等参数进行监测与控制。

高、低压配电系统传感器除监测电气设备的三相电压、三相电流、功率因数及有功功率参数外,还可监测高压空气开关的运行状态。

公共智能照明系统传感器包括时钟传感器、光电传感器、红外线感应器、触摸屏、各种开关连接的传感器和变送器等主要用于对光源启动、调光、照度、场景、定时、线路缺相、回路接地、白天亮灯、夜晚熄灯等异常情况的自动报警。

给、排水系统传感器主要对水箱、水池或集水坑的溢流、故障报警,也可对清水泵或排污泵的启泵、停泵,或者供水管道的压力、流量等,进行监控。

3) 有线电视、卫星接收

(1) 信号接收前端设备安装工程量

有线电视系统前端设备由天线、馈线系统、前端机柜等组成。

天线分立杆式天线、卫星天线;按电视频道分为甚高频、高频、超高频天线。电视共用天线安装、调试,以"副"计算。卫星天线在楼顶上、天线架上、地面水泥底座上安装,分类按天线直径大小不同分别按"副"计算。

馈线系统连接在发射机、接收机和天线之间,是电磁波的传输通道。它由波导管、旋转关节、天线开关管等各种微波部件连接组成。馈线与天线配合调试,均按"条"计量。

因抛物面天线较大、较重,一般安装在楼顶或高架上,以楼顶距地面 20 m 以下为界,若高度超过 20 m,按定额规定计算高层建筑增加费。敷设天线电缆,以"m"计算。制作天线电缆接头,以"头"计算。

前端机柜(箱)是连接天线与干线传输系统之间的前端设备,也称"共用器",它将天线送来的信号进行分离、变频、调制、调解、放大、控制,对干扰信号进行抑制等一系列处理后,混合为一路复合信号送往传输分配系统。

前端机柜(箱)一般由高、低频段衰减器,高、低频段放大器,混合器,稳压电源,四分配器等前端设备组装在一个柜或多个柜(箱)内而成,结构类型很多,可落地、壁挂、明装、暗装。

① 前端机柜本体安装。工程计量时,不分明装、暗装,落地、挂墙,按"个"计量。常用型钢基础或支架制作、安装;柜体用不小于 6 mm² 的铜芯线与接地端子连接。

② 机柜电源。前端设备一般为有源器件,路两台稳压电源集中供电,以保证系统正常工作。天线放大器由专用天线电源馈入 18 V 交流电源供电。连接电源的导管、导线、电源插座、插座盒的计算,以及从天线引入机柜的馈线、导管及底盒,均计入布线系统中。

(2) 传输网络工程量

① 射频同轴电缆敷设

射频同轴电缆是导体和屏蔽层共轴心的电缆,因传输射频和微波信号的能量强,所以具有损耗低、屏蔽抗干扰能力强、频带宽等特点,故名射频同轴电缆,简称射频电缆线同轴电缆。射频电缆分半刚、半柔和柔性,常用 SYKV 型、SBYFV 型、SYWV 型,其阻抗为 75 Ω 的射频电缆。

射线电缆敷设常用室内敷设,按彩管、暗槽、线槽、桥架、支架、活动地板内明布放等,敷设方式分别计算室外敷设,按电杆上、墙壁支架方式,分别计算。射频电缆头制作安装,按架空、地面不同,分别计算。

② 干线设备安装

传输干线网络的设备,一般有线路放大器、供电器、光放大器、光接收机及无源器件等组成,其主要步骤为:

放大器本体安装及调试。放大器主要是将低场强区的天线信号放大,以提高电平。放大器按应用位置分天线弱信号放大器、前端放大器、线路放大器;用于光缆中继放大的有源器件光放大器,按安装位置可分为室外型(地面、架空)、室内型(明装、暗装)安装等放大器。

光接收机本体安装及调试。光接收机是将从光纤传来的慢弱信号,转变为电平合适、低噪声、幅频平坦的电视信号,送入用户分配系统的一种光有源器件。光接收机按安装位置分为室外型、室内型。光接收机调试同放大器。

供电器本体安装及调试。供电器为各种网络有源器件提供电源,是一种即插即用的设备,按插口和容量分类。供电器安装分为室外(地面、电杆上)型、室内(明装、暗装)型等。供电器调试主要是测试输入、输出的电流与电压。

上述设备暗装时,应计算一个暗箱、盒的埋设安装。

③ 分配网络设备安装

系统分配网络设备一般有分配放大器、分支器、分配器、均衡器、衰减器及用户终端盒等组成,其安装主要有以下步骤:

分配网络设备本体安装及调试。分配网络设备本体安装包括分配放大器、分支器、分配器及用户终端等安装,无论明、暗安装,均要计算"箱"或"盒"的安装。放大器调试同传输网络设备。

电缆接线(箱)盒埋设。线缆接续处、分支处或为了便于穿越拉线处,均应计算明、暗接线盒或拉线盒(箱)的安装。

楼板、墙壁穿洞及穿孔导管。线路穿楼板及墙筑,用水钻钻孔根据平面图线路的走向,以"个"计算;穿孔导管按"个"或按"m"计算。

(3)终端调试工程量

系统终端,主要是用户电视机,按"个"计量。

网络终端、放大器调试,按"个"计量,用户终端按"户"计量。

电视墙安装、前端射频设备安装、调试,以"套"计算。

卫星地面站接收设备、光端设备、有线电视系统管理设备、播控设备安装、调试,以"台"计算。

干线设备、分配网络安装、调试,以"个"计算。

4)安全防范系统

(1)入侵探测设备安装

入侵探测设备是安全防范系统的前端装置,是第一道安全防线,是一种探测入侵者行为的设备,按使用场所分两大类,即入侵保护区域(周界)探测装置和入侵室内探测装置,现今有十多种类型。

入侵探测设备种类很多,立项时请注意描述,如微波、超声波、驻波、红外线、激光、玻璃破碎、振动、泄漏电缆、无线报警等探测器;还有各种开关,如门磁、压力、卷帘门(闸)、紧急脚踏、紧急手动开关等,一般成套供应。安装完后单体需做功能检测与调试。

(2)入侵报警控制器及报警中心显示设备安装

入侵报警控制器起控制、管理本系统的工作状态,收集、判断并发出声光报警信号,以及驱动外围设备的作用,如摄像机、录像机、打印机或照明设备等;还具备自检、故障报警和编程功能。安装方式有壁挂、嵌入、台式。

报警控制器安装及调试按多线制、总线制分类,以所连接的监控线路数量不同计算,安装完后做功能检测与调试。

报警中心显示设备安装及调试,如报警灯、警铃、有线对讲机、报警电话、用户机等,安装后做功能检测与调试。

入侵报警器(室内外、周界)设备安装工程,以"套"计算。

(3) 入侵报警信号传输设备安装

报警信号传输设备,是发送前端数据信号和接收终端信号的设备或器件,其发送和接收设备是相对应的。有线报警传输设备有专用线、电源线、电话线的发送器与接收机,以及网络接口;无线报警传输设备,也分发送与接收机。

有线报警信号传输设备安装,除线缆敷设外,网络接口、专用线、电源线、电话线的发送器与接收机分别计算;无线报警传输设备,无论发送与接收机,按功率大小不同计算。

(4) 出入口目标识别及控制设备的安装

出入口识别与控制设备设置的目的:一是了解通行状态,如营业大厅门、通道门等;二是监视和控制,如对楼梯间、防火门等的监视或控制;三是对中心设备的监控,如对出入计算机房门、金库门或配电房门等人员进行监控和身份的识别。出入口控制设备安装工程以"台"计算。

(5) 出入口执行机构设备安装

出入口执行机构设备一般有电控锁、电磁吸力锁、自动闭门(锁)器、杠杆、栏杆、门、挡板等,安装完后做功能检测与调试。出入口控制设备安装工程,以"台"计算。

(6) 监控摄像设备安装

监控摄像系统属于闭路电视监控系统,是一种对入侵警戒区者的监视、显示并记录其行为的系列设备。它有 10 余种类型,主要由遥控摄像机、镜头及电动云台,观看行为的监视器和记录行为的录像机以及信号传输系统组成。

摄像机需安装及调试。摄像机,电视监控采用黑白或彩色遥控摄像机,种类繁多,品种千差万别,均按"台"或"套"计量。

镜头、云台、防护罩、支架等需安装及调试。镜头安装,按焦距(定焦或变焦)、光圈(手动或电动)、明装或暗装等不同分别以"台"计量。云台安装及接线,按质量(kg)的不同,以"台"计量。防护罩、支架等安装,按"台""套"计量。电视监控设备安装工程,以"台"(显示装置以"m²")计算。

(7) 录像设备安装

录像机安装,按尺寸大小不同、带编辑或不带编辑功能,分别按"台"计算,安装完后做录放功能和录像清晰度的检查和调试。

(8) 显示设备安装

显示器按屏面尺寸大小不同,分别按"台"计算液晶显示屏,按屏面积"m²"计算定位、安装、接线等。

6.2.3　工程量计算实例

【例 6.1】　某小区占地 4.1 公顷,有 10 栋 20 层板式高层住宅楼。主体结构及内外装修已基本完工,所有用于弱电系统的走线管、槽、预埋盒已安装完毕,此时开发商对该项目的智能化子系统工程开始对外招标(见图6.5)。

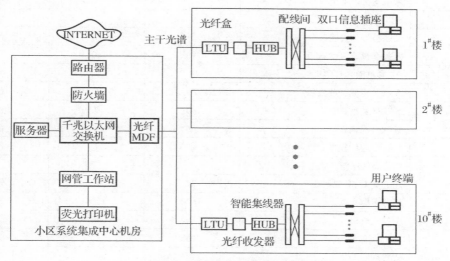

图6.5 计算机网络及综合布线系统示意图

(1)计算机网络系统工程:建小区宽带局域网并与因特网相连。网络中每个信息点速率应能达到10 Mbps专用宽带。

(2)综合布线系统工程:铜缆全部采用超五类布线系统。工程安装完毕后需进行光缆及超五类测试。

工作区子系统终端采用标准RJ45双口信息插座,安装在墙上距地面30公分高的预埋盒上。

(1)配线(水平)子系统:采用超五类UTP双绞线,由配线间出来沿弱电井金属线槽到每一楼层,穿预埋管道用户信息插座底盒。超五类UTP双绞线敷设(线槽及管道中安装线缆的填充率为50%)。

(2)设备间子系统:主配线间设在系统集成中心机房,在每一栋楼中间单元的首层弱电井中设分配线间,在配线间中安装机架、配线架、光纤盒等。计算机网络系统的智能集线器也可安装在该配线间中(24口配线架、线管理器甲供)。

(3)管理子系统:数据通信管理可由光纤缆线来完成。

(4)建筑群子系统:楼群到机房之间采用室外管道中敷设四芯多模光缆做传输干线。

根据以上背景资料列出该工程计算机网络系统的工程量。

【解】 本工程工程量计算结果列表如表6.3。计算过程略。

表6.3 工程量计算表

序号	项目名称	计算式	工程量合计	计量单位
一	计算机网络系统			
1	24口千兆以太网交换机	1	1	台
2	单机支持50个用户服务器	2	2	台

序号	项目名称	计算式	工程量合计	计量单位
3	单机支持8个用户服务器	1	1	台
4	8口路由器	1	1	台
5	动态检测防火墙	1	1	台
6	机架型智能集纹器	40	40	台
7	A4彩色激光打印机	1	1	台
8	AVU-ST光纤收发器	20	20	台
9	BA123标准机柜	20	20	台
10	1.5GB系统软件	1	1	台
11	1.2GB应用软件	1	1	台
二	综合布线系统			
1	超五类UTP双绞线	70	70	箱
2	四芯多模光缆	1500	1500	米
3	壁挂式机架	10	10	个
4	24口配线架	40	40	条
5	线管理器	40	40	个
6	光纤盒(连接盒)	11	11	块
7	双口信息插座	950	950	个
8	连接光纤(熔接法)	80	80	芯
9	超五类双绞线缆测试	1900	1900	点
10	光纤测试	40	40	芯

6.3 工程量清单编制

6.3.1 工程量清单编制内容

工程量清单是载明分部分项工程、措施项目和其他项目等工程名称和数量的明细清单，即包括分部分项工程量清单、措施项目清单和其他项目清单。

措施项目清单主要是根据项目实施过程中采取的技术措施进行编写，主要包括总价措施项目清单和单价措施项目清单，单价措施项目可列于分部分项工程量清单中，也可单独编制。措施项目清单编制应参照《通用安装工程工程量计算规范》(GB50856—2013)附录N，包括专业措施项目、安全文明施工及其他措施项目。

其他项目清单则是指临时增加的或暂估的工程量。

分部分项工程量清单是最主要的工程量清单，清单主要包括项目编码、项目名称、项目特征，在编写时还应考虑各项目的工作内容。编写时应按现行国家住建部颁发的《通用安装工程工程量计算规范》(GB50856—2013)附录E建筑智能化工程。分部分项工程量清单项目内容多而且复杂，是工程量清单编写的主要难点，本节主要讲述分部分项工程量清单的编写方法。

6.3.2 分部分项工程量清单编制

建筑智能化工程量清单的编制,应按《通用安装工程工程量计算规范》(GB50856—2013)附录 E 执行。附录 E 建筑智能化工程包括计算机应用、网络系统工程、综合布线系统工程、建筑设备自动化系统工程、建筑信息综合管理系统工程、有线电视、卫星接收系统工程等,共 8 节 96 项,详细规定了项目划分、特征描述、计量单位和工程量计算规则等内容。

1)综合布线工程量清单

综合布线工程包括机柜机架、抗震底座、电视电话插座、光缆等。综合布线工程量清单项目设置、项目特征描述的内容、计量单位及工程量计算规则,按表 6.4 的规定执行。

表 6.4　综合布线系统工程

项目编码	项目名称	项目特征	计量单位	工程量计算规则	工作内容
030502001	机柜、机架	1. 名称 2. 材质 3. 规格 4. 安装方式	台	按设计图示数量计算	1. 本体安装 2. 相关固定件的连接
030502002	抗震底座				
030502003	分线接线(盒)		个		1. 本体安装 2. 底盒安装
030502004	电视、电话插座	1. 名称 2. 安装方式 3. 底盒材质、规格			
030502005	双绞线缆	1. 名称 2. 规格 3. 线缆对数 4. 敷设方式	m	按设计图示尺寸长度计算	1. 敷设 2. 标记 3. 卡接
030502006	大对数电缆				
030502007	光缆				
030502008	光纤束、光缆外护套	名称 规格 安装方式			气流吹放 标记
030502009	跳线	1. 名称 2. 类别 3. 规格	条	按设计图示数量计算	插接跳线 整理跳线
030502010	配线架	1. 名称 2. 规格 3. 容量			安装、打接
030502011	跳线架				
030502012	信息插座	1. 名称 2. 类别 3. 规格 4. 安装方式 5. 底盒材质、规格	个(块)		1. 端接模块 2. 安装面板
030502013	光纤盒	1. 名称 2. 类别 3. 规格 4. 安装方式			
030502014	光纤连接	1. 方法 2. 模式	芯(端口)		1. 接续 2. 测试
030502015	光缆终端盒	光缆芯数	个		
030502016	布放尾纤	1. 名称 2. 规格 3. 安装方式	根		本体安装
030502017	线缆管理器		个		
030502018	跳块				安装、卡接
030502019	双绞线缆测试	1. 测试类别 2. 测试内容	链路(点、芯)		测试
030502020	光纤测试				

在工程量计算时,应注意:

(1) 分线接线箱(盒)安装

接线箱(盒)清单编写中,项目特征材质有冷轧钢板、不锈钢、铝合金、塑料;分室内、室外,防水、防尘;结构有一般式、机架式;容量为线芯进出口数量,一般为 8～24 口;安装方式有嵌入式、壁挂式。

(2) 线缆布放工程量

双绞线类别按结构分屏蔽与非屏蔽型两种,又可分为 4 类:无屏蔽双绞线、铝箔屏蔽双绞线、铝箔加铜编织网屏蔽双绞线,以及每对线芯和电缆包铝箔加铜编织网屏蔽双绞线。按线缆级别分为三类、五类、超五类、六类、超六类,以及七类,类别越高传输带宽越高。按线芯有 8 芯 4 对到 200 芯 100 对双绞线;从阻燃和环保角度,可分为阻燃、不易燃、低烟、无卤素、燃烧释放 CO 或不释放 CO 等双绞线。

【例 6.2】 某建筑智能化工程中敷设双绞线缆,超五类线缆(UTP),规格为 8 芯 4 对,管内敷设,安装长度为 21 350 m。请编制该分部分项工程量清单。

【解】 由题意知,该分部分项工程量清单编制列表见表 6.5。

表 6.5 双绞线分部分项工程量清单

序号	项目编码	项目名称	项目特征	计量单位	工程量
1	030502005001	双绞线缆	1. 名称:超五类线缆(UTP) 2. 线缆对数:4 对 3. 敷设方式:管内敷设	m	21 350

(3) 光缆布放安装

光缆种类按布放(敷设)方式分自承重架空、管道布放、铠装地埋和海底布放光缆;按结构分束管式、层绞式、紧抱式、带状式、骨架式和可分支光缆;按用途分长途通讯、短途通讯、混合用、局部用、用户用光缆;按使用地点分室内、室外光缆。

(4) 光纤束吹放布放

光纤类型按传输模式分单模、多模光纤;按折射率分阶跃型、渐变型光纤;按材质分石英玻璃、全塑料光纤等。

(5) 光纤连接

光缆连接也称接续,就是光缆缆芯的直接连接或分支,方法有以下 3 种:固定性连接,又称热熔法,用于永久或半永久线路的连接;活动性连接,是利用各种光纤连接器件(插头、插座、活接头),将站点与站点或站点与光缆连接起来;应急连接,又称冷熔法,线路短时间连通应急,用专业机械切割光纤端面,用紫外固化剂将两根光纤连接,做好护套。

光纤连接盘又称接续盒、熔接盘,是标准的光纤交接硬件,用于光纤交连和互连,以及盘绕和保护柔软光纤。它是模块组合式的封闭盒,每盘可连接 12 芯～48 芯光纤。

跳线架常用规格有 100 对、200 对、400 对。

线缆管理器分水平与垂直型。水平型分有盖和无盖,单面和双面式;垂直型分为柜内式与柜外式。

2) 建筑设备自动化系统

建筑设备自动化系统工程量清单项目设置、项目特征描述的内容、计量单位及工程量计算规则,按表 6.6 的规定执行。

表6.6 建筑设备自动化系统工程

项目编码	项目名称	项目特征	计量单位	工程量计算规则	工作内容
030503001	中央管理系统	1. 名称 2. 类别 3. 功能 4. 控制点数量	系统(套)		1. 本体组装、连接 2. 系统软件安装 3. 单体调整 4. 系统联调 5. 接地
030503002	通信网络控制设备	1. 名称 2. 类别 3. 规格			1. 本体安装 2. 软件安装 3. 单体调试 4. 联调联试 5. 接地
030503003	控制器	1. 名称 2. 类别 3. 功能 4. 控制点数量			
030503004	控制箱	1. 名称 2. 类别 3. 功能 4. 控制器、控制模块规格、体积 5. 控制器、控制模块数量	台(套)	按设计图示数量计算	1. 本体安装、标识 2. 控制器、控制模块组装 3. 单体调试 4. 联调联试 5. 接地
030503005	第三方通信设备接口	1. 名称 2. 类别 3. 接口点数			1. 本体安装、连接 2. 接口软件安装调试 3. 单体调试 4. 联调联试
030503006	传感器	1. 名称 2. 类别 3. 功能 4. 规格	支(台)		1. 本体安装和连接 2. 通电检查 3. 单体调整测试 4. 系统联调
030503007	电动调节执行机构		个		1. 本体安装和连线 2. 单体测试
030503008	电动、电磁阀门				
030503009	建筑设备自控化系统调试	1. 名称 2. 类别 3. 功能 4. 控制点数量	台(户)		整体调试
030503010	建筑设备自控化系统试运行	名称	系统		试运行

中央管理系统所控制的控制点数,为传感器、变送器、执行器控制的点数,如1 000点、2 000点等。

控制器有3种软件:基础软件,一般由厂家刻写,固定不变;自检软件,管理人员按运行故障情况可以修改;应用软件,根据控制需要,管理人员可作一定程度修改。它下连传感器、变送器,向第三层的执行器输出命令,对物理量(温度、湿度、压差、风量等)进行测量、调节和控制;对第一层中央工作站和其他现场控制机进行信息交换,实现整个系统的自动化监测与管理。控制器通常分两大类:一类是模块化控制器,插入编程模块及PLC逻辑运算功能模块,可满足不同控制和不同条件下的要求,起到微处理、存储器、通道(I/O)的功能;另一类是专用控制器,执行特定的控制功能。

3) 安全防范工程量清单

安全防范工程量清单项目设置、项目特征描述的内容、计量单位及工程量计算规则,按表6.7的规定执行。

表 6.7 安全防范系统工程

项目编码	项目名称	项目特征	计量单位	工程量计算规则	工作内容
030507001	入侵探测设备	1. 名称 2. 类别 3. 探测范围 4. 安装方式	套	按设计图示数量计算	1. 本体安装 2. 单体调试
030507002	入侵报警控制器	1. 名称 2. 类别 3. 路数 4. 安装方式			
030507003	入侵报警中心显示设备	1. 名称 2. 类别 3. 安装方式			
030507004	入侵报警信号传输设备	1. 名称 2. 类别 3. 功率 4. 安装方式			
030507005	出入口目标识别设备	1. 名称 2. 规格	台		
030507006	出入口控制设备				
030507007	出入口执行机构设备	1. 名称 2. 类别 3. 规格			
030507008	监控摄像设备	1. 名称 2. 类别 3. 安装方式			
030507009	视频控制设备	1. 名称 2. 类别	台(套)		
030507010	音频、视频及脉冲分配器	1. 名称 2. 类别 3. 路数 4. 安装方式			
030507011	视频补偿器	1. 名称 2. 通道量			
030507012	视频传输设备	1. 名称 2. 类别 3. 规格			
030507013	录像设备	1. 名称 2. 类别 3. 规格 4. 存储容量、格式			
030507014	显示设备	1. 名称 2. 类别 3. 规格	1. 台 2. m²	1. 以台计量,按设计图示数量计算 2. 以平方米计量,按设计图示面积计算	
030507015	安全检查设备	1. 名称 2. 规格 3. 类别 4. 程式 5. 通道数	台(套)		
030507016	停车场管理设备	1. 名称 2. 类别 3. 规格			
030507017	安全防范分系统调试	1. 名称 2. 类别 3. 通道数	系统	按设计内容	各分系统调试
030507018	安全防范全系统调试	系统内容			1. 各分系统的联动、参数设置 2. 全系统联调
030507019	安全防范系统工程试运行	1. 名称 2. 类别			系统试运行

在工程量计算时,应注意:

(1)入侵探测设备是前端装置,是一种探测入侵者行为的设备。按使用场所分两大类:即入侵保护区域(周界)探测装置和入侵室内探测装置。入侵探测设备种类很多,立项时请注意描述清楚,如微波、超声波、驻波、红外线、激光、玻璃破碎、振动、泄漏电缆、无线报警等探测器;还有各种开关,如门磁、压力、卷帘门(闸)、紧急脚踏、紧急手动开关等,均成套供应。

(2)入侵报警控制器控制、管理本系统的工作状态,收集、判断并发出声光报警信号,还可驱动外围设备,如摄像机、录像机、打印机或照明设备等;还具备自检、故障报警和编程功能。安装方式有壁挂、嵌入、台式。

(3)报警信号传输设备,是发送前端数据信号和接收终端信号的设备或器件,其发送和接收设备是相对应的。传输设备分有线和无线传输设备。有线报警传输设备,包括专用线、电源线、电话线的发送器与接收机,以及网络接口;无线报警传输设备,也分发送与接收机。

(4)出入口执行机构设备,一般有电控锁、电磁吸力锁、自动闭门(锁)器、杠杆、栏杆、门、挡板等,安装完后做功能检测与调试。

(5)显示设备安装显示器作为监视用,称为监视器,是计算机的输入与输出设备监控系统常用阴极射线管显示器和液晶显示器,种类多种,分黑白、彩色屏幕,有纯平、普屏、球面屏、大屏、拼接屏台式、挂式、机架式等。

4)有线电视卫星接收系统工程

有线电视、卫星接收系统工程量清单项目设置、项目特征描述的内容、计量单位及工程量计算规则,按表6.8的规定执行。

表6.8 有线电视、卫星接收系统工程

项目编码	项目名称	项目特征	计量单位	工程量计算规则	工作内容
030505001	共用天线	1. 名称 2. 规格 3. 电视设备箱型号规格 4. 天线杆、基础种类	副		1. 电视设备箱安装 2. 天线杆基础安装 3. 天线杆安装 4. 天线安装
030505002	卫星电视天线、馈线系统	1. 名称 2. 规格 3. 地点 4. 楼高 5. 长度			安装、调测
030505003	前端机柜	1. 名称 2. 规格	个		1. 本体安装 2. 连接电源 3. 接地
030505004	电视墙	1. 名称 2. 监视器数量	套		1. 机架、监视器安装 2. 信号分配系统安装 3. 连接电源 4. 接地
030505005	射频同轴电缆	1. 名称 2. 规格 3. 敷设方式	m		线缆敷设
030505006	同轴电缆接头	1. 规格 2. 方式	个	按设计图示数量计算	电缆接头
030505007	前端射频设备	1. 名称 2. 类别 3. 频道数量	套		1. 本体安装 2. 单体调试

续表

项目编码	项目名称	项目特征	计量单位	工程量计算规则	工作内容
030505008	卫星地面站接收设备	1. 名称 2. 类别	台	按设计图示数量计算	1. 本体安装 2. 单体调试 3. 全站系统调试
030505009	光端设备安装、调试	1. 名称 2. 类别 3. 类别 4. 容量			1. 本体安装 2. 单体调试
030505010	有线电视系统管理设备	1. 名称 2. 类别			
030505011	播控设备安装、调试	1. 名称 2. 功能 3. 规格			1. 本体安装 2. 系统调试
030505012	干线设备	1. 名称 2. 功能 3. 安装位置	个		
030505013	分配网络	1. 名称 2. 功能 3. 规格 4. 安装方式			1. 本体安装 2. 电缆接头制作、布线 3. 单体调试
030505014	终端调试	1. 名称 2. 功能			调试

在工程量计算时,应注意:

(1)共用天线种类常用八木天线(引向天线)、双环天线、菱形和 X 形天线等。

(2)卫星天线架设安装。卫星天线俗称锅或锅盖,类型很多,结构形式有抛物面型、球面型、平板型;按材质有玻璃纤维型、玻璃纤维钢丝组合型、模具冲压铁盘型;按调整方式有极轴链条型、单推杆极轴型、仰角方位式驱动型等。

【例 6.3】 某工程中欲在地面安装直径 2 m 的卫星电视接收天线,请编制该分部分项工程量清单。

【解】 由题意知,该分部分项工程量清单编制列表见表 6.9。

表 6.9 卫星电视天线安装工程量清单

序号	项目编码	项目名称	项目特征	计量单位	工程量
1	030505002001	卫星电视天线	1. 名称:卫星接收天线 2. 规格:直径 2 m 3. 地点:地面	副	1

(3)前端机柜(箱)结构类型有落地、壁挂,明装、暗装。

6.3.3 工程量清单编制

【例 6.4】 请根据【例 6.1】某小区计算机网络系统工程量计算表,编制该系统招标工程量清单。

【解】 (1)分部分项工程量清单编制

查《通用安装工程工程量计算规范》(GB50856—2013)中附录 E 建筑智能化工程,根据该部分规定的项目编码、项目名称、计量单位和工程量计算规则编制工程量清单。项目名称应以附录中的项目名称为准,项目特征应以附录中所列特征依次描述。项目编码编制时,1～9位应按附录E的规定设置;10～12位应根据清单项目名称及内容由编制人自001起顺序编制。

编制步骤为:① 确定分部分项工程的项目名称;② 确定清单分项编码;③ 项目特征的描述;④ 填入项目的工程量。分部分项工程量清单编制见表6.10。

表6.10 分部分项工程量清单

序号	项目编码	项目名称	项目特征	计量单位	工程量
		分部分项工程项目			
1	030501012001	交换机	1. 名称:以太网交换机 2. 层数:24口千兆	台	1
2	030501013001	网络服务器	1. 名称:网络服务器 2. 类别:企业级	台	2
3	030501013002	网络服务器	1. 名称:网络服务器 2. 类别:工作组级	台	1
4	030501009001	路由器	1. 名称:路由器 2. 类别:桌面型 3. 规格:8口 4. 功能:8口桌面型	台	1
5	030501011001	防火墙	1. 名称:防火墙 2. 功能:动态检测	台	1
6	030501008001	智能集线器	1. 名称:智能集代器 2. 类别:机架型	台	40
7	030501002001	输出设备	1. 名称:打印机 2. 类别:彩色激光 3. 规格:A4	台	1
8	030501010001	收发器	1. 名称:光纤收发器 2. 类别:AUV－ST	台	20
9	030501005001	插箱、机柜	1. 名称:标准机柜 2. 规格:BA123	台	20
10	030501017001	软件	1. 名称:系统软件 2. 容量:1.5 GB	套	1
11	030501017002	软件	1. 名称:应用软件 2. 容量:1.2 GB	套	1
12	030502005001	双绞线缆	1. 名称:超五类线缆 2. 线缆对数:4对 3. 敷设方式:管内敷设	m	21 350
13	030502005002	双绞线缆	1. 名称:超五类线缆 2. 线缆对数:4对 3. 敷设方式:线槽敷设	m	21 350
14	030502007001	光缆	1. 名称:四芯多缆光缆 2. 线缆对数:4芯 3. 敷设方式:室外管道内敷设	m	1 500
15	030502001001	机柜、机架	1. 名称:机架 2. 安装方式:壁挂式安装	台	10
16	030502010001	配线架	1. 名称:配线架 2. 规格:24口	条	40

序号	项目编码	项目名称	项目特征	计量单位	工程量
17	030502017001	线管理器	1. 名称:线管理器 2. 安装部位:机柜中安装	个	40
18	030502013001	连接盒	1. 名称:连接盒 2. 类别:光纤连接盒	块	11
19	030502012001	信息插座	1. 名称:信息插座 2. 类别:8 位模块式 3. 规格:双口 4. 安装方式:壁装 5. 底盒材质、规格	个	950
20	030502014001	光纤连接	1. 方法:熔接法 2. 模式:多模	芯	80
21	030502019001	双绞线缆测试	1. 测试类别:超五类 2. 测试内容:电缆线路系统调试	点	1 900
22	030502020001	光纤测试	1. 测试类别:光纤 2. 测试内容:光纤线路系统测试	芯	40

（2）措施项目清单编制

措施项目清单包括单价措施项目清单和总价措施项目清单。

单价措施项目主要参阅施工技术方案及题意要求,故列单价措施项目清单如表 6.11。

表 6.11　单价措施项目清单

序号	项目编码	项目名称	项目特征	计量单位	工程量
1	031301017001	脚手架搭拆		项	1.00

总价措施项目清单的编制,根据该工程施工组织设计及建设方要求,应发生安全文明施工措施费,其包括基本费和增加费两部分。另外,还考虑施工单位在生产过程中需搭建临时宿舍、仓库、办公室、加工场地等临时设施,应增加临时设施费。总价措施项目清单见表 6.12。

表 6.12　总价措施项目清单

序号	项目编码	项目名称	备注
1	031302001001	安全文明施工	
1.1	1. 1	基本费	
1.2	1. 2	增加费	
2	031302002001	夜间施工	
4	031302005001	冬雨季施工	
5	031302006001	已完工程及设备保护	
6	031302008001	临时设施	
7	031302009001	赶工措施	
8	031302010001	工程按质论价	

（3）其他项目清单编制

其他项目清单内容主要包括暂列金额、暂估价、计日工及总承包服务费等。根据题意建设单位未有预留费用。其他项目清单编制见表 6.13。

表 6.13 其他项目清单

序号	项目名称	金额(元)	结算金额(元)	备注
1	暂列金额			
2	暂估价			
2.1	材料(工程设备)暂估价			
2.2	专业工程暂估价			
3	计日工			
4	总承包服务费			
合计			—	

6.4 建筑智能化工程计价

6.4.1 计价套用定额及有关费用规定

1) 建筑智能化工程套用定额

建筑智能化工程的工程量清单计价是依据《江苏省安装工程计价定额〈第五册 建筑智能化工程〉》(2014 年版)来进行计价的,该册定额共设置 9 章 845 条定额子目,包括计算机网络系统设备安装、综合布线系统、建筑设备监控系统、有线电视系统、扩声背景音乐系统、电源与电子设备防雷接地装置、停车场管理系统、楼宇安全防范系统、住宅小区智能化系统等项目的制作安装。

2) 一般费用规定

(1) 脚手架使用费

脚手架使用费,按人工费的 4% 计算,其中人工工资占 25%,材料占 75%。脚手架搭拆属于单价措施项目。

【例 6.5】 某多层建筑智能化系统工程需进行搭脚手架施工,经计算分部分项工程费中人工费累计为 75 534.00 元。请计算该单价措施项目的综合单价。

【解】 根据题意,单价措施项目脚手架搭拆费是按建筑智能化工程分部分项工程费中人工费的 4% 计算,其中人工工资占 25%,材料费占 75%,机械费则为零。

$$则综合单价中人工费 = 75\ 534.00 \times 4\% \times 25\% = 755.34\ 元$$

$$材料费 = 75\ 534.00 \times 4\% \times 75\% = 2\ 266.02\ 元$$

$$机械费 = 0$$

管理费和利润是以人工费为计算基价,乘以相关费率取得。由于本工程为多层建筑,按三类工程计算,查表 3.13 安装工程企业管理费和利润取费标准表,得管理费费率为 40%,利润费费率取 14%。

$$则综合单价中管理费 = 755.34 \times 40\% = 302.14\ 元$$

$$利润 = 755.34 \times 14\% = 105.75\ 元$$

综合单价＝755.34＋2266.02＋302.14＋105.75＝3 429.25 元

计算结果如表 6.14。

表 6.14　单价措施项目费计算表

定额编号	工程内容	单位	数量	其中：(元)					小计
				人工费	材料费	机械费	管理费	利润	
031301017001	脚手架搭拆	项	1.00	755.34	2 266.02		302.14	105.75	3 429.25
5-9300	第5册脚手架搭拆费增加人工费4%其中人工工资25%材料费75%	项	1.00	755.34	2 266.02		302.14	105.75	3 429.25

（2）高层建筑增加费

高层建筑增加费指高度在 6 层或 20 m 以上的工业与民用建筑由于施工难度增加需增加的费用。该项费用属单价措施项目费，费用计算基础为工程人工费，并拆分为人工费和机械费。费率及拆分比例按表 6.15。

表 6.15　高层建筑增加费表

层数	9 层以下(30 m)	12 层以下(40 m)	15 层以下(50 m)	18 层以下(70 m)	21 层以下(70 m)	24 层以下(80 m)
按人工费的%	1	2	4	6	8	10
层数	27 层以(90 m)	30 层以下(100 m)	33 层以下(110 m)	36 层以下(120 m)	39 层以下(130 m)	42 层以下(140 m)
按人工费的%	13	16	19	22	25	28
层数	45 层以下(150 m)	48 层以下(160 m)	51 层以下(170 m)	54 层以下(180 m)	57 层以下(190 m)	60 层以下(200 m)
按人工费的%	31	34	37	40	43	46

这里高层建筑指层数在 6 层以上或高度在 20 m 以上的工业与民用建筑，高度以室外设计正负零至檐口（不包括屋顶水箱间、电梯间、屋顶平台出入口等）高度计算，层数不包括地下室、半地下室层数。计算基数包括 6 层或 20 m 以下的全部人工费，并且包括各章、节中所规定的应按系数调整的子目中人工调整部分的费用。

（3）超高增加费

超高增加费指施工中操作物高度距离楼地面 5 m 以上的工程内容，由于施工难度增加而需增加的费用。超高费属于单价措施项目费，按其超高超过部分工程的人工费乘以超高系数。超高增加费系数见表 6.16。

表 6.16　超高增加费表

操作高度	10 m 以下	20 m 以下	20 m 以上
超高系数	1.25	1.40	1.60

（4）安装与生产同时进行费

安装与生产同时进行增加的费用，按单位工程全部人工费的 10% 计取，其中人工费 100%。发生时费用列入单价措施费项目。

（5）有害环境增加费

在有害身体健康的环境中施工增加的费用，按单位工程全部人工费的10％计取，其中人工费100％。发生时费用列入单价措施费项目。

3）其他定额的借用

（1）电源线、控制电缆敷设、电缆托架铁件制作、电线槽安装、桥架安装、电线管敷设、接线箱及盒、电缆沟工程、电缆保护管敷设，执行《江苏省安装工程计价定额》（2014年版）中的《第四册 电气设备安装工程》相关定额。

（2）通信工程中的立杆工程、天线基础、土石方工程、建筑物防雷及接地系统工程执行《江苏省安装工程计价定额》（2014年版）中的《第四册 电气设备安装工程》和其他相关定额。

6.4.2　建筑智能化工程综合单价计算

1）计算机网络系统设备安装工程

计算机网络包括计算机（微机及附属设备）和网络系统设备，适用于楼宇、小区智能化系统中计算机网络系统设备的安装、调试工程。

（1）本章有关缆线敷设定额执行第二章综合布线有关定额。电源、防雷接地定额执行第六章电源电子防雷接地工程有关定额。本定额不包括支架、基座制作和机柜的安装，发生时，执行《江苏省安装工程计价定额》（2014年版）中的《第四册 电气设备安装工程》相关定额。

（2）试运行超过1个月，每增加1天时，则综合工日、仪器仪表台班的用量分别按增加3％计列。

2）综合布线系统工程

综合布线系统工程内容包括双绞线、光缆、电话线和广播线的敷设、布放和测试工程。本章不包括钢管、PVC管、桥架、线槽敷设工程、管道工程、杆路工程、设备基础工程和埋式光缆的填挖土工程，若发生时执行《江苏省安装工程计价定额》（2014年版）中的《第四册 电气设备安装工程》定额和有关土建工程定额。

（1）双绞线布放定额是按六类以下（含六类）系统编制的，六类以上的布线系统工程所用定额子目的综合工日的用量按增加20％计列。

（2）在已建天棚内敷设线缆时，所用定额子目的综合工日的用量按增加80％计列。

3）建筑设备监控系统安装工程

建筑设备监控系统安装工程指楼宇建筑设备监控系统安装调试工程，其中包括多表远传系统、楼宇自控系统。本章定额不包括设备的支架、支座制作，发生时，执行《江苏省安装工程计价定额》（2014年版）中的《第四册 电气设备安装工程》相关定额。

（1）有关线缆布放按第二章综合布线工程执行。

（2）全系统调试费，按人工费的30％计取。

4) 扩声、背景音乐系统设备安装工程

扩声音乐系统设备工程包括扩声和背景音乐系统设备安装调试工程。

（1）调音台种类表示程式为"1＋2/3/4"："1"为调音台输入路数；"2"为立体声输入路数；"3"为编组输出路数；"4"为主输出路数。

（2）有关布线定额按第二章综合布线系统工程的定额执行。

（3）本章设备按成套购置考虑。

（4）扩声全系统联调费，按人工费的30％计取。

（5）背景音乐全系统联调费，按人工费的30％计取。

5) 电源与电子设备防雷接地装置安装工程

电源电子设备防雷接地装置定额适用于弱电系统设备自主配置的电源，包括开关电源。

（1）有关建筑电力电源、蓄电池、不间断电源布放电源线缆，按《江苏省安装工程计价定额》（2014 年版）中的《第四册 电气设备安装工程》相关定额计列。

（2）电子设备、防雷接地系统

防雷、接地定额适用于电子设备防雷、接地安装工程。建筑防雷、接地定额执行《江苏省安装工程计价定额》（2014 年版）中的《第四册 电气设备安装工程》有关定额。本章防雷、接地装置按成套供应考虑。

6) 停车场管理系统设备安装工程

停车场管理系统设备按成套购置考虑，在安装时如需配套材料，由设计按实计列。

（1）有关摄像系统设备安装、调试，按本册第八章楼宇安全防范系统工程定额执行。

（2）有关电缆布放按本册第二章综合布线系统工程定额执行。

（3）本部分全系统联调包括：车辆检测识别设备系统、出/入口设备系统、显示和信号设备系统、监控管理中心设备系统。

（4）全系统联调费按人工费的30％计取。

7) 楼宇安全防范系统设备安装工程

楼宇安全防范系统定额适用于新建楼宇安全防范系统设备安装工程。楼宇安全防范系统工程包括：入侵报警、出入口控制、电视监控设备安装系统工程。

安全防范全系统联调费按人工费的35％计取。

6.4.3　工程量清单计价实例

【例 6.6】　依据【例 6.4】某小区计算机网络系统工程安装工程量清单，请计算并编制该项目的工程造价。

【解】　（1）各分部分项项目综合单价计算

根据例 6.4 工程量清单，依据《江苏省安装工程计价定额》（2014 版），并经营改增调整后方法，计算各分部分项工程综合单价。分部分项项目综合单价计算见表 6.17～表 6.19。

表 6.17 分部分项项目综合单价计算表 1

单位工程
项目编码:030501012001
项目名称:交换机

计量单位:台
工程数量:1
综合单价:4 986.44

序号	定额编号	工程内容	单位	数量	其中:(元)					小计
					人工费	材料费	机械费	管理费	利润	
1	5-43	安装、调试企业级交换机(24 口千兆)	台	1	110.88	1.98	1 040.49	44.35	15.52	1213.22
2		24 口千兆以太网交换机(主材)	台	1		3 773.22				3 773.22
		合计			110.88	3 775.2	1 040.49	44.35	15.52	4 986.44

表 6.18 分部分项项目综合单价计算表 2

单位工程
项目编码:030501013001
项目名称:网络服务器(企业级)

计量单位:台
工程数量:2
综合单价:16 494.34

序号	定额编号	工程内容	单位	数量	其中:(元)					小计
					人工费	材料费	机械费	管理费	利润	
1	5-29	网络终端企业级服务器安装、调试	台	2	468.16	20.92	2.92	187.26	65.54	744.8
2		单机支持 50 个用户网络服务器(主材)	台	2		32 243.88				32 243.88
		合计			468.16	32 264.8	2.92	187.26	65.54	32 988.68

表 6.19 分部分项项目综合单价计算表 3

单位工程
项目编码:030501013002
项目名称:网络服务器(工作组级)

计量单位:台
工程数量:1
综合单价:6 754.6

序号	定额编号	工程内容	单位	数量	其中:(元)					小计
					人工费	材料费	机械费	管理费	利润	
1	5-27	网络终端工作组级服务器安装、调试	台	1	146.3	10.46	1.46	58.52	20.48	237.22
2		单机支持 8 个用户网络服务器(主材)	台	1		6 517.38				6517.38
		合计			146.3	6 527.84	1.46	58.52	20.48	6 754.6

由于本书篇幅有限,其余综合单价计算略。

(2)分部分项工程费

分部分项工程费把各分部分项综合单价与相应工程量相乘,合计得出分部分项工程费用。

$$分部分项工程费 = \sum 分部分项综合单价 \times 工程量$$

分部分项工程费,见表 6.20。

表 6.20　分部分项工程费计算表

序号	项目编号	项目名称	计量单位	工程数量	金额（元） 单价	金额（元） 合价
1	030501012001	交换机	台	1.00	4 986.44	4 986.44
2	030501013001	网络服务器（企业级）	台	2.00	16 494.31	32 988.62
3	030501013002	网络服务器（工作组级）	台	1.00	6 754.60	6 754.60
4	030501009001	路由器	台	1.00	2 910.79	2 910.79
5	030501011001	防火墙	台	1.00	8 590.78	8 590.78
6	030501008001	集线器	台	40.00	3 860.18	15 4407.20
7	030501002001	输出设备　打印机	台	1.00	1 567.69	1 567.69
8	030501010001	收发器	台	20.00	1 586.76	31 735.20
9	030501005001	插箱、机柜	台	20.00	919.54	18 390.80
10	030501017001	软件（系统软件）	套	1.00	60 330.86	60 330.86
11	030501017002	软件（应用软件）	套	1.00	24 054.53	24 054.53
12	030502005001	双绞线缆（管内敷设）	m	21 350.00	9.14	195 139.00
13	030502005002	双绞线缆（线槽敷设）	m	21 350.00	9.27	197 914.50
14	030502007001	光缆	m	1 500.00	5.50	8 250.00
15	030502001001	机柜、机架	台	10.00	386.53	3 865.30
16	030502010001	配线架	个	40.00	229.85	9 194.00
17	030502017001	线管理器	个	40.00	110.18	4 407.20
18	030502013001	连接盒	块	11.00	90.51	995.61
19	030502012001	信息插座	个	950.00	11.61	11 029.50
20	030502014001	光纤连接	芯	80.00	91.87	7 349.60
21	030502019001	双绞线缆测试	点	1 900.00	15.71	29 849.00
22	030502020001	光纤测试	芯	40.00	44.13	1 765.20
		合计				816 476.42

（3）措施项目费

措施项目费包括单价措施项目费和总价措施项目费。

单价措施项目是根据定额措施项目综合单价与工程量的乘积得到。本例题中单价措施项目费是脚手架搭拆费。脚手架搭拆费是按分部分项工程费中相关人工费的 4% 计算，其中人工工资占 25%，材料费占 75%。计算结果见表 6.21。

表 6.21　单价措施项目费计算表

定额编号	工程内容	单位	数量	其中：（元） 人工费	材料费	机械费	管理费	利润	小计
031301017001	脚手架搭拆	项	1.00	755.34	2 266.02		302.14	105.75	3 429.25
5-9300	第 5 册脚手架搭拆费增加人工费 4% 其中人工工资 25% 材料费 75%	项	1.00	755.34	2 266.02		302.14	105.75	3 429.25

总价措施项目费是根据分部分项工程费及其他费用,用系数法计算,即:

$$措施项目费 = \sum (分部分项工程费 + 单价措施项目费 - 除税工程设备费) \times 费率$$

总价措施项目费率由当地建设主管部门定额及有关文件确定。江苏省住建厅规定,安全文明施工费按基本费费率1.5%、增加费费率0.3%计算。总价措施项目费见表6.22。

表6.22 总价措施项目费计算表

序号	项目编码	项目名称	计算基础	费率(%)	金额(元)	调整费率(%)	调整后金额(元)	备注
1	031302001001	安全文明施工					9 310.52	
1.1	1.1	基本费	517 251.25			1.50	7 758.77	
1.2	1.2	增加费	517 251.25			0.30	1 551.75	
合计							9 310.52	

(4)其他费用计算

其他清单项目一般为建设单位暂时预留费用,工程结束时按实际发生计算,此处如实填写进其他清单费。其他项目清单计价,见表6.23。

表6.23 其他项目费计算

序号	项目名称	金额(元)	结算金额(元)	备注
1	暂列金额			
2	暂估价			
2.1	材料(工程设备)暂估价			
2.2	专业工程暂估价			
3	计日工			
4	总承包服务费			
合计			0.00	

(5)规费和税金

规费是政府要求缴纳的费用,江苏省建设部门主要要求缴纳社会保险费、住房公积金和工程排污费,费率分别为2.4%,0.42%,0.1%。即:

$$规费 = \sum (分部分项工程费 + 措施项目费 + 其他项目费 - 除税工程设备费) \times 费率$$

$$税金 = \left(分部分项工程费 + 措施项目费 + 其他项目费 + 规费 - \frac{甲供材料费 + 甲供设备费}{1.01}\right) \times 11\%$$

规费和税金计算结果见表6.24。

表 6.24　规费和税金计算表

序号	项目名称	计算基础	计算基数(元)	计算费率(%)	金额(元)
1	规费				15 375.60
1.1	社会保险费	分部分项工程费＋措施项目费＋其他项目费－除税工程设备费	526 561.77	2.4	12 637.48
1.2	住房公积金		526 561.77	0.42	2 211.56
1.3	工程排污费		526 561.77	0.1	526.56
2	税　金	分部分项工程费＋措施项目费＋其他项目费＋规费－(甲供材料费＋甲供设备费)/1.01	8 445 591.79	11	92 905.10
		合计			108 280.70

（6）工程造价总费用

工程造价总费用即为所有费用累加之和，即工程总报价。单位工程费汇总表见表 6.25。

表 6.25　工程费用汇总表

序号	汇总内容	金额(元)	其中:暂估价(元)
1	分部分项工程	816 476.42	
2	措施项目	12 739.77	
3	其他项目	0.00	—
4	规费	15 375.60	—
5	税金	92 905.10	—
报价合计		937 496.89	

复习思考题

1. 请列举综合布线系统的工程量计算与传统布线工程量计算的不同点与相同点。

2. 智能建筑一般控制哪些建筑设备？用什么装置或元器件进行控制？怎样计算工程量？

3. "对讲""安防""CATV""扩声"以及 BAS 系统安装完后，是否需要调整或调试？若需要，需做哪些调整或调试？应怎样计算？

4. CATV 系统为什么要用同轴电缆？用光缆或一般铜线缆行吗？为什么？

5. 电话、广播、背景音乐、火灾事故广播等系统的配管、配线，怎样套用定额？

7　通风空调工程

7.1　通风空调工程

7.1.1　通风空调工程

通风空调工程实际上是通风工程和空气调节工程的统称,通风与空调同为对建筑物内部或者局部场所的温度、湿度、洁净度等空气环境进行调节处理的技术手段。通风工程在内容上一般指利用室内、外空气的交换来改变室内空气环境的过程,这个有组织的空气置换过程更多是为保证室内空气质量;而空气调节工程则是指利用对室内或即将进入室内空气的处理来改变并控制室内环境,更多是为保证室内的温、湿度环境。

在通风空调工程的分类中,按用途来分的通风系统有:人防通风系统、防排烟通风系统、洁净通风系统等;按空气处理设备来分空调系统有:集中式系统、半集中系统、全分散系统;按空气处理的介质分类空调系统有:全空气系统、全水系统、空气—水系统、冷剂系统等。

7.1.2　通风、空调工程的系统组成

1)通风系统

通风系统一般由通风管道、通风设备以及其他需要的装置组成。不论什么类型建筑物的通风,按通风动力的来源都可以分为自然通风和机械通风两种方法。

（1）自然通风系统

自然通风是利用自然界的风力、温差产生热压等自然动力来进行室内外空气交换,多是通过建筑的布局、朝向规划以及建筑本体通道、开窗、通风洞口的布置与设计,来形成通风动力完成换气。

（2）机械通风系统

机械通风是通过风机、风道等设置利用机械压力促使室内外空气流动与交换的通风方法。机械通风可以分为机械排风、机械送风。

机械排风系统一般由排出气体收集设施、净化设备、排风道、风机、排风出口及阀部件等组成,图7.1为某车间机械排风系统的示意图,通过排风口1吸入房间内的既有空气,汇集进入排风管道,通过净化处理设备2,排风机3运转,将气体再通过一段排风管送至适宜排放地点,通过出口风帽4排放入室外大气。

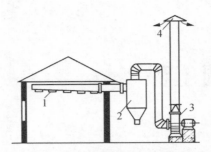

图 7.1 某车间机械排风系统的示意图

机械送风系统一般由进风口、空气处理设备、风机、风道、送风口及阀部件等组成,可以看出机械送风系统的组成和排风系统的组成模块类似,只是流向相反,因此相应的设备设施构造、原理也有所不同。图 7.2 为某车间机械进风系统的示意图,通过进风口 1 吸入室外空气,经过空气处理设备 3、4,送风机 8 加压,将气体通过送风管输送,再通过系统末端的送风口 14 送至房间各处,同样为保证系统的运行调节与启停,在系统中设有阀门 2、6、10、12 等控制部件。

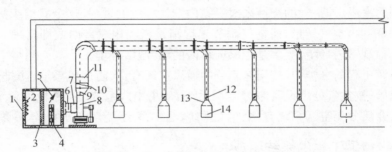

1. 进风口;2. 滤网;3、4. 空气处理设备;5. 调节风阀;6. 风机吸入口;
7、13. 连接管;8. 风机;9. 异径管;10、12. 阀门;11. 送风管;14. 送风口

图 7.2 某车间机械进风系统的示意图

2) 空调工程

(1) 空调系统

空调系统的组成,一般有空气处理设备、空气输送管道、空气分配装置以及系统的控制装置等。根据空气处理设备的设置分类可分为集中式系统、半集中系统、全分散系统等。

① 集中式空调系统

集中式空调系统是最基本的空调方式,是指所有空气处理设备集中在空调机房,空气集中处理后经风道输送到各使用空间区域,通过末端分配设备进入使用空间。普通的集中式空调系统是全空气系统,它的组成由集中空气处理设备、通风管道、风口、系统控制调节部件等组成。

图 7.3 是一个集中空调系统示意图:空气(回风、新风)在机房由接有冷热水源的空调机组处理,再经消声静压箱、送风管、送风口送入各房间,风管上设有风量调节阀;办公室房间还设有回风系统,空气经回风口、回风管返回空调机房;新风由室外风口进入空调机房。集中式空调系统一般都会有图中出现的送风系统、回风系统、新风系统,不过系统形式因空间特点而不同,比如在办公室房间有回风管道,而餐厅就没有回风管道,回风直接进入机房,新

风则直接进入机房与回风混合,没有单独的处理及输送系统。

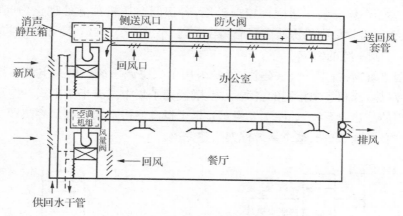

图 7.3 集中式空调系统示意图

② 半集中式空调系统

半集中式空调系统是集中式与分散的结合,指既有空气集中处理设备,还有分散的空气处理设备,它们对室内空气进行就地处理,或者对来自集中处理设备的空气进行二次处理。半集中式系统通常是新风由集中空调机组处理,室内风分散处理,它的组成在集中式的新风系统基础上,加上分散处理的空气处理设备、送风管道、风口等,比较典型的是新风加风机盘管系统和新风加诱导器系统,也有分散处理设备是吊顶辐射或冷剂机组的系统。

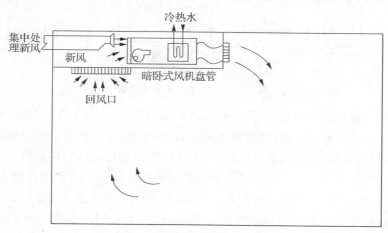

图 7.4 半集中式空调系统示意

从图 7.4 也可以看出,半集中式的空调是空气—水系统,房间新风来自集中处理机房,室内回风由风机盘管处理,承担负荷的是来自冷热源的水介质,也即集中处理的空气和水共同承担室内热湿负荷。新风加诱导空调系统、新风加吊顶辐射都属于此类,新风加冷剂机组的半集中式,室内处理机的冷热水介质换成了冷剂,可以称为空气—冷剂系统。

③ 全分散空调系统

全分散空调系统是指空气处理的冷热源、空气的处理设备全部分散于各个使用空间,独立运转不需要集中机房。最常见的家用分体空调就属此类,更早时期的窗式家用空调把室内机、室外机集于一体安装于房间外窗或外墙,各房间空调机独立处理该房间的温湿度环境,因布置灵活不需要集中机房而广泛应用在家庭、小型办公、旅馆、商业等公共场所。

（2）中央空调系统的组成

对于大型建筑物,特别是公共建筑,通常采用中央空调系统。中央空调系统,指建筑物有集中的制冷（热）源和集中控制的空调系统,既涵盖了集中式或半集中式的空调系统,也包括上面未介绍的冷热源系统,如图 7.5 所示。这个概念使得空调工程从冷热源头、到热湿处理、到解决室内环境的末端,整个系统框架搭建完整。

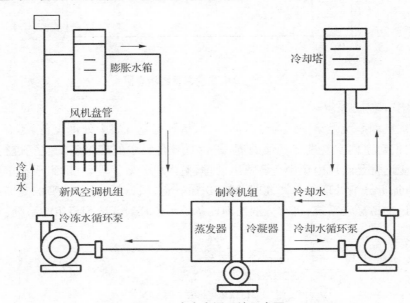

图 7.5　中央空调系统示意图

冷热源系统,通常的冷源核心是制冷机组,提供如图 7.4、图 7.5 中空调机组、风机盘管的冷热水循环,构成冷冻水系统,相应地为保证制冷机组运行,有配套的冷却设备及冷却水循环系统。热源可以来自锅炉、热水机组,也有既能制冷也可制热的热泵机组。

值得注意的是,图 7.5 的中央空调系统组成较完整地表达了空调工程的实施,根据各个分路系统采用设备不同、实现方式与原理不同,会有不同的系统组成方式。比如冷源采用风冷式制冷机组,那么其中的冷却水系统将不会出现,代之以制冷机组本身的冷凝器风冷设备;图示空调系统采用的是半集中式的空气—水系统,如采用冷剂系统或全空气系统,那么冷冻水循环将被简化缩短或者为冷剂循环系统所代替。

7.1.3　常用设备、管道及部件

1）常用设备

（1）通风风机

通风机作为通风系统的核心设备,根据其作用原理可分为离心式、轴流式和混流式等类型。图 7.6 左为离心风机,中间为轴流风机,右为斜流风机。

图 7.6 离心风机、轴流风机与斜流风机

离心式风机具有压力高,风量大的特点,用于通风空调系统的多是低压通风机,一般需要专门的基础安装;轴流式风机风压小,可以低压下输送大流量空气,多用于无需设置管道以及风道阻力小的通风系统中,可以灵活地安装于墙体、楼板下等位置;混流式风机(斜流风机),介于轴流风机和离心风机之间,外形更接近轴流风机。

通风机按照不同使用场所或者特殊场所的需要,可以以屋顶风机、防爆风机、高温风机等不同形式出现。

（2）空气净化设备

排风系统中常出现的是除尘设备,其名称大多可以表明工作机理,例如重力沉降室是重力除尘、惯性除尘器利用惯性除尘、袋式除尘器采用滤料过滤、旋风除尘器利用离心力除尘、电除尘器利用静电等。一般设备为成品,安装于专门支架、基础上。

进风系统的处理设备多是过滤器,分初效、中效、高中效、高效过滤器,图 7.7 为初、中、高效过滤器图片。初效通常采用金属网格、聚氨酯泡沫塑料以及各种人造纤维滤料制作,有板式、折叠式、袋式、箱式等,适用于空调和集中通风系统过滤;中效通常采用玻璃纤维、无纺布等滤料制作,常做成抽屉式或布袋式,主要用于中央空调通风系统中级过滤以及制药、电子、食品等工业净化中;高效过滤器通常采用超细玻璃纤维、超细石棉纤维等滤料制作,主要用于对空气洁净度要求较高的净化空调系统。过滤器的安装一般通过框架固定在空调器或过滤器箱内,高效过滤器的安装严密要求更高。

低效空气过滤器　　　　　中效袋式过滤器　　　　　高效空气过滤器

图 7.7 初、中、高效过滤器

特殊情况下,空气洁净场所还会出现净化工作台、风淋室等独立设备。净化工作台是送风回风自循环的独立净化设备,在操作台面局部空间制造无尘环境;风淋室是利用高速洁净气流吹掉人衣服尘埃的空间系统,分单人、双人、多人等形式。

（3）空气处理设备

空调系统中空气处理设备负责对空气进行热、湿、净化等处理。常用的热湿处理设备有喷水室、表面式换热器、电加热器、加湿器、过滤器、组合式空调器等。

喷水室,通过喷嘴向空气中喷淋不同温度的水,两者产生热、湿交换,使被处理的空气达到要求的温、湿度。喷水室分卧式和立式,目前主要用在工艺性空调中。

表面式换热器,冷热媒与被处理的空气通过换热器的外表面进行热湿交换,不直接接触。表面式换热器以热水或者蒸汽作热媒时称空气加热器,以冷水或者制冷剂做冷媒时称表冷器。依设计条件可垂直或水平安装。

其他的加热加湿设备:电加热器是通过电阻丝发热来加热空气的设备,分裸线式和管式;常用加湿器有干蒸汽加湿器和电加湿器两类。

将上述各种功能处理设备、风机、消声装置、能量回收装置分别做成分段箱体,按需选择组合成的空气处理设备称之为组合式空调器,一般落地式安装。如图7.8。

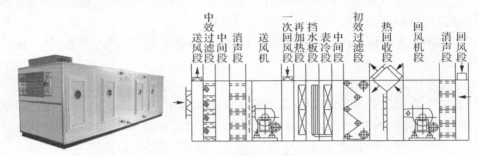

图7.8 组合式空调器及其组成示意图

将组合式空调器各功能段(或者连同冷热源部分),整合为一个箱体,实现空气处理功能,称之为空调机组(空调器),可以有落地式、墙上式、吊顶式等安装形式;整合到极致,成为仅处理单个房间的机组有风机盘管、诱导器、分体空调器、窗式空调器等各种形式,安装也根据机组设计形式不同,采取不同方式。如图7.9为各类型风机盘管。

卧式暗装风机盘管　　　　卧式明装风机盘管　　　　整体卧式暗装

立式明装风机盘管　　　天花板嵌入式风机盘管　　四出风天花板嵌入式风机盘管

图7.9 风机盘管

（4）冷热源

中央空调冷热源中的制冷机组,根据压缩机的种类有活塞式冷水机组、螺杆式冷水机组、离心式冷水机组,还有吸收式制冷的溴化锂吸收式机组,特别的有将冷水机组模块化、自由组合,称之为模块化冷水机组。热源有热水机组、热泵机组等。

冷却塔也是冷热源系统中的重要设备,它是保证冷源运转的冷却水系统的主要设备。

2）通风管道及系统部件

（1）通风管道

通风管道常见断面形状为矩形或圆形。流速高、直径小时多采用圆形风管，如除尘系统、高速空调系统；而矩形风管则因制作简单、易于布置得到更广泛应用。

风管材料常用有钢板风管、塑料板风管、玻璃钢风管、复合风管等，在有特殊要求的场所，还有铝板风管、不锈钢风管等应用，需要移动的地方采用软管，有塑料软管、橡胶软管、金属软管。钢板风管、铝板风管的制作常用连接方式有咬口和焊接；不锈钢风管采用焊接，塑料风管也是焊接；玻璃钢为粘接，复合风管一般成品采购。

（2）系统部件

常见系统部件有阀门、风口、风帽、风罩、消声器、静压箱。

阀门是整个系统的运行调节部件。有蝶阀、多叶阀、插板阀及菱形阀等，材质有碳钢、塑料、铝、不锈钢、玻璃钢等材质。按用途命名的有防火阀、旁通阀、启动阀、止回阀、三通阀等；按动作方式分手动阀、气动阀、电动阀等。安装一般采用法兰连接。图 7.10 为几种常用阀门。

手动对开多叶调节阀　　电动风量调节阀　　　70°防火阀　　　　排烟防火阀

图 7.10　常用阀门

风口全称空气分布器，连接空调系统与被处理空间。最常用的是百叶风口和散流器，根据空间及空气分布需要，也有插板、条缝、喷射、旋流等形式风口，如图 7.11。按材质分有碳钢风口、铝合金风口、塑料风口、玻璃钢风口、不锈钢风口等。安装应兼顾风管连接及房间装饰面。

双层百叶风口　　　　方型散流器　　　　可调旋流风口　　　　调缝活叶风口

图 7.11　常用几种风口

风帽是排风系统的排放末端，有提升动力、防风雨的作用，一般使用有伞形、圆锥形、筒形，同样有不同材质的制作。

风罩通常作为局部排风系统的始端，收集排出气体。按工作原理，分为密闭罩、柜式排风罩、外部吸气罩、吹吸式罩等，外部吸气罩又分上吸、侧吸、下吸、升降回转、槽边排气罩等各种形式，如图 7.12，一般支吊架安装。

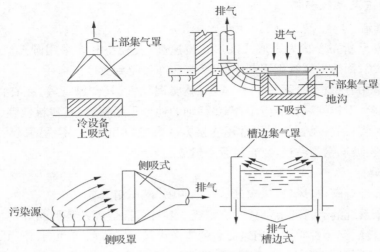

图 7.12　局部排风罩

消声器是系统的消声降噪部件。阻性消声器是利用吸声材料吸声,有片式、管式、声流式等形式,消声材料常用玻璃棉、泡沫塑料、矿渣棉等。同时利用共振或膨胀消声的称阻抗复合式消声器。图 7.13 为几种常见消声部件。

片式消声器　　　微穿孔消声器　　　阻抗复合式消声器　　　消声静压箱　　　消声弯头

图 7.13　消声器、消声静压箱、消声弯头

消声静压箱、消声弯头是常采用的利用风管构件兼做消声器的做法,静压箱同时具有稳定气流压力的作用。

3) 人防通风设备及部件

人防通风系统因考虑战时防护,设有专业的设备与部件供战时单独使用或兼用。

(1) 人防通风设备

常见有两用风机、过滤吸收器、滤尘器。

风机常选用电动、手摇两用风机,确保可靠性;过滤吸收器是战时防毒气侵入的专用滤毒装置;滤尘器作为清洁和滤毒系统中起粗效过滤作用。

(2) 人防其他部件

滤毒通风时人防空间要求维持一定正压,因此设超压自动排气活门及测压装置。同时为隔绝冲击波影响,系统中装设专门的人防密闭阀及专门的穿墙密闭套管。

7.2 通风空调工程量计算

通风空调工程量的计算执行《通用安装工程工程量计算规范》(GB50856—2013)中关于通风空调工程计算规则、计量单位的规定,依据工程设计图纸、施工组织设计或施工方案及有关技术经济文件进行工程量计算。

7.2.1 通风空调工程量的计算范围

通风空调工程量计算参照的规范标准主要是《通用安装工程工程量计算规范》(GB50856—2013)中附录 G 通风空调工程部分,包括通风及空调设备及部件。

通风空调工程中其他专业内容,则需要参照《通用安装工程工程量计算规范》(GB50856—2013)其他附录计算规则计算工程量。如冷冻机组站内设备安装、通风机安装及人防两用通风机安装,应按附录 A 机械设备安装工程计算工程量;冷冻机组站内管道安装,应按附录 H 工业管道工程计算工程量;冷冻站外墙皮以外通往通风空调设备的供热、供冷、供水等管道,应按附录 K 给排水、采暖、燃气工程计算工程量;设备和支架的除锈、刷漆、保温及保护层安装,应按附录 M 刷油、防腐蚀、绝热工程计算工程量。

7.2.2 通风空调工程量计算

通风空调工程工程量计算主要包括通风及空调设备及部件制作安装、通风管道制作安装及通风管道部件制作安装的工程量计算。

1)通风及空调设备及部件制作安装

(1)空气加热器(冷却器)、除尘设备、空调器、风机盘管、表冷器的安装以“台”为计量单位,空调器也可以以“组”计量。

(2)过滤器安装有“台”或者“m²”为计量单位两种选择。以“m²”为计量单位时,按设计图示尺寸以过滤面积计算面积。

【例 7.1】 如图 7.14 所示某实验室安装空气过滤器,型号为 LWP 低效,安装 2 台,请计算工程量。

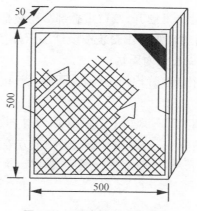

图 7.14 过滤器尺寸示意图

【解】

① 以台计量,过滤器按设计图示数量计算,即:空气过滤器安装工程量:2 台;

② 以面积计算,按设计图示尺寸以过滤面积计算,即:

$$空气过滤器安装工程量=2×0.5×0.5=0.5 \text{ m}^2。$$

选择其中一个计量方法即可。

(3) 净化工作台、风淋室、洁净室、除湿机、人防过滤吸收器等的安装以"台"为计量单位。

(4) 本节还包括密闭门、挡水板、滤水器、溢水盘、金属壳体等设备部件的制作安装,以"个"为计量单位。

2) 通风管道制作安装

本部分重点是通风管道的制作、安装,以及弯头导流叶片、风管检查孔、温度、风量测定孔等风管构件的制作安装工程量计算。

(1) 通风管道的工程量计算

通风管道的工程量计算是按设计图示尺寸以展开面积计算,计量单位"m²",也即按图示周长乘以管道中心线长度。

圆形风管:

$$F=π×D×L$$

式中:F—圆形风管展开面积(m^2);D—圆形风管直径(m);L—管道中心线长度(m)。

矩形风管:

$$F=2×(A+B)×L$$

式中:F—矩形风管展开面积(m^2);A、B—矩形风管边长(m);L—管道中心线长度(m)。

碳钢通风管道、净化通风管道、不锈钢板风管、铝板风管、塑料风管、玻璃钢风管、复合型风管等绝大多数风管适用此计算规则,我们分别关注各个变量因素的确定。

① 计算展开面积(F)—计算展开面积不扣除检查孔、测定孔、送风口、吸风口等所占面积,不包括风管、管口重叠部分面积。

② 周长的确定—直径(D)或边长(A、B)均可按图示直接读取,但计算周长时需要注意以下几点:

a. 直径和周长按图示尺寸为准展开,咬口重叠部分已包括在定额内,不另行增加;

b. 玻璃钢风管、复合型材料风管制作安装按设计图示外径尺寸,周长为外周长;其他材质风管按设计图示内径尺寸,周长为内周长;

c. 整个通风系统设计采用渐缩管均匀送风者,圆形风管按平均直径、矩形风管按平均周长计算。

③ 管道中心线长度的确定(L)—风管长度一律以设计图示中心线长度为准(主管与支管以其中心线交点划分),包括弯头、三通、变径管、天圆地方等管件的长度,但不包括部件所占长度,即要扣除阀门等部件长度,一般部件长度可按表 7.1 计算:

表 7.1　风管部件长度

序号	部件名称	部件长度/mm
1	蝶阀	150
2	止回阀	300
3	密闭式对开多叶调节阀	210
4	圆形风管防火阀	$D+240$
5	矩形风管防火阀	$B+240$

注：D 为风管外径，B 为矩形风管外边高。

塑料阀门、插板阀以及其他部件长度可以查询相关样本、标准图册。

在基本规则下，风管穿墙套管按展开面积计算，计入通风管道工程量。净化通风管道由于洁净系统特殊性，单独列项。

（2）柔性软风管的制作安装工程量计算

不同于刚性管道，柔性软风管有"节"或者"m"为计量单位两种选择。以米计量，按设计图示管道中心线长度计算；以"节"计量，按设计图示数量。

（3）风管构件的工程量计算

包括弯头导流叶片、风管检查孔、温度、风量测定孔等风管构件。

① 弯头导流叶片的制作、安装可以以"m²"或"组"为计量单位。以"m²"计量时，按设计图示计算展开面积；以"组"计量，按图示数量。

导流叶片是为减少空气阻力及涡旋而设置，验收规范中规定当风管平面宽度大于或等于 500 mm 时都应设置导流叶片。导流叶片按面积计算时，弯头导流叶片总面积＝导流叶片单片面积×导流叶片片数。

导流叶片单片面积和导流叶片片数可按表 7.2 计算。

表 7.2　风管弯头导流叶片片数与单片面积计算表

一	风管长边与导流叶片片数确定表（根据风管长边规格尺寸 A 选择相对应导流叶片的片数）：										
1	长边规格 A(mm)	500	630	800	1 000	1 250	1 600	2 000			
2	导流叶片数（片）	4	4	6	7	8	10	12			
二	风管短边与导流叶片单片面积表（根据风管短边规格尺寸 B 确定相对应导流叶片每片面积）：										
1	短边规格 B(mm)	200	250	320	400	500	630	800	1 000	1 250	1 600	2 000
2	每片面积(m²)	0.075	0.091	0.114	0.14	0.17	0.216	0.273	0.425	0.502	0.623	0.755

② 风管检查孔的制作、安装可以以"kg"或"个"为计量单位。以"kg"为单位计量时，按风管检查孔质量计算，检查孔的质量可以查询相关国标图集；以"个"为计量单位，按设计图示数量计算。设计图未标数量时，按规范要求计算个数，设置位置一般在设备出入口或干支管交接处。

③ 风管测定孔制作安装，以"个"为计量单位，按设计图示数量计算，设计图未标数量时，按规范要求计算个数。

3）通风管道部件制作安装

通风管道部件制作安装，包括各种材质、类型和规格的阀类制作安装、散流器等风口制作安装、风帽制作安装、罩类制作安装、消声器制作安装、人防超压自动排气阀、人防手动密闭阀、人防其他部件等项目。工程量计算分类为按一般计算规则、其他计算规则、人防用阀部件计算规则来介绍。

（1）工程量计算一般规则

部件的制作安装以"个"为计量单位，按设计图示数量计算。

① 碳钢阀门、柔性软风管阀门、塑料阀门，铝、不锈钢、玻璃钢蝶阀，碳钢、不锈钢及塑料风口、散流器、百叶窗，计算规则适用一般规则；

② 各类风帽、罩类的制作、安装适用一般规则；

③ 消声器的制作安装工程量计算适用一般规则。

（2）其他的工程量计算规则：

① 柔性接口：包括金属、非金属软接口及伸缩节，以"m²"为计量单位，按设计图示尺寸以展开面积计算。

② 静压箱：有以"个"或"m²"为计量单位两种选择。以"m²"计量，按设计图示尺寸以展开面积计算，不扣除开口的面积；以"个"为计量单位，按设计图示数量计算。

【例7.2】 如图7.15，静压箱尺寸长＝2 000 mm，宽＝650 mm，高＝300 mm，如以"m²"计量时，请计算其工程量。

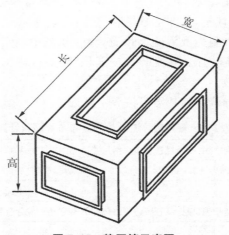

图7.15 静压箱示意图

【解】 根据设计图示工程量计算如下：

工程量＝静压箱展开面积（不扣除开口面积）

$$＝2×(2×0.65＋0.65×0.3＋2×0.3)＝4.19 \ m^2。$$

（3）人防阀部件的工程量计算规则

① 超压自动排气阀、手动密闭阀以"个"为计量单位，按设计图示数量计算；

② 过滤吸收器等其他部件以"个（或套）"为计量单位，按设计图示数量计算。

4）通风工程检测调试的工程量

（1）通风工程检测、调试以"系统"为单位，按通风系统计算。工作内容是各处的风量、风压、温度测定以及整个系统平衡调试，因此以系统为单位计量。

（2）风管漏光实验、漏风试验以"m²"为计量单位，按设计图纸或规范要求以展开面积计算。检验系统风管的严密程度，低压系统一般用漏光法检测，中高压系统采取漏风试验，可整体或分段进行，按规范要求进行。

7.2.3 工程量计算实例

【例7.3】 下面为某实验楼工程首层通风空调平面图（如图7.16），请根据以下资料计算工程量。

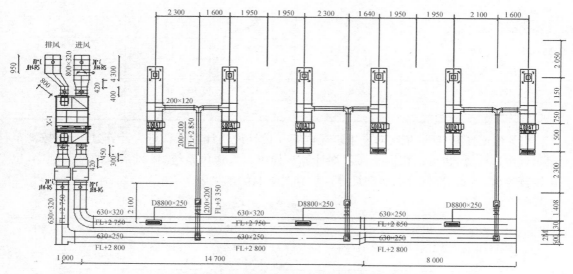

图7.16 某实验楼工程首层通风空调平面图

根据上图，可知工程量为：

（1）卧式暗装风机盘管400AT，长度（含软管）尺寸按600 mm计算，送风管800 mm×150 mm，送风方形散流器喉口300 mm×300 mm，回风管800 mm×180 mm，门铰式带过滤网百叶风口800 mm×250 mm。

（2）吊顶式新风机组X-1参数可参照表7.3，送回接口、进排风接口均为320 mm×200 mm。

表7.3 新风机组参数表

X-1-1,X-2-1 X-3-1,X-4-1 X-5-1	吊顶式板翅热回收新风机组	5台	HDK05-GP5-255Y	送风量5 000 m³/h 余压300 Pa 功率1.8 kW 排风量5 000 m³/h 余压320 Pa 功率1.5 kW 制冷量72 kW 制热量76 W 热回收率63%,夏季回收8.3 kW,冬季回收34.5 kW

（3）消声器采用管式阻性消声器，消声器接口尺寸同风管。

（4）风管为镀锌钢板，法兰咬口连接，厚度选用按相关验收规范。风管与新风机组、风机盘管的连接处采用柔性塑料软管，负压侧长度100 mm，正压侧长度150 mm。连接风口支风管尺寸同风口，风口标高2.50 m。

（5）工程检测调试按相关规范执行。

【解】 按题意本工程工程量计算如下：

(1) 首先,镀锌钢板风管板材厚度,可按验收规范表7.4取值。

表7.4　钢板风管板材厚度(mm)

类别 风管直径 D 或长边尺寸 b	圆形风管	矩形风管		除尘系统风管
		中、低压系统	高压系统	
$D(b) \leqslant 320$	0.5	0.5	0.75	1.5
$320 < D(b) \leqslant 450$	0.6	0.6	0.75	1.5
$450 < D(b) \leqslant 630$	0.75	0.6	0.75	2.0
$630 < D(b) \leqslant 1\,000$	0.75	0.75	1.0	2.0
$1\,000 < D(b) \leqslant 1\,250$	1.0	1.0	1.0	2.0
$1\,250 < D(b) \leqslant 2\,000$	1.2	1.0	1.2	按设计
$2\,000 < D(b) \leqslant 4\,000$	按设计	1.2	按设计	

(2) 根据计算规则,依次对图纸表述内容及设计说明计算工程量。计算过程,可按清单编码顺序来计算,也可以根据个人习惯计算。如可以按送风系统、排风系统的系统顺序,也可以按风管、设备、部件分类顺序计算。计算过程及结果见表7.5。

表7.5　清单工程量计算表

序号	名称及清单项目特征	计算过程	工程量	单位
1	镀锌钢板 0.75 mm(咬口) 800 * 320	$(0.8+0.32) \times 2 \times (1.3+0.42/2) - (0.32 + 0.24 + 0.21) + (0.95 + 0.8/2) - (0.32 - 0.24)$	3.43	m²
2	镀锌钢板 0.5 mm(咬口) 320 * 200	$(0.32+0.2) \times 2 \times (0.42/2+0.4-0.1) + (0.8/2+0.4-0.15) + (0.45-0.15+0.3/2) + (0.45-0.1+0.3/2)$	2.19	m²
3	镀锌钢板 0.6 mm(咬口) 630 * 320	$(0.63+0.32) \times 2 \times [0.42+2.1-(0.32+0.24)+0.63/2 + 0.2 + 0.63/2] + [2.1-(0.32+0.24)+14.7]$	36.16	m²
4	镀锌钢板 0.6 mm(咬口) 630 * 250	$(0.63+0.25) \times 2 \times (1.0+14.7+8.0)$	41.71	m²
5	镀锌钢板 0.6 mm(咬口) 500 * 250	$(0.5+0.25) \times 2 \times 8.0$	12.00	m²
6	镀锌钢板 0.5 mm(咬口) 200 * 200	$(0.2+0.2) \times 2 \times (3.35+0.2/2) - (2.8+0.25/2) + (3.35+0.2/2) - (2.85+0.2/2) + (0.5/2+0.2+ 0.63+1.4+2.3+1.5+0.75) \times 3 + 2 \times (0.63-0.5)$	19.54	m²
7	镀锌钢板 0.5 mm(咬口) 200 * 120	$(0.2+0.12) \times 2 \times (2.3+1.6) \times 3$	7.49	m²
8	镀锌钢板 0.75 mm(咬口) 800 * 150	$(0.8+0.15) \times 2 \times (0.75+1.75+0.3/2) \times 2 \times 3$	30.21	m²
9	镀锌钢板 0.75 mm(咬口) 800 * 180	$(0.8+0.18) \times 2 \times (1.5-0.6) \times 2 \times 3$	11.76	m²
10	镀锌钢板 0.75 mm(咬口) 800 * 250	$0.8+0.25 \times 2 \times (2.75+0.32/2-2.5) \times 2 + 2.8 + 0.25/2-2.5 + (2.85+0.18/2-2.5) \times 6$	8.16	m²
11	镀锌钢板 0.5 mm(咬口) 300 * 300	$(0.3+0.3) \times 2 \times (2.85+0.15/2-2.5) \times 6$	3.06	m²

序号	名称及清单项目特征	计算过程	工程量	单位
12	柔性塑料软管 800＊180	$(0.8+0.18)×2×0.10×6$	1.18	m²
13	柔性塑料软管 800＊150	$(0.8+0.15)×2×0.15×6$	1.71	m²
14	柔性塑料软管 320＊200	$(0.32+0.2)×2×(0.15+0.1)×2$	0.52	m²
15	新风机组	1	1	台
16	风机盘管 400AT	6	6	台
17	散流器喉口 300＊300	6	6	个
18	门铰式带过滤网百叶风口 800＊250	6	6	个
19	单层百叶回风口 800＊250	3	3	个
20	70 ℃防火阀 800＊320	2	2	个
21	70 ℃防火阀 630＊320	2	2	个
22	电动对开多叶调节阀 800＊320	1	1	个
23	对开多叶调节阀 200＊200	3	3	个
24	管式阻性消声器 630＊320	2	2	个
25	通风工程检测调试	1	1	系统

7.3　通风空调工程量清单编制

7.3.1　工程量清单编制内容

工程量清单是载明分部分项工程项目、措施项目和其他项目等名称和数量的明细清单，即主要包括分部分项工程量清单、措施项目清单和其他项目清单。

措施项目清单主要是根据项目实施过程中采取的技术措施进行编写，主要包括总价措施项目清单和单价措施项目清单，单价措施项目可列于分部分项工程量清单中，也可单独编制。措施项目清单编制应参照《通用安装工程工程量计算规范》(GB50856—2013)附录 N，包括专业措施项目、安全文明施工及其他措施项目。

其他项目清单则是指可能临时增加的或暂估、暂列的项目以及总承包服务费。

分部分项工程量清单是最主要的工程量清单，项目内容多而且复杂，清单主要包括项目编码、项目名称、项目特征，在编写时还应考虑各项目的工作内容。编写时应依据现行国家住建部颁发的《通用安装工程工程量计算规范》(GB50856—2013)附录 G 通风空调工程。

7.3.2　分部分项工程量清单编制

通风及空调工程量清单的编制，应按《通用安装工程工程量计算规范》(GB50856—2013)附录 G 执行。附录 G 通风空调工程适用于通风空调设备及部件、通风管道及部件的制作安装，共 5 节 50 项，详细规定了项目划分、特征描述、计量单位和工程量计算规则等内容。

1)通风及空调设备及部件制作安装

《通用安装工程工程量计算规范》(GB50856—2013)附录 7.6 主要包括通风、空调设备的安装以及设备部件的制作、安装的清单编制。通风空调设备及部件制作安装工程量清单项目设置、项目特征描述的内容、计量单位及工程量计算规则,按表 7.6 规定执行。

表 7.6 通风及空调设备及部件制作安装

项目编码	项目名称	项目特征	计量单位	工程量计算规则	工作内容
030701001	空气加热器(冷却器)	1. 名称 2. 型号 3. 规格 4. 质量 5. 安装形式 6. 支架形式、材质	台	按设计图示数量计算	1. 本体安装、调试 2. 设备支架制作、安装 3. 补刷(喷)油漆
030701002	除尘设备				
030701003	空调器	1. 名称 2. 型号 3. 规格 4. 安装形式 5. 质量 6. 隔振垫(器)、支架形式、材质	台(组)		1. 本体安装或组装、调试 2. 设备支架制作、安装 3. 补刷(喷)油漆
030701004	风机盘管	1. 名称 2. 型号 3. 规格 4. 安装形式 5. 减振器支架形式、材质 6. 试压要求	台		1. 本体安装、调试 2. 支架制作、安装 3. 试压 4. 补刷(喷)油漆
030701005	表冷器	1. 名称 2. 型号 3. 规格			1. 本体安装 2. 型钢制作、安装 3. 过滤器安装 4. 挡水板安装 5. 调试及运转 6. 补刷(喷)油漆
030701006	密闭门	1. 名称 2. 型号 3. 规格 4. 形式 5. 支架形式、材质	个	按设计图示数量计算	1. 本体制作 2. 本体安装 3. 支架制作、安装
030701007	挡水板				
030701008	滤水器 溢水盘				
030701009	金属壳体				
030701010	过滤器	1. 名称 2. 型号 3. 规格 4. 类型 5. 框架形式、材质	1. 台 2. m²	1. 以台计量,按设计图示数量计算 2. 以面积计量,按设计图示尺寸以过滤面积计算	1. 本体安装 2. 框架制作、安装 3. 补刷(喷)油漆
030701011	净化工作台	1. 名称 2. 型号 3. 规格 4. 类型	台	按设计图示数量计算	1. 本体安装 2. 补刷(喷)油漆
030701012	风淋室	1. 名称 2. 型号 3. 规格 4. 类型 5. 质量			
030701013	洁净室				
030701014	除湿机	1. 名称 2. 型号 3. 规格 4. 类型	台	按设计图示数量计算	本体安装
030701015	人防过滤吸收器	1. 名称 2. 规格 3. 形式 4. 材质 5. 支架形式、材质			1. 过滤吸收器安装 2. 支架制作、安装

在计算工程量时,应注意:

(1)空气加热器(冷却器)。空气加热器(冷却器)中绕片翅片管较常用,材质有钢制、铜制,热媒有热水或蒸汽,根据需要可串联或者并联使用。常用选型有 SRZ 型钢制绕片翅片管散热器、S 型铜制绕片翅片管散热器、U$_{II}$ 型铜制绕片翅片管散热器等。质量是根据设计图中选用不同型号、规格查询参数表得到,比如 SRZ5x5D 型,根据 SRZ 型加热器基本型号规格表,查出重量为 54 kg。空气加热器一般安装在空气调节室内,支座用角钢焊制或者专门土建基础。

(2)除尘器。除尘器的特征描述内容和空气加热器基本相同。常用型号有 XLP 旋风除尘器、CLS 水膜除尘器、CLG 多管除尘器等,同样可从基本参数表中查询其重量。除尘设备一般安装在室外,中小型整体吊装,大型除尘器可分段吊装,固定在单独支架(及基础)上。

(3)空调器、风机盘管。空调器、风机盘管的安装一般有隔振要求,除设备与管路之间采用软连接外,还需要设备与基础或支、吊架之间配置弹性材料(器件),减少振动传递。设计基础或支、吊架时,常选用橡胶垫、软木、金属弹簧隔振器等隔振措施,项目特征应做完整描述。小规格机组或安装无隔振要求时,也可直接安装于地面、混凝土基础或支、吊架上。

(4)过滤器。过滤器是通过框架安装在空调器内或者过滤器箱内,此项目工作内容包含了框架的制作、安装,因而必须描述其框架形式和材质等特征。

(5)净化工作台。作为局部无尘操作台,按系统分类有直流式、循环式、半循环式等。安装时注意避免振动,保护工作台内高效过滤器。

(6)风淋室、洁净室。风淋室是洁净室附属设备,为减少人员、物料将灰尘带入洁净室。双人或多人风淋室可由单人风淋室拼装。清单列项洁净室一般指装配式洁净室,空气净化系统与板壁、顶棚、地面等预制作,现场拼装成型,也可以做成移动式结构,较多采用彩钢夹心复合板材料,企口拼接,快捷简单。

(7)人防过滤吸收器。人防专用过滤吸收器有 RFP-500 或 RFP-1000,一般安装在钢支架上,要求必须水平,以保证风道密封不漏气,项目包含支架制作、安装。

(8)其他部件。包括密闭门、挡水板、滤水器、溢水盘、金属壳体等设备部件的制作安装。挡水板在空调设备中起汽水分离作用,同时可使气流分布均匀,一般为镀锌薄钢板制作,规格大小有三折曲板、六折曲板以及片距 30 mm、50 mm 等,挡水板的固定件都要做防腐处理。滤水器、溢水盘是空调水系统中的部件,一个是过滤水杂质,一个是保持水位用途,一般薄钢板、滤网及其他零件制作组合,焊接安装。

【例 7.4】 某空调工程中选用 UCHA025E4XZD 吊顶式空调机组,工程量 8 台,风量:2 500 m³/h,输入功率:0.45 kW,制冷量:33.6 kW,供热量:31.9 kW,水流量:5.8 t/h,机外余压 230 Pa,弹簧减振吊架吊装,质量 124 kg。请编制该分部分项工程量清单。

【解】 由题意知,该分部分项工程量清单编制列表见表 7.7。

表 7.7 空调器分部分项工程量清单

序号	项目编码	项目名称	项目特征描述	单位	工程量
1	030701003001	空调器	1. 名称:吊顶式空调机组 2. 型号:UCHA025E4XZD 3. 规格:风量:2 500 m³/h　输入功率:0.45 kW　制冷量:33.6 kW　供热量:31.9 kW　水流量:5.8 t/h　机外余压:230 Pa 4. 安装形式:吊装 5. 质量:124 kg 6. 隔振垫(器)、支架形式、材质:弹簧减振吊架	台	8

2) 通风管道制作安装

通风管道制作安装工程量清单项目设置、项目特征描述的内容、计量单位及工程量计算规则,按表7.8规定执行。

表 7.8　通风管道制件安装

项目编码	项目名称	项目特征	计量单位	工程量计算规则	工作内容
030702001	碳钢通风管道	1. 名称 2. 材质 3. 形状 4. 规格 5. 板材厚度 6. 管件、法兰等附件及支架设计要求 7. 接口形式	m²	按设计图示内径尺寸以展开面积计算	1. 风管、管件、法兰、零件、支吊架制作、安装 2. 过跨风管落地支架制作、安装
030702002	净化通风管道				
030702003	不锈钢板通风管道	1. 名称 2. 形状 3. 规格 4. 板材厚度 5. 管件、法兰等附件及支架设计要求 6. 接口形式			
030702004	铝板通风管道				
030702005	塑料通风管道				
030702006	玻璃钢通风管道	1. 名称 2. 形状 3. 规格 4. 板材厚度 5. 管件、法兰等附件及支架设计要求 6. 接口形式	m²	按设计图示外径尺寸以展开面积计算	1. 风管、管件安装 2. 支吊架制作、安装 3. 过跨风管落地支架制作、安装
030702007	复合型风管	1. 名称 2. 材质 3. 形状 4. 规格 5. 板材厚度 6. 接口形式 7. 支架形式、材质			
030702008	柔性软风管	1. 名称 2. 材质 3. 规格 4. 风管接头、支架形式、材质	1. m 2. 节	1. 按设计图示中心线以长度计算 2. 以节计量,按设计图示数量计算	1. 风管安装 2. 风管接头安装 3. 支吊架制作、安装
030702009	弯头导流叶片	1. 名称 2. 材质 3. 规格 4. 形式	1. m² 2. 组	1. 以面积计量,按设计图示以展开面积平方米计算 2. 以组计量,按设计图示数量计算	1. 制作 2. 组装
030702010	风管检查孔	1. 名称 2. 材质 3. 规格	1. kg 2. 个	1. 以千克计量,按风管检查风管孔质量计算 2. 以个计量,按设计图示数	1. 制作 2. 安装
030702011	温度、风量测定孔	1. 名称 2. 材质 3. 规格 4. 设计要求	个	按设计图示数量计算	1. 制作 2. 安装

在计算工程量时,应注意:

(1)碳钢通风管道和净化通风管道

① 碳钢风管常用的材质有普通薄钢板、镀锌薄钢板等,接口形式有咬口、铆接、焊接,咬

口连接采用最广泛。咬口连接优点是变形小,外形美观,但普通薄钢板在厚度超过 1.2 mm 时弯折困难而采用焊接。镀锌薄钢板为不破坏镀锌保护层,采用咬口或铆接,严密性要求较高时加锡焊或密封胶。

② 净化通风管道的制作应尽量减少板材拼接缝,加工前以中性洗涤剂做表面清洗,安装时应注意与其他作业工序的合理安排,确保在清洁的环境中进行安装。其制作安装要求均比普通风管要高,材料、人工消耗也大,因此单独列项。

【例 7.5】 某通风工程中用镀锌钢板制作安装矩形风管,规格为 800×320,板材厚为 0.75 mm,法兰为咬口连接,总工程量为 3.43 m²。请编制该分部分项工程量清单。

【解】 由题意知,该分部分项工程量清单编制列表见表 7.9。

表 7.9　风管分部分项工程量清单

序号	项目编码	项目名称	项目特征描述	单位	工程量
1	030702001001	镀锌钢板风管	1. 名称:薄钢板通风管道 2. 材质:镀锌钢板 3. 形状:矩形 4. 规格:800 * 320 5. 板材厚度:0.75 mm 厚 6. 管件、法兰等附件及支架设计要求:见通风空调施工标准图集 7. 接口形式:法兰咬口连接	m²	3.43

(2)不锈钢板通风管道、铝板通风管道、塑料通风管道。不锈钢板表面有钝化保护膜防止腐蚀,加工时应注意防止表面划伤,因其材质较硬,风道较多采用焊接;铝板加工性能好,风管可选择连接方式则和碳钢风管一样多,但注意铆接时和翻边法兰连接铆钉材质也为铝制以防止电化学腐蚀,安装时若采用碳素钢支架或者抱箍时,支架或抱箍也要镀锌或采取防腐绝缘处理;塑料风管便于加工成型,一般焊接,也可承插连接或者套管连接。

(3)玻璃钢通风管道、复合型风管。玻璃钢风管分保温型和非保温型,一般为加工成品,法兰连接或插接,加工时风管或配件与法兰一体成型。玻璃钢材料刚度差,安装过程中应注意避免强烈碰撞。复合型风管材质有玻纤复合板、酚醛铝箔复合板管、聚氨酯铝箔复合板等,具有保温防潮性能,质量轻、使用年限较长。复合型风管一般采用无法兰连接或粘接。

(4)柔性软风管。一般由金属、涂塑化纤织物、聚酯、聚乙烯、聚氯乙烯薄膜、铝箔等复合材料制成,采用镀锌皮卡子连接,吊、托、支架固定。

(5)弯头导流叶片。形式特征分单片式、月牙式,两者计算工程量是不同的;安装导流叶片应与风管固定牢固,采用螺栓或者铆钉固定。

(6)风管检查孔、温度风量测定孔。一般在风管系统必不可少,施工图纸有时标明安装位置,有时不显示但说明根据规范规定及调试需要设置,一般在设备出入口、干管与支管交界处等部位安装,同时注意避开气流不均匀管段。

3)通风管道部件制作安装

通风管道部件制作安装,包括各种材质、类型和规格的阀类制作安装、散流器等风口制作安装、风帽制作安装、罩类制作安装、消声器制作安装、人防超压自动排气阀、人防手动密闭阀、人防其他部件等 24 个项目,占了通风空调工程项目设置的近二分之一。通风管道部件制作安装工程量清单项目设置、项目特征描述的内容、计量单位及工程量计算规则,按表7.10 规定执行。

表 7.10　通风道部件制作安装

项目编码	项目名称	项目特征	计量单位	工程量计算规则	工作内容
030703001	碳钢阀门	1. 名称 2. 型号 3. 规格 4. 质量 5. 类型 6. 支架、形式、材质	个	按设计图示数量计算	1. 阀体制作 2. 阀体安装 3. 支架制作、安装
030703002	柔性软风管阀门	1. 名称 2. 规格 3. 材质 4. 类型			阀体安装
030703003	铝蝶阀	1. 名称 2. 规格 3. 质量 4. 类型			
030703004	不锈钢蝶阀				
030703005	塑料阀门	1. 名称 2. 规格 3. 质量 4. 类型			
030703006	玻璃钢蝶阀				
030703007	碳钢风口、散流器、百叶窗	1. 名称 2. 型号 3. 规格 4. 质量 5. 类型 6. 形式	个	按设计图示数量计算	1. 风口制作、安装 2. 散流器制作、安装 3. 百叶窗安装
030703008	不锈钢风口、散流器、百叶窗	1. 名称 2. 型号 3. 规格 4. 质量 5. 类型 6. 形式			
030703009	塑料风口、散流器、百叶窗				
030703010	玻璃钢风口	1. 名称 2. 型号 3. 规格 4. 类型 5. 形式			风口安装
030703011	铝及铝合金风口、散流器				1. 风口制作、安装 2. 散流器制作、安装
030703012	碳钢风帽	1. 名称 2. 规格 3. 质量 4. 类型 5. 形式 6. 风帽筝绳、泛水设计要求			1. 风帽制作、安装 2. 筒形风帽滴水盘制作、安装 3. 风帽筝绳制作、安装 4. 风帽泛水制作、安装
030703013	不锈钢风帽				
030703014	塑料风帽				
030703015	铝板伞形风帽				
030703016	玻璃钢风帽	1. 名称 2. 规格 3. 质量 4. 类型 5. 形式 6. 风帽筝绳、泛水设计要求	个	按设计图示数量计算	1. 玻璃钢风帽安装 2. 筒形风帽滴水盘安装 3. 风帽筝绳安装 4. 风帽泛水安装
030703017	碳钢罩类	1. 名称 2. 型号 3. 规格 4. 质量 5. 类型 6. 形式			1. 罩类制作 2. 罩类安装
030703018	塑料罩类				

续表

项目编码	项目名称	项目特征	计量单位	工程量计算规则	工作内容
030703019	柔性接口	1. 名称 2. 规格 3. 材质 4. 类型 5. 形式	m²	按设计图示尺寸以展开面积计算	1. 柔性接口制作 2. 柔性接口安装
030703020	消声器	1. 名称 2. 规格 3. 材质 4. 形式 5. 质量 6. 支架形式、材质	个	按设计图示数量计算	1. 消声器制作 2. 消声器安装 3. 支架制作安装
030703021	静压箱	1. 名称 2. 规格 3. 形式 4. 材质 5. 支架形式、材质	1. 个 2. m²	1. 以个计量,按设计图示数量计算 2. 以平方米计量,按设计图示尺寸以展开面积计算	1. 静压箱制作安装 2. 支架制作、安装
030703022	人防超压自动排气阀	1. 名称 2. 型号 3. 规格 4. 类型			安装
030703023	人防手动密闭阀	1. 名称 2. 型号 3. 规格 4. 支架形式、材质	个	按设计图示数量计算	1. 密闭阀安装 2. 支架制作、安装
030703024	人防其他部件	1. 名称 2. 型号 3. 规格 4. 类型			安装

在计算工程量时,应注意:

(1)阀门类

① 碳钢阀门包括空气加热器上通阀、空气加热器旁通阀、圆形瓣式启动阀、风管蝶阀、密闭式斜插板阀、矩形风管三通调节阀、对开多叶调节阀、风管防火阀、各型风罩调节阀等。阀门安装要注意手动操纵构件要设在便于操作的位置,并标明启闭方向;斜插板阀、防火阀等对安装位置方向有要求的阀门要注意是水平安装还是垂直安装,开启方向与气流方向对应。此类阀门安装的工作内容除阀体安装外,还包括阀体制作、支架制作安装,如阀体为成品,应在项目特征中说明。

② 其他类阀门如柔性软风管阀门、铝蝶阀、不锈钢阀门、塑料阀门、玻璃钢蝶阀等一般为成品阀门。柔性软风管阀门主要用于调节各风口支管风量、配合风机整体启停,安装邻近风机出口、送回风口,安装时注意阀体缝隙的密封措施。塑料阀门包括塑料蝶阀、塑料插板阀、各型风罩塑料调节阀。

(2)风口、散流器。有碳钢、不锈钢、塑料、铝及铝合金、玻璃钢等各类材质,其名称、规格、类型、形式均可通过风口本身描述反映,如铝合金单层百叶回风口 1 000×320,钢制方形散流器 320×320;其规格一般以喉部尺寸表示,1 000×320 和 320×320 均是喉部而非外框尺寸。除玻璃钢风口外,其余风口、散流器可以现场制作,如风口采用成品,应做说明;各类风口质量特征与安装有关,可通过国标图集查询。风口、散流器的安装一般在侧墙面或顶棚,可以直接固定在装饰龙骨上,当有特殊要求或者风口较重时应设置独立支吊架。

(3)风帽。包括碳钢风帽、不锈钢板风帽、塑料风帽、铝板伞形风帽、玻璃钢风帽等。除玻璃钢风帽外,其余材质均可以现场制作,如采用风帽成品,应做说明。风帽的名称、规格、类型、形式等在设计图纸中有反映,如给出圆伞形风帽1号,可以查出标准尺寸、各部件制作规格。拿绳是风帽的固定拉索,泛水是风帽的防雨装置,描述其设计要求是安装计量的需要,如设计无大样图,可查询相关国家标准图集或验收规范。注意凡是风管出屋面时,都需要安装防雨装置,所以即使图纸未注明泛水,也需要按照相关验收规范的要求设置。

(4)罩类。材质上包括碳钢罩类和塑料罩类。较多的是局部排气罩,如侧吸罩、中小型零件焊接台排气罩、整体分租式槽边侧吸罩、吹吸式槽边通风罩、条缝槽边抽风罩、泥心烘炉排气罩、升降式回转排气罩、上下吸式圆形回转罩、升降式排气罩、手锻炉排气罩等。局部排气罩因体积较大,应单独设置支吊架,并保证牢固可靠、不影响操作。特征描述比如小型零件焊接台(300×200)排气罩 T401-3 式,其制作和安装可查出标准图示相关尺寸,质量也可查标准图集,可知为 8.3 kg/个。此清单项目也包括皮带防护罩、电动机防雨罩。通风机的传动装置外露部分应设置防护罩,室外的电动机应设置防雨罩。

(5)柔性接口。包括金属、非金属软接口及伸缩节。项目特征描述应包括名称、规格、材质、类型、形式。比如:硅玻钛金不燃软接头 300×200。如采用成品,也应做说明。

(6)消声器、静压箱。消声器包括片式消声器、矿棉管式消声器、聚酯泡沫管式消声器、卡普隆纤维管式消声器、弧形声流式消声器、阻抗复合式消声器、微穿孔板消声器、消声弯头等。消声器、静压箱工作内容均包含制作安装,如消声器、静压箱为成品时,应注明只安装不制作。消声器运输安装过程中,注意不能受潮,避免外界冲击及过大振动,安装时注意方向要正确。安装消声器、静压箱应单独设置支吊架。

(7)人防手动密闭阀。安装前应存放于室内干燥处,保持关闭位置;可安装在水平或垂直管道上,采用支架或吊架形式安装,注意箭头指向为冲击波方向。

【例 7.6】 某通风工程中用聚氯乙烯制作安装矩形风管柔性接口,规格为 800×180,总工程量为 1.18 m²。请编制该分部分项工程量清单。

【解】 由题意知,该分部分项工程量清单编制列表见表 7.11。

表 7.11 风管部件分部分项工程量清单

序号	项目编码	项目名称	项目特征描述	单位	工程量
12	030703019001	柔性接口	1. 名称:风管软连接 2. 规格:800 * 180 3. 材质:聚氯乙烯	m²	1.18

4)通风工程检测、调试

通风工程检测、调试和风管漏光试验、漏风试验。工程量清单项目设置、项目特征描述的内容、计量单位及工程量计算规则,按表 7.12 规定执行。

表 7.12 通风工程检测、调试

项目编码	项目名称	项目特征	计量单位	工程量计算规则	工作内容
030704001	通风工程检测、调试	风管工程量	系统	按通风系统计算	1. 通风管道风量测定 2. 风压测定 3. 温度测定 4. 各系统风口、阀门调整
030704002	风管漏光试验、漏风试验	漏光试验、漏风试验、设计要求	m²	按设计图纸或规范要求以展开面积计算	通风管道漏光试验、漏风试验

在计算工程量时,应注意:

(1) 通风工程检测、调试。工作内容主要是对工程建成系统与房间进行参数测量,包括风量、风压、温度等,配合整个系统的风口、阀门等调节装置平衡调试,以达到设计使用要求,因此以系统为单位计量。特征描述为整个系统风管工程量。

(2) 风管漏光试验、漏风试验。为检验系统风管的严密程度,低压系统一般用漏光法检测,检测光源沿接口部位移动,以每10米接缝的漏光点不大于2处为合格。中高压系统采取漏风试验,可整体或分段进行,以被测系统的单位时长平方米漏风量大小判断是否合格。严密性试验按设计要求进行,特征描述与工作量要求相关,工程量以实际检测面积为准,不是直接对应系统风管工程量。

7.3.2 工程量清单编制

【例7.7】 请以【例7.3】中所示某实验楼通风空调工程统计的工程量,编制该工程招标工程量清单。

【解】 依据工程量清单计价规范要求,工程量清单编制步骤如下:

(1) 分部分项工程量清单编制

查《通用安装工程工程量计算规范》(GB50856—2013)中附录G通风空调工程,根据该部分规定的项目编码、项目名称、计量单位和工程量计算规则进行编制。项目名称应以附录G中的项目名称结合具体工程实际确定,特别是归并综合较大的项目应使用能区分的项目名称。项目特征应以附录G中所列特征依次描述,如采用标准图集或者施工图纸能够全部或部分满足项目特征描述,也可直接采用见xx图集或xx图号的方式,不能满足项目特征描述要求的部分,仍应文字描述。项目编码编制时,1~9位应按附录G的规定设置;10~12位应根据清单项目名称及内容由编制人自001起的顺序编制。

编制步骤为:① 确定分部分项工程的项目名称;② 确定清单分项编码;③ 拟定项目特征的描述;④ 填入项目的计量单位、工程量。

本例根据【例7.3】计算表中项目名称及项目特征,规范化项目名称、进行项目编码,并对应图纸及说明,按照规范要求补充、细化清单项目特征描述;编制分部分项工程量清单结果如表7.13。

表7.13 分部分项工程量清单

序号	项目编码	项目名称	项目特征描述	单位	工程量
1	030702001001	镀锌钢板风管	1. 名称:薄钢板通风管道 2. 材质:镀锌钢板 3. 形状:矩形 4. 规格:800*320 5. 板材厚度:0.75 mm厚 6. 管件、法兰等附件及支架设计要求:见通风空调施工标准图集 7. 接口形式:法兰咬口连接	m²	3.43

序号	项目编码	项目名称	项目特征描述	单位	工程量
2	030702001002	镀锌钢板风管	1. 名称:薄钢板通风管道 2. 材质:镀锌钢板 3. 形状:矩形 4. 规格:800＊250 5. 板材厚度:0.75 mm 厚 6. 管件、法兰等附件及支架设计要求:见通风空调施工标准图集 7. 接口形式:法兰咬口连接	m²	8.16
3	030702001003	镀锌钢板风管	1. 名称:薄钢板通风管道 2. 材质:镀锌钢板 3. 形状:矩形 4. 规格:800＊180 5. 板材厚度:0.75 mm 厚 6. 管件、法兰等附件及支架设计要求:见通风空调施工标准图集 7. 接口形式:法兰咬口连接	m²	11.76
4	030702001004	镀锌钢板风管	1. 名称:薄钢板通风管道 2. 材质:镀锌钢板 3. 形状:矩形 4. 规格:800＊150 5. 板材厚度:0.75 mm 厚 6. 管件、法兰等附件及支架设计要求:见通风空调施工标准图集 7. 接口形式:法兰咬口连接	m²	30.21
5	030702001005	镀锌钢板风管	1. 名称:薄钢板通风管道 2. 材质:镀锌钢板 3. 形状:矩形 4. 规格:630＊320 5. 板材厚度:0.6 mm 厚 6. 管件、法兰等附件及支架设计要求:见通风空调施工标准图集 8. 接口形式:法兰咬口连接	m²	36.16
6	030702001006	镀锌钢板风管	1. 名称:薄钢板通风管道 2. 材质:镀锌钢板 3. 形状:矩形 4. 规格:630＊250 5. 板材厚度:0.6 mm 厚 6. 管件、法兰等附件及支架设计要求:见通风空调施工标准图集 7. 接口形式:法兰咬口连接	m²	41.71
7	030702001007	镀锌钢板风管	1. 名称:薄钢板通风管道 2. 材质:镀锌钢板 3. 形状:矩形 4. 规格:500＊250 5. 板材厚度:0.6 mm 厚 6. 管件、法兰等附件及支架设计要求:见通风空调施工标准图集 7. 接口形式:法兰咬口连接	m²	12.00

序号	项目编码	项目名称	项目特征描述	单位	工程量
8	030702001008	镀锌钢板风管	1. 名称:薄钢板通风管道 2. 材质:镀锌钢板 3. 形状:矩形 4. 规格:320＊200 5. 板材厚度:0.5 mm 厚 6. 管件、法兰等附件及支架设计要求:见通风空调施工标准图集 7. 接口形式:法兰咬口连接	m²	2.19
9	030702001009	镀锌钢板风管	1. 名称:薄钢板通风管道 2. 材质:镀锌钢板 3. 形状:矩形 4. 规格:300＊300 5. 板材厚度:0.5 mm 厚 6. 管件、法兰等附件及支架设计要求:见通风空调施工标准图集 7. 接口形式:法兰咬口连接	m²	3.06
10	030702001010	镀锌钢板风管	1. 名称:薄钢板通风管道 2. 材质:镀锌钢板 3. 形状:矩形 4. 规格:200＊200 5. 板材厚度:0.5 mm 厚 6. 管件、法兰等附件及支架设计要求:见通风空调施工标准图集 7. 接口形式:法兰咬口连接	m²	19.54
11	030702001011	镀锌钢板风管	1. 名称:薄钢板通风管道 2. 材质:镀锌钢板 3. 形状:矩形 4. 规格:200＊120 5. 板材厚度:0.5 mm 厚 6. 管件、法兰等附件及支架设计要求:见通风空调施工标准图集 7. 接口形式:法兰咬口连接	m²	7.49
12	030703019001	柔性接口	1. 名称:风管软连接 2. 规格:800＊180 3. 材质:聚氯乙烯	m²	1.18
13	030703019002	柔性接口	1. 名称:风管软连接 2. 规格:800＊150 3. 材质:聚氯乙烯	m²	1.71
14	030703019003	柔性接口	1. 名称:风管软连接 2. 规格:320＊200 3. 材质:聚氯乙烯	m²	0.52
15	030701003001	新风机组	1. 名称:吊顶式板翅热回收新风机组 2. 型号:HDK05-GP5-25SY 3. 规格:送风量 5 000 m³/h;余压 300 Pa;功率 1.8 kW;排风量 5 000 m³/h;余压 320 Pa;功率 1.5 kW;制冷量 72 kW;制热量 76 W;热回收率 63%;夏季回收 8.3 kW;冬季回收 34.5 kW 4. 安装形式:吊装 5. 质量:240 kg 6. 隔振垫(器)、支架形式、材质:弹簧减振器	台	1

序号	项目编码	项目名称	项目特征描述	单位	工程量
16	030701004001	风机盘管	1. 名称:风机盘管 2. 型号:MCW400AT 3. 规格:风量 680 m³/h;全热冷量 3 920 W;制热量 6 450 W;功率 77 W 220 V/50 Hz;水压降 26 kPa 4. 安装形式:吊装 5. 减振器、支架形式、材质:减振吊架 6. 备注:具体参数详见图纸	台	6
17	030703001001	碳钢阀门	1. 名称:电动对开多叶调节阀 2. 规格:800＊320 3. 质量:22.8 kg 4. 备注:含成品阀体安装及支架制作、安装等工作	个	1
18	030703001002	碳钢阀门	1. 名称:70 ℃防火阀 2. 规格:800＊320 3. 质量:25.47 kg 4. 备注:含成品阀体安装及支架制作、安装等工作	个	2
19	030703001003	碳钢阀门	1. 名称:70 ℃防火阀 2. 规格:630＊320 3. 质量:21.66 kg 4. 备注:含成品阀体安装及支架制作、安装等工作	个	2
20	030703001004	碳钢阀门	1. 名称:对开多叶调节阀 2. 规格:200＊200 3. 质量:8.9 kg 4. 备注:含成品阀体安装及支架制作、安装等工作	个	3
21	030703007001	散流器	1. 名称:碳钢方形散流器 2. 规格:300＊300 3. 质量:7.43 kg/个	个	6
22	030703007002	碳钢风口	1. 名称:门铰式带过滤网百叶风口 2. 规格:800＊250 3. 质量:3.7 kg/个	个	6
23	030703007003	碳钢风口	1. 名称:单层百叶回风口 2. 规格:800＊250 3. 质量:3.5 kg/个	个	3
24	030703020001	管式阻性消声器 630＊320	1. 名称:管式阻性消声器 2. 规格:630＊320 3. 质量:32.2 kg 4. 备注:含成品消声器安装及支架制作、安装等工作	个	2
25	030704001001	通风工程检测调试	1. 风管工程量:179.12 m²	系统	1

（2）措施项目清单编制

措施项目清单包括单价措施项目清单和总价措施项目清单。单价措施项目指能计量的措施项目,主要包括大型设备专用机具安拆、脚手架搭拆、高层施工增加、大型机械设备进出场及安拆等。参阅设计图纸及施工技术方案,以确定可能发生的项目。本例题中按常规工程需采用脚手架搭拆措施项目,故列单价措施项目清单如表7.14。

表 7.14　单价措施项目清单

序号	项目编码	项目名称	项目特征	计量单位	工程量
1	031301017001	脚手架搭拆		项	1.00

总价措施项目是指在现行工程量清单计算规范中无工程量计算规则，以总价（或计算基础乘费率）计算的措施项目，主要包括安全文明施工、夜间施工、二次搬运、冬雨季施工、临时设施、赶工措施、工程按质论价等措施项目费用。

总价措施项目清单的编制，首先是依据拟建工程施工组织设计，本例题根据该工程施工组织设计，应发生安全文明施工措施费，其中包括基本费和增加费两部分。在江苏省省内基本费费率为 1.5%，增加费费率为 0.3%；一般还会有冬雨季施工增加费，费率取 0.05～0.1%。另外，还考虑施工单位在生产过程中需搭建临时宿舍、仓库、办公室、加工场地等临时设施，应增加临时设施费，江苏省规定费率为 0.6%～1.5%。夜间施工费、已完工程及设备保护费均是正常作业所产生的措施费用，江苏省给定费率分别为 0～0.1%、0～0.05%，根据实际工程施工情况取值。总价措施项目清单见表 7.15。

表 7.15　措施项目清单

序号	项目编码	项目名称	计算基础	费率（%）	金额（元）	调整费率（%）	调整后金额（元）	备注
1	031302001001	安全文明施工						
1.1	1.1	基本费		1.5				
1.2	1.2	增加费		0.3				
2	031302002001	夜间施工		0				
3	031302003001	非夜间施工照明						
4	031302005001	冬雨季施工		0.05				
5	031302006001	已完工程及设备保护		0				
6	031302008001	临时设施		0.6				
7	031302009001	赶工措施						
8	031302010001	工程按质论价						
9	031302011001	住宅分户验收						
		合计						

（3）其他项目清单编制

其他项目清单内容主要包括暂列金额、暂估价、计日工及总承包服务费等。根据本拟建工程的实际情况，建设单位暂列金额 3000 元用于可能发生的合同价款调整，列入其他项目清单中。见表 7.16。

表 7.16　其他项目清单

序号	项目名称	金额（元）	结算金额（元）	备注
1	暂列金额	3 000		
2	暂估价			

序号	项目名称	金额(元)	结算金额(元)	备注
2.1	材料(工程设备)暂估价			
2.2	专业工程暂估价			
3	计日工			
4	总承包服务费			
	合计			

7.4 通风空调工程计价

7.4.1 计价套用定额及有关费用规定

1)通风空调工程套用定额

通风空调工程的工程量清单计价是依据《江苏省安装工程计价定额〈第七册 通风空调工程〉》(2014年版)来进行计价的,该册定额共设置3章584条定额子目,包括通风及空调设备安装、各种材质的通风管道的制作安装、管道部件中阀类、风口、风帽及消声器等项目的制作安装。

2)一般计价费用规定

(1)脚手架搭拆费

脚手架搭拆费,按人工费的3%计算,其中人工工资占25%。脚手架搭拆属于单价措施项目。

(2)高层建筑增加费(表7.17)

高层建筑增加费指高度在6层或20 m以上的工业与民用建筑施工所需增加的人工降效和材料垂直运输费用。该费用拆分为人工费和机械费。费率及拆分比例按下表计算。

表 7.17 高层建筑增加费表

层数	9层以下 (30 m)	12层以下 (40 m)	15层以下 (50 m)	18层以下 (60 m)	21层以下 (70 m)	24层以下 (80 m)	27层以下 (90 m)	30层以下 (100 m)	33层以下 (110 m)
按人工费的(%)	3	5	7	10	12	15	19	22	25
其中人工工资占(%)	33	40	43	40	42	40	42	45	52
机械费占(%)	67	60	57	60	58	60	58	55	48
层数	36层以下 (120 m)	40层以下 (130 m)	42层以下 (140 m)	45层以下 (150 m)	48层以下 (160 m)	51层以下 (170 m)	54层以下 (180 m)	57层以下 (190 m)	60层以下 (200 m)
按人工费的(%)	28	32	36	39	41	44	47	51	54
其中人工工资占(%)	57	59	62	65	68	70	72	73	74
机械费占(%)	43	41	38	35	32	30	28	27	26

这里高层建筑指层数在6层以上或高度在20 m以上的工业与民用建筑,高度以室外设计正负零至檐口(不包括屋顶水箱间、电梯间、屋顶平台出入口等)高度计算,层数不包括地下室、半地下室层数,两个条件具备其中之一即可计取。计算基数包括6层或20 m以下的

全部人工费,并且包括各章、节中所规定的应按系数调整的子目中人工调整部分的费用。

（3）超高增加费

超高增加费指操作物高度距离楼地面 6 m 以上而导致的该部分工程降效费用,按人工费的 15％计算。超高增加费不是实体项目,采取系数法计入分部分项综合单价。其计算基数是 6 m 以上超高部分工程量的人工费。

（4）系统调整费

系统调整费,按系统工程人工费的 13％计算,其中人工工资占 25％,材料费为 75％。通风空调工程的系统调整费包括调试人工、仪器、仪表使用折旧、消耗材料等费用,不属于工程实体也不属于措施项目,但在工程实施过程中是必须进行的,在工程量清单中列入分部分项工程量项目清单,投标单位应单独编制该清单项目的综合单价。需要注意的是,执行《第七册 通风空调工程》定额计算系统调整费时,使用本册定额上所有项目的人工费合计作为计算基础,不包括使用其他册定额子目的人工费用。

【例 7.8】 某通风空调工程安装工程人工费合计为 10 989.85 元,请计算通风空调工程的检测调试费。

【解】 因为通风空调工程系统调整费按系统工程人工费的 13％计算,其中人工工资占 25％,材料费为 75％,则计算结果如表 7.18。

表 7.18 通风空调工程系统调整费计算表

项目编码:030704001001

工程数量:1

项目名称:通风工程检测、调试

综合单价:1 617.98

序号	定额编号	工程内容	单位	数量	其中:(元)					小计
					人工费	材料费	机械费	管理费	利润	
1	7—1 000	通风工程检测调试费增加人工费 13％其中人工工资占 25％材料费占 75％	项	1	357.17	1 071.51		139.3	50	1 617.98
		合计			357.17	1 071.51		139.3	50	1 617.98

（5）安装与生产同时进行费

安装与生产同时进行增加的费用,常在改扩建工程中出现,指在生产车间或建筑物内的施工,因对生产条件或者操作的限制干扰了安装工程正常进行而产生降效费用,按单位工程全部人工费的 10％计取,其中人工费 100％,发生时费用列入措施费项目。

（6）有害环境增加费

在有害身体健康的环境中施工增加的费,按单位工程全部人工费的 10％计取,其中人工费 100％,发生时费用列入措施费项目。

3）其他定额的借用

（1）通风、空调的刷油、防腐蚀、绝热执行《第十一册 刷油、防腐蚀、绝热工程》相应定额。

薄钢板风管刷油,按其工程量执行相应项目:仅外（或内）面刷油者,定额乘以系数 1.2;内外均刷油者,定额乘以系数 1.1（其法兰加固框、吊托支架已包括在此系数内）。薄钢板部件刷油,按其工程量执行金属结构刷油项目,定额乘以系数 1.15。薄钢管风管、部件以及单独列项的支架,其除锈不分锈蚀程度,一律按其第一遍刷油的工程量执行清锈相应项目。绝热保温材料不需黏结的,执行相应项目时需减去其中的黏结材料,人工乘以系数0.5。

(2)设计要求无损探伤执行《第三册 静置设备与工艺金属结构制作安装工程》相应定额。

7.4.2 通风空调工程综合单价计算

通风空调工程清单项目综合单价的计算基础是《江苏省安装工程计价定额〈第七册 通风空调工程〉》(2014年版),对该册定额子目单价的使用应注意定额子目的适用范围、工作内容。

1)通风及空调设备及部件制作安装

(1)通风机安装项目内包括电动机安装,其安装形式包括A、B、C或D型,也适用不锈钢和塑料风机安装。

(2)设备安装项目的基价中不包括设备费和应配备的地脚螺栓价值。

(3)诱导器安装执行风机盘管安装项目。

(4)风机盘管的配管执行《第十册 给排水、采暖、燃气工程》相应项目。

(5)洁净室安装以重量计算,执行分段组装式空调器安装项目。

(6)清洗槽、浸油槽、晾干架、LWP滤尘器支架制作安装执行设备支架项目。

(7)风机减震台座执行设备支架项目,定额中不包括减震器用量,应依设计图纸按实计算。

(8)玻璃挡水板执行钢板挡水板相应项目,其材料、机械均乘以系数0.45,人工不变。

(9)保温钢板密闭门执行钢板密闭门项目,其材料乘以系数0.5,机械乘以系数0.45,人工不变。

2)通风管道制作安装

(1)薄钢板通风管道制作安装

① 整个通风系统设计采用渐缩管均匀送风者,圆形风管按平均直径,矩形风管按平均周长执行相应规格项目,其人工乘以系数2.5。

② 镀锌薄钢板风管项目中的板材是按镀锌薄钢板编制的,如设计要求不用镀锌薄钢板者,板材可以换算,其他不变。

③ 风管导流叶片不分单叶片和香蕉形双叶片,均执行同一项目。

④ 如制作空气幕送风管时,按矩形风管平均周长执行相应风管规格项目,其人工乘以系数3,其余不变。

⑤ 薄钢板通风管道制作安装项目中,包括弯头、三通、变径管、天圆地方等管件及法兰、加固框和吊托支架的制作用工,但不包括过跨风管落地支架,落地支架执行设备支架项目。

⑥ 薄钢板风管项目中的板材,如设计要求厚度不同者可以换算,但人工、机械不变。

⑦ 软管接头使用人造革而不使用帆布者可以换算。

⑧ 项目中的法兰垫料如设计要求使用材料品种不同者可以换算,但人工不变。使用泡沫塑料者每千克橡胶板换算为泡沫塑料0.125 kg,使用闭孔乳胶海绵者每千克橡胶板换算

为闭孔乳胶海绵 0.5 kg。

⑨ 柔性软风管适用于由金属、涂塑化纤织物、聚酯、聚乙烯、聚氯乙烯薄膜、铝箔等材料制成的软风管。

⑩ 柔性软风管安装按图示中心线长度以"m"为单位计算;柔性软风管阀门安装以"个"为单位计算。

（2）净化通风管道制作安装

① 净化通风管道制作安装项目中包括弯头、三通、变径管、天圆地方等管件及法兰、加固框和吊托支架,不包括过跨风管落地支架。落地支架执行设备支架项目。

② 净化风管项目中的板材,如设计厚度不同者可以换算,人工、机械不变。

③ 圆形风管执行本章矩形风管相应项目。

④ 风管涂密封胶是按全部口缝外表面涂抹考虑的,如设计要求口缝不涂抹而只在法兰处涂抹者,每 10 m² 风管应减去密封胶 1.5 kg 和人工 0.37 工日。

⑤ 风管及部件项目中,型钢未包括镀锌费,如设计要求镀锌时,另加镀锌费。

（3）不锈钢板通风管道制作安装

① 矩形风管执行本章圆形风管相应项目。

② 不锈钢吊托支架执行本章相应项目。

③ 风管凡以电焊考虑的项目,如需使用手工氩弧焊者,其人工乘以系数 1.238,材料乘以系数 1.163,机械乘以系数 1.673。

④ 风管制作安装项目中包括管件,但不包括法兰和吊托支架;法兰和吊托支架应单独列项计算执行相应项目。

⑤ 风管项目中的板材如设计要求厚度不同者可以换算,人工、机械不变。

（4）铝板通风管道制作安装

① 风管凡以电焊考虑的项目,如需使用手工氩弧焊者,其人工乘以系数 1.154,材料乘以系数 0.852,机械乘以系数 9.242。

② 风管制作安装项目中包括管件,但不包括法兰和吊托支架;法兰和吊托支架应单独列项计算执行相应项目。

③ 风管项目中的板材如设计要求厚度不同者可以换算,人工、机械不变。

（5）塑料通风管道制作安装

① 风管项目规格表示的直径为内径,周长为内周长。

② 风管制作安装项目中包括管件、法兰、加固框,但不包括吊托支架,吊托支架执行相应项目。

③ 风管制作安装项目中的主体,板材(指每 10 m² 定额用量为 11.6 m² 者),如设计要求厚度不同者可以换算,人工、机械不变。

④ 项目中的法兰垫料如设计要求使用品种不同者可以换算,但人工不变。

⑤ 塑料通风管道胎具材料摊销费的计算方法:塑料风管管件制作的胎具摊销材料费未包括在定额内的,按以下规定另行计算,风管工程量在 30 m² 以上的,每 10 m² 风管的胎具摊销木材为 0.06 m³,按地区预算价格计算胎具材料摊销费;风管工程量在 30 m² 以下的,每

10 m² 风管的胎具摊销木材为 0.09 m³,按地区预算价格计算胎具材料摊销费。

(6)玻璃钢通风管道制作安装

① 玻璃钢通风管道安装项目中,包括弯头、三通、变径管、天圆地方等管件的安装及法兰、加固框和吊托架的制作安装,不包括过跨风管落地支架。落地支架执行设备支架项目。

② 本定额玻璃钢风管及管件按计算工程量加损耗外加工定做,其价值按实际价格;风管修补应由加工单位负责,其费用按实际价格发生,计算在主材费内。

③ 定额内未考虑预留铁件的制作的埋设,如果设计要求用膨胀螺栓安装吊托支架者,膨胀螺栓可按实际调整,其余不变。

3)通风管道部件制作安装

(1)柔性软风管阀门、玻璃钢风帽定额基价中不包括阀门、风帽本身价值,不锈钢风口、静压箱制作不含不锈钢丝网、热镀锌钢板价值。在综合单价组价时,主材费应补充计入。

(2)人防用材料设备(密闭套管除外)均不包括本身价值,在综合单价组价时,主材费应补充计入。

(3)其他通风部件定额子目或分开制作、安装列项,或含制作安装全部内容,如图纸要求用成品部件只安装不制作时,应在清单组价中予以考虑。

(4)碳钢风帽的滴水盘、筝绳、泛水定额均单列子目计价,综合单价组价时根据定额计算规则及标准图集予以计量及计价。

4)清单综合单价的计算

清单项目综合单价在涵盖工作内容上是完成单位工程实体的综合性内容,而定额子目是划分更细的分项工作。综合单价在使用定额组价时,特别要注意的是定额工程量与工程量清单中实体工程量不是一对一关系,而往往是一对多,计量单位也不一定相同。一个清单项目综合单价可由一个或多个定额项目组成,企业管理费、利润的计取标准按 2014 年江苏省建设工程费用定额相关规定,见表 7.19。

表 7.19　安装工程企业管理费和利润取费标准表

序号	项目名称	计算基础	企业管理费率(%)			利润率(%)
			一类工程	二类工程	三类工程	
一	安装工程	人工费	48	44	40	14

对于通风空调分项安装工程,工程类别划分是以建筑物使用通风空调的面积规模规划分的:面积 5 000 m² 以下为三类工程,5 000 m² 以上为二类工程,达到 15 000 m² 以上为一类工程。

【例 7.9】　某通风空调工程空调面积 3 500 m²,设计采用镀锌钢板矩形风管,项目编码 030702001001,项目特征描述规格 800 * 320,厚度 0.75 mm,法兰咬口连接。请计算该清单项目综合单价。

【解】　由题意,该清单项目工作内容包含通风空调工程定额中镀锌薄钢板矩形风管制作、安装 7-84、7-85 两个子目内容,其综合单价还需补充 7-84 中未计价主材并计取相应管理费、利润,该工程为三类工程,企业管理费 40%、利润 14%,综合单价计算见表 7.20。

表7.20　综合单价计算表

项目编码：030702001001

项目名称：镀锌钢板风管800 * 320　0.75 mm 厚

计量单位：m²

综合单价：97.30

序号	定额编号	工程内容	单位	数量	其中:(元)					小计
					人工费	材料费	机械费	管理费	利润	
1	7-84	镀锌薄钢板矩形风管制作周长 4 000δ1.2 咬口	10 m²	0.1	17.02	16.32	3.95	6.81	2.38	46.48
2	7-85	镀锌薄钢板矩形风管安装周长 4 000δ1.2 咬口	10 m²	0.1	11.40	0.86	0.21	4.56	1.59	18.62
3		热镀锌钢板 δ0.75 Q235B(主材)	m²	1.138	0.00	32.21	0.00	0.00	0.00	32.21
		合计			28.42	45.48	4.15	11.36	3.98	97.30

7.4.3　工程量清单计价实例

【例7.10】　依据【例7.7】某实验楼通风空调工程分部分项工程量清单,请计算并编制该通风空调工程的工程造价。

【解】　(1)各分部分项项目综合单价计算(表7.21～表7.23)

根据【例7.7】工程量清单,依据《江苏省安装工程计价定额》(2014 版),并按营改增调整后方法,计算各分部分项工程综合单价。

表7.21　综合单价计算表 1

单位工程:某实验楼通风空调工程

项目编码:030702001001

项目名称:镀锌钢板风管 800 * 320　0.75 mm 厚

计量单位:m²

工程数量:3.43

综合单价:97.30

序号	定额编号	工程内容	单位	数量	其中:(元)					小计
					人工费	材料费	机械费	管理费	利润	
1	7-84	镀锌薄钢板矩形风管制作周长 4 000δ1.2 咬口	10 m²	0.343	58.38	55.97	13.54	23.35	8.17	159.41
2	7-85	镀锌薄钢板矩形风管安装周长 4 000δ1.2 咬口	10 m²	0.343	39.09	2.95	0.71	15.63	5.47	63.85
3		热镀锌钢板 δ0.75 Q235B(主材)	m²	3.903		110.47				110.47
		合计			97.48	169.39	14.25	38.98	13.64	333.73

表7.22　综合单价计算表 2

单位工程:某实验楼通风空调工程

项目编码:030702001002

项目名称:镀锌钢板风管 800 * 250　0.75 mm 厚

计量单位: m²

工程数量:8.16

综合单价:97.30

序号	定额编号	工程内容	单位	数量	其中:(元)					小计
					人工费	材料费	机械费	管理费	利润	
1	7-84	镀锌薄钢板矩形风管制作周长 4 000δ1.2 咬口	10 m²	0.816	138.88	133.15	32.22	55.55	19.45	379.24
2	7-85	镀锌薄钢板矩形风管安装周长 4 000δ1.2 咬口	10 m²	0.816	92.99	7.03	1.7	37.19	13.02	151.92

序号	定额编号	工程内容	单位	数量	其中:(元)					小计
					人工费	材料费	机械费	管理费	利润	
3		热镀锌钢板 δ0.75 Q235B(主材)	m²	9.286		262.80				262.80
		合计			231.87	402.98	33.92	92.74	32.47	793.96

表 7.23　综合单价计算表 3

单位工程:某实验楼通风空调工程　　　　　　　　　　　　　　　计量单位:m²

项目编码:030702001003　　　　　　　　　　　　　　　　　　　工程数量:11.76

项目名称:镀锌钢板风管 800 * 180　0.75 mm 厚　　　　　　　　综合单价:118.40

序号	定额编号	工程内容	单位	数量	其中:(元)					小计
					人工费	材料费	机械费	管理费	利润	
1	7-82	镀锌薄钢板矩形风管制作周长 2 000δ1.2 咬口	10 m²	1.176	267.16	235.91	76.26	106.86	37.41	723.6
2	7-83	镀锌薄钢板矩形风管安装周长 2 000δ1.2 咬口	10 m²	1.176	177.53	12.42	4.21	71.01	24.85	290.01
3		热镀锌钢板 δ0.75 Q235B(主材)	m²	13.38		378.74				378.74
		合计			444.69	627.07	80.47	177.87	62.26	1392.35

由于本书篇幅有限,其余分部分项工程综合单价计算略。

(2)分部分项工程费

分部分项工程费把各分部分项综合单价与相应工程量相乘,合计得出分部分项工程费用(表 7.24)。

$$分部分项工程费 = \sum 分部分项综合单价 \times 工程量$$

表 7.24　分部分项工程费计算表

序号	项目编号	项目名称	计量单位	工程数量	金额(元)	
					单价	合价
1	030702001001	镀锌钢板风管 800 * 320 0.75 mm 厚	m²	3.43	97.30	333.73
2	030702001002	镀锌钢板风管 800 * 250 0.75 mm 厚	m²	8.16	97.30	793.96
3	030702001003	镀锌钢板风管 800 * 180 0.75 mm 厚	m²	11.76	118.40	1 392.35
4	030702001004	镀锌钢板风管 800 * 150 0.75 mm 厚	m²	30.21	118.40	3 576.72
5	030702001005	镀锌钢板风管 630 * 320 0.6 mm 厚	m²	36.16	109.94	3 975.43
6	030702001006	镀锌钢板风管 630 * 250 0.6 mm 厚	m²	41.71	109.94	4 585.60
7	030702001007	镀锌钢板风管 500 * 250 0.6 mm 厚	m²	12.00	109.94	1 319.28
8	030702001008	镀锌钢板风管 320 * 200 0.5 mm 厚	m²	2.19	105.99	232.12
9	030702001009	镀锌钢板风管 300 * 300 0.5 mm 厚	m²	3.06	105.99	324.34
10	030702001010	镀锌钢板风管 200 * 200 0.5 mm 厚	m²	19.54	140.01	2 735.82
11	030702001011	镀锌钢板风管 200 * 120 0.5 mm 厚	m²	7.49	140.01	1 048.68
12	030703019001	柔性接口 800 * 180	m²	1.18	89.80	105.96

序号	项目编号	项目名称	计量单位	工程数量	金额(元)	
					单价	合价
13	030703019002	柔性接口 800＊150	m²	1.71	89.80	153.56
14	030703019003	柔性接口 320＊200	m²	0.52	89.80	46.70
15	030701003001	吊顶式板翅热回收新风机组	台	1.00	40 442.50	40 442.50
16	030701004001	风机盘管	台	6.00	1 187.67	7 126.02
17	030703001001	电动对开多叶调节阀 800＊320	个	1.00	503.24	503.24
18	030703001002	碳钢阀门 800＊320	个	2.00	403.58	807.16
19	030703001003	碳钢阀门 630＊320	个	2.00	267.12	534.24
20	030703001004	碳钢阀门 200＊200	个	3.00	279.28	837.84
21	030703007001	碳钢方形散流器	个	6.00	323.38	1 940.28
22	030703007002	门铰式带过滤网百叶风口	个	6.00	294.00	1764.00
23	030703007003	单层百叶回风口	个	3.00	211.05	633.15
24	030703020001	管式阻性消声器 630＊320	个	2.00	626.41	1 252.82
25	030704001001	通风工程检测、调试	系统	1.00	1617.98	1 617.98
		合计				78 083.48

（3）措施项目费

措施项目费包括单价措施项目费和总价措施项目费。

① 单价措施项目是根据定额措施项目综合单价与工程量的乘积得到。本例题中单价措施项目费是脚手架搭拆费。脚手架搭拆费，按分部分项工程费中相关人工费的 3％计算，其中人工工资占 25％，材料费占 75％。计算结果如表 7.25。

表 7.25　单价措施项目费计算表

定额编号	工程内容	单位	数量	其中：(元)					小计
				人工费	材料费	机械费	管理费	利润	
031301017001	脚手架搭拆	项	1.00	85.10	255.31		34.04	11.91	386.36
7-9300	第 7 册脚手架搭拆费增加人工费 3％其中人工工资占 25％材料费占 75％	项	1.00	85.10	255.31		34.04	11.91	386.36

② 总价措施项目费是根据分部分项工程费及其他费用，用系数法计算，即：

措施项目费＝∑（分部分项工程费＋单价措施项目费－除税工程设备费）×费率

总价措施项目费率由当地建设主管部门定额及有关文件确定。江苏省住建厅规定，安全文明施工费基本费率为 1.5％，省级标准化增加费费率为 0.3％，对于开展市级建筑安全文明施工标准化示范工地创建活动的地区，按省级标准化费率乘以 0.7 系数执行，本例按 0.3％取。冬雨季施工费是在冬雨季施工期间所增加的费用，费率为 0.05％～0.1％，本工程室内不跨冬季施工，取 0.05％。临时设施费费率为 0.6％～1.6％，因本项目工程量较小，所以临时设施费费率取 1.6％。本例计价中除税工程设备费包括吊顶式新风机组 40 000 元，风机盘管 1 000 元/台，6 台共计 6 000 元，因此计费基础需扣除上述设备费 46 000 元。见表 7.26。

表7.26 总价措施项目费计算表

序号	项目编码	项目名称	计算基础	费率(%)	金额(元)	调整费率(%)	调整后金额(元)	备注
1	031302001001	安全文明施工			584.46			
1.1	1.1	基本费	32 469.84	1.5	487.05			
1.2	1.2	增加费	32 469.84	0.3	97.41			
2	031302005001	冬雨季施工	32 469.84	0.05	16.23			
3	031302008001	临时设施	32 469.84	1.6	519.52			
		合计			1 120.21			

(4)其他项目费用计算

① 其他清单项目中暂列金额一般为建设单位暂时预留费用,工程结束时按实际发生计算,此处如实填写进其他项目清单计价表。

② 暂估价项中如有材料、工程设备的暂估价应计入综合单价,不汇总入其他项目计价表;专业工程暂估价则直接计入其他项目计价表合计。

③ 计日工是为零星工作计价设立,如给出暂定数量则应计算出总价后计入本计价表。

④ 总承包服务费应根据其他项目清单列出的内容和建设单位服务要求按以下标准计算:仅要求对分包的专业工程进行总承包管理和协调时,按分包的专业工程估算造价的1%计算;要求对分包的专业工程进行总承包管理和协调,并同时要求提供配合服务时,根据配合服务内容和要求,按分包的专业工程估算造价的2%~3%计算。

注意专业工程暂估价、计日工、总承包服务费均不包括增值税可抵扣进项税额。本例仅有暂列金额项,其他项目清单计价见表7.27。

表7.27 其他项目计价表

序号	项目名称	金额(元)	结算金额(元)	备注
1	暂列金额	3 000		
2	暂估价			
2.1	材料(工程设备)暂估价			
2.2	专业工程暂估价			
3	计日工			
4	总承包服务费			
	合计	3 000		

(5)规费和税金

规费是政府要求缴纳的费用,江苏省建设部门主要要求缴纳社会保险费、住房公积金和工程排污费,费率分别为2.4%,0.42%,0.1%。即:

$$规费 = \sum(分部分项工程费 + 措施项目费 + 其他项目费 - 除税工程设备费) \times 费率$$

$$税金 = \left(分部分项工程费 + 措施项目费 + 其他项目费 + 规费 - \frac{甲供材料费 + 甲供设备费}{1.01}\right) \times 11\%$$

注意如有甲供材料、设备应在计取采购保管费后计算税金时扣除,扣除方法为甲供材料设备费除以 1.01 扣除。

规费和税金计算结果见表 7.28。

表 7.28 规费和税金计算表

序号	项目名称	计算基础	计算基数(元)	计算费率(%)	金额(元)
1	规费		1 068.43		1 068.43
1.1	社会保险费	分部分项工程费+措施项目费+其他项目费-除税工程设备费	36 590.05	2.4	878.16
1.2	住房公积金		36 590.05	0.42	153.68
1.3	工程排污费		36 590.05	0.1	36.59
2	税金	分部分项工程费+措施项目费+其他项目费+规费-(甲供材料费+甲供设备费)/1.01	83 658.48	11	9 202.43
	合计				10 270.86

(6) 工程造价总费用

工程造价总费用即为分部分项工程费、措施项目费、其他项目费、规费、税金所有费用累加之和,即工程总价。单位工程费汇总表见表 7.29。

表 7.29 工程费用汇总表

序号	汇总内容	金额(元)	其中:暂估价(元)
1	分部分项工程	78 083.48	
2	措施项目	1 506.57	—
3	其他项目	300	—
4	规费	1 068.43	—
5	税金	9 202.43	—
	工程造价合计	92 860.91	

最后要说明,本案例计价除补充设备费外全部采用江苏省安装工程定额除税基价,实际计算时应按本地造价机构发布新人工、材料、机械价格进行调整;工程造价各项费用中安全文明施工措施费、规费、税金为不可竞争费用,暂估价按约定计取,其他为可竞争费用。

复习思考题

1. 简要介绍按空气处理设备分类的空调工程系统组成?
2. 如何计算各形状风管工程量?
3. 定额中通风空调系统哪几种费用是以人工费为基数计取的?
4. 简述综合单价如何根据定额计算确定?

8 消防工程

8.1 消防工程基础知识

8.1.1 建筑消防系统

1) 消火栓给水系统

在民用建筑消防中,以水作为灭火工具来扑灭建筑物中一般物质的火灾是最经济有效的方法,而消火栓给水系统是目前使用最广泛的灭火方式,常分为室外消火栓系统和室内消火栓系统。

室外消火栓是设置于室外供消防车用水或直接接出水带水枪进行灭火的供水设备。根据压力的不同,可分为低压消火栓和高压消火栓。高压消火栓可直接接出水带水枪进行灭火,无须消防车或其他移动式消防水泵加压。

室内消火栓系统则由消火栓、水枪、水龙带、消防管道、水泵结合器、消防水池、消防水箱、消防水泵、稳压设备等组成(见图 8.1)。

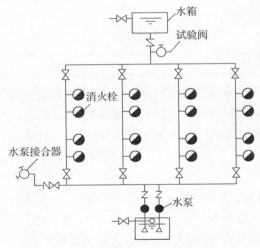

图 8.1 室内消火栓给水系统

（1）室内消火栓

室内消火栓和水龙带、水枪一起安装在铝合金或钢板制作的消防箱内。消火栓是具有内扣式接口的球形阀式龙头,与消防管相连,当使用时水龙带与消火栓卡口相接,打开阀门出水。

（2）室内消防给水管网

室内消防给水管网包括进户管、消防干管、消防竖管等,其管材多采用镀锌钢管。建筑消防给水管道系统多为独立供水系统,在要求不高的建筑中也可与生产、生活给水管道共用。消防管道管径不得小于 DN100。

（3）消防设备

消防设备包括消防水箱、消防水池、气压给水设备、消防水泵、水泵结合器等。消防水箱通常应储存 10 min 的消防用水量,用于火灾初期供水,常用的水箱容积为 6 m³、12 m³、18 m³。气压给水设备主要是气压罐和稳压泵,以保证最不利点消火栓的正常供水压力。当建筑较高、市政供水压力不能满足消防压力需求时,还应设置消防泵来确保火灾时消防管供水水量与水压。水泵结合器由闸阀、安全阀和结合器组成,其作用是当室内消防水泵发生故障或室内消防用水量不能满足灭火需求时,消防车从室外消火栓或消防水池取水,通过水泵结合器将水送到室内,补充灭火用水量。

2）自动喷水灭火系统

自动喷水灭火系统也称喷淋系统,是设置在消防要求较高的建筑物内的一种消防灭火系统,如商场、宾馆、剧院、办公室、商店等场所。当建筑内发生火灾时,室内温度升高,达到作用温度时自动打开闭式喷头进行灭火,并发出信号报警通知值班人员。

自动喷水灭火系统主要有湿式自动喷水灭火系统、干式自动喷水灭火系统、干湿式自动喷水灭火系统、预作用自动喷水灭火系统等类型。湿式自动喷水灭火系统是最常用的一种自动喷水灭火系统,由闭式喷头、管网、报警阀组、探测器、喷淋泵、稳压装置、消防水池、消防水箱等组成(见图 8.2)。

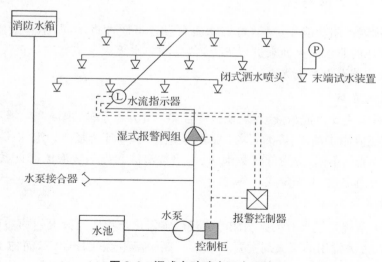

图 8.2　湿式自动喷水灭火系统

（1）喷头

自动喷水灭火系统的喷头分为闭式和开式两种类型,在冬季温度较高的南方地区民用建筑中闭式自动喷水灭火系统使用较多。湿式自动喷水灭火系统常用闭式喷头,它由喷水口、控制器和溅水盘三部分组成,喷水口平时被控制器封闭。控制器是由易熔合金锁片或玻璃球热敏元件组成,当环境温度达到设定温度时,易熔合金熔化或玻璃球炸裂,喷头就立即打开喷水。闭式喷头的安装方式可有普通型、吊顶式、侧边型等。

(2)报警阀组

报警阀组是由报警阀、水力警铃、压力开关、延时器等组成。报警阀是自动喷水灭火系统中接通或切断水源、并启动报警器的装置。在自动喷水灭火系统中,报警阀是主要的组件,其作用有三:接通或切断水源、输出报警信号和防止水流倒回供水源,以及通过报警阀可对系统的供水装置和报警装置进行检验。报警阀根据系统的不同可分为湿式报警阀、干式报警阀和雨淋阀。

(3)水流指示器

水流指示器是一种由管网内水流作用启动、发出电信号的组件,是用于湿式灭火系统中做电报警和区域报警用的设备,安装在每层或每个分区的干管上或支管的始端上。水流指示器按叶片的形状,可分为板式和桨式两种;按安装基座分,可分为鞍座式、管式和法兰式。

(4)末端试水装置

末端试水装置是安装在喷淋系统管网或分区管网的末端,检验系统启动、报警及联动等功能的装置。-末端试水装置包括压力表和试水阀门等,它是喷洒系统的重要组成部分。

(5)其他设备

湿式自动喷水灭火系统的消防设备,还包括水箱、水池、气压给水设备、喷淋水泵、水泵结合器等,其作用与功能与消火栓灭火系统相同。

8.1.2 特殊消防灭火系统

有些建筑物因使用功能不一样,可燃物质和设备可燃性也不同,不宜采用水来进行灭火,则要采取其他的非水灭火剂来进行灭火,常见的非水灭火系统有泡沫灭火系统、卤代烷灭火系统、二氧化碳灭火系统等。

1)泡沫灭火系统

泡沫灭火系统主要由泡沫液贮罐、比例混合器、消防泵、水池、泡沫产生器和喷头等组成(见图8.3),广泛应用于油田、炼油石场、油库、发电厂、汽车库等场所。泡沫灭火系统根据泡沫灭火剂发泡性能的不同,分为低倍数泡沫、中倍数泡沫和高倍数泡沫灭火系统,还可以根据安装方式分为固定式、半固定式和移动式等。

2)卤代烷灭火系统

卤代烷灭火系统是把具有灭火功能的卤代烷碳氢化合物作为灭火剂的一种气体灭火系统(见图8.4)。过去常用的灭火剂主要有二氟一氯一溴甲烷($CBrClF_2$,简称1211)、三氟一溴甲烷(CF_3Br,简称1301)等,这类灭火剂也常称为哈龙(简写为HBFC)。这类灭火剂因对大气中的臭氧层有极强的破坏作用而被淘汰,国际标准化组织推荐用于替代哈龙的气体灭火剂共有14种,目前已较多应用的有FM-200(七氟丙烷)和INERGEN(烟烙尽)。卤代烷灭火系统适用于不能用水灭火的场所,如计算机房、图书档案室、文物资料库等建筑物。

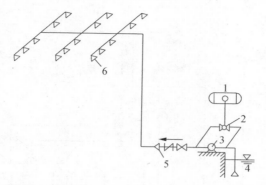

1—泡沫储液罐；2—比例混合器；3—消防泵；4—水池；5—泡沫产生器；6—喷头

图 8.3 固定式泡沫喷淋灭火系统

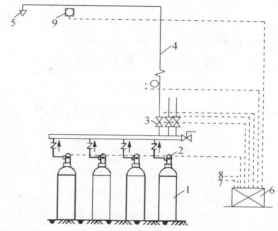

1—灭火剂贮罐；2—容器阀；3—选择阀；4—管网；5—喷嘴；6—自控装置；7—控制联动；8—报警；9—火警探测器

图 8.4 卤代烷灭火系统

3) 二氧化碳灭火系统

二氧化碳灭火系统可以用于扑灭某些气体、固体表面、液体和电器火灾，一般可以使用卤代烷灭火系统的场所均可采用二氧化碳灭火系统，但这种系统造价高，对人体有害（见图 8.5）。其主要组成部分为 CO_2 贮存容器、启用用气容量、总管、连接管、操作管、安全阀、选择阀、报警阀、手动启动装置、探测器、控制盘和检测盘等。

8.1.3 室内火灾报警系统

火灾自动报警系统是人们为了及早发现和通报火灾，并及时采取有效措施控制和扑灭火灾而设在建筑物中或其他场所的一种自动消防设施。火灾报警系统通常由触发装置、火灾报警装置、火灾警报装置及电源组成的通报火灾发生的全套设备。根据火灾报警控制器及建筑复杂程度，火灾自动报警系统分为区域报警系统、集中报警系统和控制中心报警系统三种基本形式。

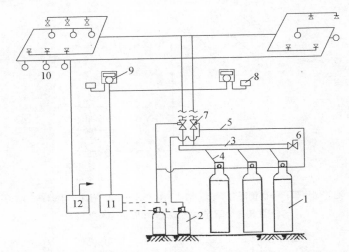

1—CO$_2$贮存容器;2—启用用气容量;3—总管;4—连接管;5—操作管;6—安全阀;7—选择阀;
8—报警阀;9—手动启动装置;10—探测器;11—控制盘;12—检测盘

图8.5 二氧化碳灭火系统

1)**区域报警系统**

区域报警系统是由区域火灾报警控制器、火灾探测器、手动火灾报警按钮、警报装置等组成。

火灾报警控制器是一种具有对火灾探测器供电,接受、显示和传输火灾报警等信号,并能对消防设备发出控制指令的自动报警装置。根据对火灾参数(如烟、温、光等)响应不同,火灾探测器可分为感温探测器、感烟探测器、气体探测器等类型。手动火灾报警按钮是用手动方式产生火灾报警信号、启动火灾自动报警系统的器件。手动火灾报警按钮应安装在墙壁上,在同一火灾报警系统中,应采用型号、规格、操作方法相同的同一类型的手动火灾报警按钮。

2)**集中报警系统**

集中报警系统是由集中火灾报警控制器、区域火灾报警控制器、火灾探测器、手动火灾报警按钮、警报装置等组成的功能较复杂的火灾自动报警系统。集中报警系统通常用于功能较多的建筑,如高层宾馆、饭店等场合。这时,集中火灾控制器应设置在有专门人值班的消防控制室或值班室内,区域火灾报警控制器设置在各层的服务台处。

3)**控制中心报警系统**

控制中心报警系统由设置在消防控制室的消防控制设备、集中火灾报警控制器、区域火灾报警控制器、火灾探测器、手动火灾报警按钮等组成的功能复杂的火灾自动报警系统。其中消防控制设备主要包括:火灾警报装置、火警电话、火灾应急照明、火灾应急广播、防排烟、通风空调、消防电梯等联动装置,以及固定灭火系统的控制装置等。

8.2　消防工程量计算

8.2.1　工程量计算范围

消防工程量计算范围包括工业和民用建筑物内设置的消火栓系统和自动喷水灭火系统的管道、消火栓、气压水罐等的安装,工业和民用建筑中设置的七氟丙烷灭火系统、IG541 灭火系统、二氧化碳灭火系统等的管道、管件、系统组件等的安装;固定式或半固定式泡沫灭火系统的发生器及泡沫比例混合器安装。

另外,还包括探测器、按钮、模块、报警控制器、联动控制器、报警联动一体机、重复显示器、警报装置、远程控制器、火灾事故广播、消防通信、报警备用电源、火灾报警控制微机安装等报警系统的安装,以及自动报警系统装置调试、水灭火系统控制装置调试、防火控制装置调试(包括火灾事故广播、消防通讯、消防电梯系统装置调试,电动防火门、防火卷帘门、正压送风阀、排烟阀、防火阀控制系统装置调试)、气体灭火系统装置调试等。

消防工程管道界限的划分。消火栓系统和喷淋系统水灭火管道的室内外界限是以建筑物外墙皮 1.5 m 为界,入口处设阀门者应以阀门为界;设在高层建筑物内的消防泵间管道应以泵间外墙皮为界;与市政消防给水管道的界限是以市政给水管道碰头点(井)为界。

8.2.2　工程量计算

1)水灭火系统

(1)管道安装按设计管道中心长度,不扣除阀门、管件及各种组件所占长度,以“m”计算。

(2)水喷淋(雾)喷头安装按有吊顶、无吊顶分别以“个”为计量单位。

(3)报警装置安装按成套产品以“组”为计量单位。报警装置安装包括装配管(除水力警铃进水管)的安装,水力警铃进水管并入消防管道工程量。

湿式报警装置包括湿式阀、蝶阀、装配管、供水压力表、装置压力表、试验阀、泄放试验阀、泄放试验管、试验管流量计、过滤器、延时器、水力警铃、报警截止阀、漏斗、压力开关等。

干湿两用报警装置包括两用阀、蝶阀、装配管、加速器、加速器压力表、供水压力表、试验阀、泄放试验阀(湿式、干式)、挠性接头、泄放试验管、试验管流量计、排气阀、截止阀、漏斗、过滤器、延时器、水力警铃、压力开关等。

电动雨淋报警装置包括雨淋阀、蝶阀、装配管、压力表、泄放试验阀、流量表、截止阀、注水阀、止回阀、电磁阀、排水阀、手动应急球阀、报警试验阀、漏斗、压力开关、过滤器、水力警铃等。

预作用报警装置包括报警阀、控制蝶阀、压力表、流量表、截止阀、排放阀、注水阀、止回阀、泄放阀、报警试验阀、液压切断阀、装配管、供水检验管、气压开关、试压电磁阀、空压机、应急手动试压器、漏斗、过滤器、水力警铃等。

(4)温感式水幕装置安装,按不同型号和规格以“组”为计量单位,包括给水三通至喷头、阀门间的管道、管件、阀门、喷头等全部内容的安装。

（5）水流指示器、减压孔板安装，按不同规格均以"个"为计量单位。

（6）末端试水装置按不同规格均以"组"为计量单位。

（7）室内消火栓以"套"为计量单位，包括消火栓箱、消火栓、水枪、水龙头、水龙带接扣、自救卷盘、挂架、消防按钮；落地消火栓箱包括箱内手提灭火器；所带消防按钮的安装另行计算。

（8）室外消火栓以"套"为计量单位，安装方式分地上式、地下式；地上式消火栓安装包括地上式消火栓、法兰接管、弯管底座；地下式消火栓安装包括地下式消火栓、法兰接管、弯管底座或消火栓三通。

（9）消防水泵接合器安装，区分不同安装方式和规格以"套"为计量单位，包括法兰接管及弯头安装，接合器井内阀门、弯管底座、标牌等附件安装。

（10）隔膜式气压水罐安装，区分不同规格以"台"为计量单位。

2）气体灭火系统

气体灭火系统包括工业和民用建筑中设置的二氧化碳灭火系统、卤代烷 1211 灭火系统和卤代烷 1301 灭火系统中的管道、管件、系统组件等的安装。

（1）各种管道安装按设计管道中心长度，不扣除阀门、管件及各种组件所占长度，以"延长米"计算。钢制管件螺纹连接均按不同规格以"个"为计量单位。

（2）喷头安装均按不同规格以"个"为计量单位。

（3）选择阀安装按不同规格和连接方式分别以"个"为计量单位。

（4）贮存装置安装中包括灭火剂贮存容器、驱动气瓶、支框架、集流阀、容器阀、单向阀、高压软管和安全阀等贮存装置和阀驱动装置、减压装置、压力指示仪等。贮存装置安装按贮存容器和驱动气瓶的规格以"套"为计量单位。

（5）二氧化碳称重检漏装置包括泄漏报警开关、配重、支架等，以"套"为计量单位。

（6）系统组件包括选择阀、单向阀（含气、液）及高压软管。试验按水压强度试验和气压严密性试验，分别以"个"为计量单位。

（7）无管网气体灭火系统以"套"为计量单位，由柜式预制灭火装置、火灾探测器、火灾自动报警灭火控制器等组成，具有自动控制和手动控制两种启动方式。

3）泡沫灭火系统安装

泡沫灭火系统安装主要包括高、中、低倍数固定式或半固定式泡沫灭火系统的发生器及泡沫比例混合器安装。

（1）泡沫发生器、泡沫比例混合器安装均按不同型号以"台"为计量单位，法兰和螺栓按设计规定另行计算。

（2）泡沫发生器及泡沫比例混合器安装中已包括整体安装、焊法兰、单体调试及配合管道试压时隔离本体所消耗的人工和材料，不包括支架的制作安装和二次灌浆的工作内容应计算相应工程量。

4）火灾自动报警系统安装

火灾自动报警系统安装包括探测器、按钮、模块（接口）、报警控制器、报警联动一体机、重复显示器、报警装置、远程控制器、火灾事故广播、消防通讯、报警备用电源安装等项目。

（1）点型探测器包括火焰、烟感、温感、红外光束、可燃气体探测器等按线制的不同分为多线制与总线制，不分规格、型号、安装方式与位置，以"个"为计量单位。探测器安装包括了探头和底座的安装及本体调试。

（2）红外线探测器以"对"为计量单位。红外线探测器是成对使用的，在计算时一对为两只，包括了探头支架安装和探测器的调试。

（3）火焰探测器、可燃气体探测器按线制的不同分为多线制与总线制两种，计算时不分规格、型号以及安装方式与位置，以"个"为计量单位。探测器安装包括了探头和底座的安装及本体调试。

（4）线形探测器的安装方式按环绕、正弦及直线综合考虑，不分线制及保护形式，以"m"为计量单位。探测器连接的一只模块和终端，其工程量应按个计算。

（5）按钮包括消火栓按钮、手动报警按钮、气体灭火起/停按钮，以"个"为计量单位。

（6）控制模块（接口）是指仅能起控制作用的模块（接口），亦称为中继器，依据其给出控制信号的数量，分为单输出和多输出两种形式。执行时不分安装方式，按照输出数量以"个"为计量单位。

（7）报警模块（接口）不起控制作用，只能起监视、报警作用，执行时不分安装方式，以"个"为计量单位。

（8）报警控制器按线制的不同分为多线制与总线制两种，其中又按其安装方式不同分为壁挂式和落地式。在不同线制、不同安装方式中按照"点"数的不同划分项目，以"台"为计量单位。多线制"点"是指报警控制器所带报警器件（探测器、报警按钮等）的数量。总线制"点"是指报警控制器所带的有地址编码的报警器件（探测器、报警按钮、模块等）的数量。如果一个模块带数个探测器，则只能计为一点。

（9）联动控制器按线制的不同分为多线制与总线制两种，其中又按其安装方式不同分为壁挂式和落地式。在不同线制、不同安装方式中按照"点"数的不同划分项目，以"台"为计量单位。多线制"点"是指联动控制器所带联动设备的状态控制和状态显示的数量。总线制"点"是指联动控制器所带的有控制模块（接口）的数量。

（10）报警联动一体机按线制的不同分为多线制与总线制两种，其中又按其安装方式不同分为壁挂式和落地式。在不同线制、不同安装方式中按照"点"数的不同划分项目，以"台"为计量单位。多线制"点"是指报警联动一体机所带的有地址编码的报警器件与控制模块（接口）联动设备的状态控制和状态显示的数量。总线制"点"是指报警联动一体机所带的有地址编码的报警器件与控制模块（接口）的数量。

（11）重复显示器（楼层显示器）不分规格、型号、安装方式，按总线制与多线制划分，以"台"为计量单位。

（12）警报装置分为声光报警和警铃报警两种形式，均以"台"为计量单位。

（13）远程控制器按其控制回路数以"台"为计量单位。

（14）火灾事故广播中的功放机、录音机的安装按柜内及台上两种方式综合考虑，分别以"个"为计量单位。

（15）消防广播控制柜是指安装成套消防广播设备的成品机柜，不分规格、型号，以"台"

为计量单位。

（16）火灾事故广播中的扬声器不分规格、型号，按照吸顶式与壁挂式以"个"为计量单位。

（17）广播用分配器是指单独安装的消防广播用分配器（操作盘），以"台"为计量单位。

（18）消防通信系统中的电话交换机按"门"数不同以"台"为计量单位；通信分机、插孔是指消防专用电话分机与电话插孔，不分安装方式，分别以"部"、"个"为计量单位。

（19）报警备用电源综合考虑了规格、型号，以"套"为计量单位。

（20）火灾报警控制微机安装（CRT 彩色显示装置安装），以"台"为计量单位。

5）消防系统调试

系统调试是指消防警报和灭火系统安装完毕且联通，并达到国家有关消防施工验收规范、标准所进行的全系统的检测、调整和试验。

（1）消防系统调试包括自动报警系统、水灭火系统、火灾事故广播、消防通讯系统、消防电梯系统、电动防火门、防火卷帘门、正压送风阀、排烟阀、防火阀控制装置、气体灭火系统装置。

（2）自动报警系统是由各种探测器、报警器、报警按钮、报警控制器、消防广播、消防电话等组成的报警系统，按不同点数以"系统"为计量单位，其点数按多线制与总线制报警器的点数计算。

（3）水灭火系统控制装置，自动喷洒系统按水流指示器数量以"点（支路）"为计量单位，消火栓系统按消火栓启泵按钮数量以"点"为计量单位，消防水炮系统按水炮数量以"点"为计量单位。

（4）防火控制装置，包括电动防火门、防火卷帘门、正压送风阀、排烟阀、防火控制阀、消防电梯等防火控制装置；电动防火门、防火卷帘门、正压送风阀、排烟阀、防火控制阀等调试以"个"为计量单位，消防电梯以"部"为计量单位。

（5）气体灭火系统调试，是由七氟丙烷、IG541、二氧化碳等组成的灭火系统；调试包括模拟喷气试验、备用灭火器贮存容器切换操作试验，分别试验容器的规格（L），按气体灭火系统装置的瓶头阀以"点"为计量单位。试验容器的数量按调试、检验和验收所消耗的试验容器总数计算，试验介质不同时可以换算。气体试喷包含在模拟喷气试验中。

8.2.3 计算实例

【例 8.1】 某工程为某公司办公楼，层高 4.0 米，地上四层。办公室消防工程包括室内消火栓系统、简易自动喷水灭火系统、火灾自动报警系统。室内消火栓系统：每层设置两组消火栓，消火栓采用 SN 系列单出口单阀消火栓，每个消防箱下均配备 MFZ/ABC1 手提式干粉灭火器 2 只。简易自动喷水灭火系统由消防水源、湿式报警阀、ZSJZ 型水流指示器、ZSTX-15A 快速响应洒水喷头、末端试水装置、管道、水泵接合器等设施组成，分别见图 8.6、图 8.7、图 8.8、图 8.9。

具体施工要求：水系统管道材料用内外热镀锌钢管，DN80 以内管道采用丝扣连接，DN80 以外采用沟槽件连接。管道冲洗合格后安装喷头。喷头在安装时距墙、柱、遮挡物的距离应严格按照施工验收规范要求进行。请计算此消防工程安装工程量。

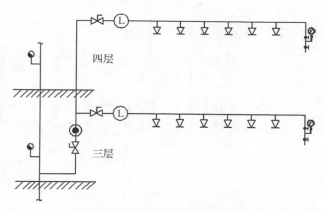

图 8.6 某工程喷淋系统原理图

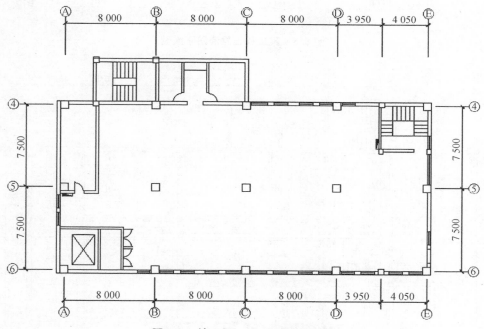

图 8.7 某工程一、二层消防平面图

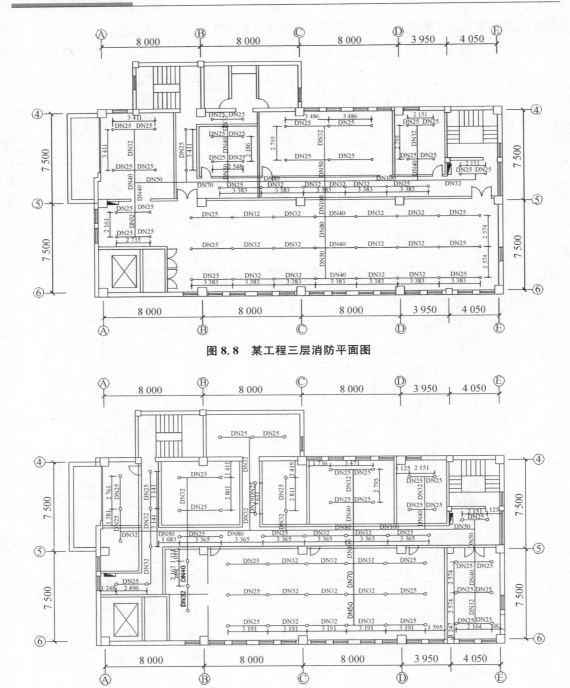

图 8.8 某工程三层消防平面图

图 8.9 某工程四层消防平面图

【解】 根据题意,此消防工程量计算结果如表 8.1。计算过程、计算式略。

表 8.1　某消防工程量计算表

序号	项目名称	计算式	工程量合计	计量单位
	消火栓系统			
1	消火栓镀锌钢管　丝接 DN70	13	13	m
2	消火栓镀锌钢管　沟槽连接 DN100	20	20	m
3	室内消火栓 DN70	8	8	套
4	手提式干粉灭火器	8×2	16	只
	喷淋系统			
1	水喷淋镀锌钢管　丝接 DN25	221.74	221.74	m
2	水喷淋镀锌钢管　丝接 DN32	133.78	133.78	m
3	水喷淋镀锌钢管　丝接 DN40	27.18	27.18	m
4	水喷淋镀锌钢管　丝接 DN50	23.53	23.53	m
5	水喷淋镀锌钢管　丝接 DN70	6.51	6.51	m
6	水喷淋镀锌钢管　丝接 DN80	27.8	27.8	m
7	水喷淋镀锌钢管　沟槽连接 DN100	27.52	27.52	m
8	水喷淋喷头　DN15	121	121	个
9	湿式报警装置 DN100	1	1	组
10	水流指示器 DN100	2	2	个
11	末端试水装置 DN25	2	2	组

8.3　工程量清单编制

8.3.1　工程量清单编制内容

工程量清单是载明分部分项工程、措施项目和其他项目等工程名称和数量的明细清单，即包括分部分项工程量清单、措施项目清单和其他项目清单。

措施项目清单主要是根据项目实施过程中采取的技术措施进行编写，主要包括总价措施项目清单和单价措施项目清单，单价措施项目可列于分部分项工程量清单中，也可单独编制，其他项目清单则是指临时增加的或暂估的工程量。

分部分项工程量清单是最主要的工程量清单，项目内容多而且复杂，清单主要包括项目编码、项目名称、项目特征，在编写时还应考虑各项目的工作内容。编写时应按现行国家住建部颁发的《通用安装工程工程量计算规范》(GB50856—2013)附录 J 消防工程执行。

8.3.2　分部分项工程量清单编制

消防工程量清单的编制，应按《通用安装工程工程量计算规范》(GB50856—2013)附录 J 执行。附录 J 消防工程内容包括水灭火系统、气体灭火系统、泡沫灭火系统、火灾自动报警系统及消防系统调试等内容，共 7 节 52 项。

消防管道如需进行探伤，应按附录 H 工业管道工程相关项目编码列项；消防管道上的阀门、管道及设备支架、套管制作安装,应按附录 K 给排水、采暖、燃气工程相关项目编码列项。

1) 水灭火系统

《通用安装工程工程量计算规范》(GB50856—2013),附录 8.2 主要包括水灭火系统中的管道、报警装置、消火栓等设备。水灭火系统安装工程量清单项目设置、项目特征描述的内容、计量单位及工程量计算规则,按表 8.2 规定执行。

表 8.2　水灭火系统

项目编码	项目名称	项目特征	计量单位	工程量计算规则	工作内容
030901001	水喷淋钢管	1. 安装部位 2. 材质、规格 3. 连接形式 4. 钢管镀锌设计要求 5. 压力试验及冲洗设计要求 6. 管道标识设计要求	m	按设计图示管道中心线以长度计算	1. 管道及管件安装 2. 钢管镀锌 3. 压力试验 4. 冲洗 5. 管道标识
030901002	消火栓钢管				
030901003	水喷淋(雾)喷头	1. 安装部位 2. 材质、型号、规格 3. 连接形式 4. 装饰盘设计要求	个	按设计图示数量计算	1. 安装 2. 装饰盘安装 3. 严密性试验
030901004	报警装置	1. 名称 2. 型号、规格	组		1. 安装 2. 电气接线 3. 调试
030901005	温感式水幕装置	1. 型号、规格 2. 连接形式			
030901006	水流指示器	1. 型号、规格 2. 连接形式	个		
030901007	减压孔板	1. 材质规格 2. 减压形式			
030901008	末端试水装置	1. 规格 2. 组装形式	组		
030901009	集热板制作安装	1. 材质 2. 支架形式			
030901010	室内消火栓	1. 安装方式 2. 型号、规格 3. 附件材质、规格	套		1. 箱体及消火栓安装 2. 配件安装
030901011	室外消火栓				1. 安装 2. 配件安装
030901012	消防水泵接合器	1. 安装部位 2. 型号、规格 3. 附件材质、规格	套		1. 安装 2. 附件安装
030901013	灭火器	1. 形式 2. 规格型号	具(组)		设置
030901014	消防水炮	1. 水炮类型 2. 压力等级 3. 保护半径	台		1. 本体安装 2. 测试

在工程量计算时,应注意:

(1) 水灭火系统管道材质包括焊接钢管(镀锌、不镀锌)、无缝钢管(冷拔、热轧);管道规格:焊管常用公称直径,无缝钢管指外径及壁厚;管道安装部位:管道指室内、室外;管道连接方式:螺纹、焊接、沟槽式连接。

（2）报警装置的名称是指湿式报警阀、干湿两用报警阀、电动雨淋报警阀、预作用报警阀等。

（3）消火栓安装部位是指室内、室外，栓口数量指单口或是双口；室外型是地上、地下；水泵结合器安装部位（地上、地下、壁挂）型号、规格。

（4）报警装置、消火栓、水泵结合器的安装项目都是指成套产品的安装，装置中的阀门等不要再编制清单项目。

【例 8.2】 某消防工程中室内安装消火栓镀锌钢管 13 m，管道规格为 DN70，螺纹连接，管道安装后需水冲洗。请编制该分部分项工程量清单。

【解】 由题意知，该分部分项工程量清单编制列表见表 8.3。

表 8.3 消火栓钢管工程量清单

序号	项目编码	项目名称	项目特征描述	计量单位	工程量
1	030901002001	消火栓钢管	1. 安装部位：室内 2. 材质、规格：镀锌钢管、DN70 3. 连接形式：螺纹连接 4. 压力试验：水冲洗	m	13

【例 8.3】 某消防工程中室内安装水喷淋钢管 221.74 m，材质为镀锌钢管，管道规格为 DN25，螺纹连接，管道安装后需水冲洗。请编制该分部分项工程量清单。

【解】 由题意知，该分部分项工程量清单编制列表见表 8.4。

表 8.4 水喷淋钢管工程量清单

序号	项目编码	项目名称	项目特征描述	计量单位	工程量
1	030901001001	水喷淋钢管	1. 安装部位：室内 2. 材质、规格：镀锌钢管、DN25 3. 连接形式：螺纹连接 4. 压力试验：水冲洗	m	221.74

【例 8.4】 某消防工程中室内安装消火栓 8 套，挂墙明装，选用 SN 系列单出口单阀消火栓，规格为 DN70。请编制该分部分项工程量清单。

【解】 由题意知，该分部分项工程量清单编制列表见表 8.5。

表 8.5 消火栓工程量清单

序号	项目编码	项目名称	项目特征描述	计量单位	工程量
3	030901010001	室内消火栓	1. 安装方式：挂墙明装 2. 型号、规格：SN 系列单出口单阀、DN70	套	8

2）气体灭火系统

气体灭火系统主要包括气体灭火系统中管道、阀门、喷头、贮存装置等。气体灭火系统安装工程量清单项目设置、项目特征描述的内容、计量单位及工程量计算规则，按表 8.6 规定执行。

表 8.6　气体灭火系统(编码:030902)

项目编码	项目名称	项目特征	计量单位	工程量计算规则	工作内容
030902001	无缝钢管	1. 介质 2. 材质、压力等级 3. 焊接方法 4. 规格 5. 钢管镀锌设计要求 6. 压力试验及吹扫设计要求 7. 管道标识设计要求	m	按设计图示管道中心线以长度计算	1. 管道安装 2. 管件安装 3. 钢管镀锌 4. 压力试验 5. 吹扫 6. 管道标识
030902002	不锈钢管	1. 材质、压力等级 2. 规格 3. 焊接方法 4. 充氧保护方式、部位 5. 压力试验及吹扫设计要求 6. 管道标识设计要求			1. 管道安装 2. 焊口充氧保护 3. 压力试验 4. 吹扫 5. 管道标识
030902003	不锈钢管管件	1. 材质、压力等级 2. 规格 3. 焊接方法 4. 充氧保护方式、部位	个	按设计图示数量计算	1. 管道安装 2. 管口充氧保护
030902004	气体驱动装置管道	1. 材质、压力等级 2. 规格 3. 焊接方法 4. 压力试验及吹扫设计要求 5. 管道标识设计要求	m	按设计图示管道中心线以长度计算	1. 管道安装 2. 压力试验 3. 吹扫 4. 管道标识
030902005	选择阀	1. 材质 2. 型号规格 3. 连接形式	个	按设计图示数量计算	1. 安装 2. 压力试验
030902006	气体喷头				喷头安装
030902007	贮存装置	1. 介质、类型 2. 型号、规格 3. 气体增加设计要求	套		1. 贮存装置安装 2. 系统组件安装 3. 气体增压
030902008	称重检漏装置	1. 型号 2. 规格			
030902009	无管网气体灭火装置	1. 类型 2. 型号、规格 3. 安装部位 4. 调试要求			1. 安装 2. 调试

在工程量计算时,应注意:

(1)气体灭火系统管道安装,管道材料:无缝钢管(冷拔、热轧、钢号要求);不锈钢管;铜管为纯铜、黄铜管;管道规格:公称直径或外径(外径应按外径乘管厚表示);管道连接方式:螺纹连接和法兰连接;管道压力试验主要试压方法有:液压、气压、泄露、真空;管道吹扫方式:水冲洗、空气吹扫、蒸汽吹扫。

(2)储存装置安装应包括灭火剂储存器及驱动瓶装置两个。储存系统包括灭火气体储存瓶、储存瓶固定架、储存瓶压力指示器、容器阀、单向阀、集流管,集流管与容器阀连接处的高压软管、集流管上的安全阀;驱动瓶装置包括驱动气瓶、驱动气瓶支架、驱动气瓶的容器阀、压力指示器等安装及氮气增压,相应内容不需另列清单项目,但气瓶之间的驱动管道安装应按气体驱动装置管道清单项目列项。

(3)二氧化碳称重检漏装置包括泄露报警开关、配重、支架等,相应内容不需另列清单项目。

（4）气体灭火系统灭火剂种类有：卤代烷系统、二氧化碳系统。

（5）管道支架制作安装、系统调试需单列清单项目。支架制作安装工程量清单应描述支架的除锈要求、刷油的种类和遍数等特征。

3）泡沫灭火系统

泡沫灭火系统主要包括泡沫灭火系统中管道、管件、泡沫发生器及贮罐等。泡沫灭火系统安装工程量清单项目设置、项目特征描述的内容、计量单位及工程量计算规则，按表8.7的规定执行。

表8.7　泡沫灭火系统

项目编码	项目名称	项目特征	计量单位	工程量计算规则	工作内容
030903001	碳钢管	1. 材质、压力等级 2. 规格 3. 焊接方法 4. 无缝钢管镀锌设计要求 5. 压力试验、吹扫设计要求 6. 管道标识设计要求	m	按设计图示管道中心线以长度计算	1. 管道安装 2. 管件安装 3. 无缝钢管镀锌 4. 压力试验 5. 吹扫 6. 管道标识
030903002	不锈钢管	1. 材质、压力等级 2. 规格 3. 焊接方法 4. 充氧保护方式、部位 5. 压力试验、吹扫设计要求 6. 管道标识设计要求			1. 管道安装 2. 焊口充氧保护 3. 压力试验 4. 吹扫 5. 管道标识
030903003	铜管	1. 材质、压力等级 2. 规格 3. 焊接方法 4. 充氧保护方式、部位 5. 压力试验、吹扫设计要求 6. 管道标识设计要求	m		1. 管道安装 2. 压力试验 3. 吹扫 4. 管道标识
030903004	不锈钢管管件	1. 材质、压力等级 2. 规格 3. 焊接方法 4. 充氧保护方式、部位	个	按设计图示数量计算	1. 管件安装 2. 管件焊口充氧保护
030903005	钢管管件	1. 材质、压力等级 2. 规格 3. 焊接方法			管件安装
030903006	泡沫发生器	1. 类型	台		1. 安装 2. 调试 3. 二次灌浆
030903007	泡沫比例混合器	2. 型号、规格 3. 二次灌浆材料			
030903008	泡沫液贮罐	1. 质量/容量 2. 型号、规格 3. 二次灌浆材料			

4）火灾自动报警系统

火灾自动报警系统主要包括气探测器、消防警铃、消防报警电话、消防广播、火灾报警控制机等。火灾自动报警系统安装工程量清单项目设置、项目特征描述的内容、计量单位及工程量计算规则，按表8.8的规定执行。

表8.8 火灾自动报警系统

项目编码	项目名称	项目特征	计量单位	工程量计算规则	工作内容
030904001	点型探测器	1. 名称 2. 规格 3. 线制 4. 类型	个	按设计图示数量计算	1. 底座安装 2. 探头安装 3. 校接线 4. 编码 5. 探测器调试
030904002	线型探测器	1. 名称 2. 规格 3. 安装方式	m	按设计图示长度计算	1. 探测器安装 2. 接口模块安装 3. 报警终端线 4. 校接线
030904003	按钮	1. 名称 2. 规格	个 (部)		
030904004	消防警铃				
030904005	声光报警器				
030904006	消防报警电话插孔(电话)	1. 名称 2. 规格 3. 安装方式	个 (部)		1. 安装 2. 校接线 3. 编码 4. 调试
030904007	消防广播(扬声器)	1. 名称 2. 功率 3. 安装方式	个		
030904008	模块(模块箱)	1. 名称 2. 规格 3. 类型 4. 输出形式	个 (台)		
030904009	区域报警(控制箱)	1. 多线制 2. 总线制 3. 安装方式 4. 控制点数量 5. 显示器类型	台	按设计图示数量计算	1. 本体安装 2. 校接线、遥测绝缘电阻 3. 排线、绑扎、导线标识 4. 显示器安装 5. 调试
030904010	联动控制箱				
030904011	远程控制箱(柜)	1. 规格 2. 控制回路			
030904012	火灾报警系统控制主机	1. 规格、线制 2. 控制回路 3. 安装方式			1. 安装 2. 校接线 3. 调试
030904013	联动控制主机				
030904014	消防广播及对讲电话主机(柜)				
030904015	火灾报警控制微机(CRT)	1. 规格 2. 安装方式			1. 安装 2. 调试
030904016	备用电源及电池主机(柜)	1. 名称 2. 容量 3. 安装方式	套		1. 安装 2. 调试
030904017	报警联动一体机	1. 规格、线制 2. 控制回路 3. 安装方式	台		1. 名称 2. 校接线 3. 调试

在工程量计算时,应注意:

(1) 消防报警系统配管、配线、接线盒均应按本规范附录D电气设备安装工程相关项目编码列项。

(2) 消防广播及对讲电话主机包括功放、录音机、分配器、控制柜等设备。

【例8.5】 某消防工程中室内安装自动喷水湿式报警阀组1组,型号为ZSFZ系列,规格为 DN100,螺纹连接。请编制该分部分项工程量清单。

【解】 由题意知,该分部分项工程量清单编制列表见表 8.9。

表 8.9 水喷淋钢管工程量清单

序号	项目编码	项目名称	项目特征描述	计量单位	工程量
1	030901004001	报警装置	1. 名称:自动喷水湿式报警阀组 2. 规格、型号:ZSFZ 系列,DN100	组	1

5)消防系统调试

消防系统调试包括自动报警系统、水灭火控制装、防火控制装置、气体灭火系统装置等的调试。消防系统调试工程量清单项目设置、项目特征描述的内容、计量单位及工程量计算规则,应按表 8.10 的规定执行。

表 8.10 消防系统调试(编码:030905)

项目编码	项目名称	项目特征	计量单位	工程量计算规则	工作内容
030905001	自动报警系统调试	1. 点数 2. 线制	系统	按系统计算	系统调试
030905002	水灭火控制装置调试	系统形式	点	按控制装置的点数计算	调试
030905003	防火控制装置调试	1. 名称 2. 类型	个（部）	按设计图示数量计算	1. 模拟喷气系统 2. 备用灭火器贮存容器切换操作试验 3. 气体试喷
030905004	气体灭火系统装置调试	1. 试验容器规格 2. 气体试喷	点	按两试、检验和验收所消耗的试验容器总数计算	1. 模拟喷气试验 2. 备用灭火器贮存容器切换操作试验 3. 气体试喷

在工程量计算时,应注意:

(1)自动报警系统,包括各种探测器、报警器、报警按钮、报警控制器、消防广播、消防电话灯组成的报警系统;按不同点数以系统计算。

(2)水灭火控制装置,自动喷洒系统按水流指示器数量以点(支路)计算;消火栓系统按消火栓启泵按钮数量以点计算;消防水炮系统按水炮数量以点计算。

(3)防火控制装置,包括电动防火门、防火卷帘门、正压送风阀、排烟阀、防火控制阀、消防电梯等防火控制装置;电动防火门、防火卷帘门、正压送风阀、排烟阀、防火控制阀等调试以个计算,消防电梯以部计算。

(4)气体灭火系统调试,是由七氟丙烷、IG541、二氧化碳等组成的灭火系统,按提起灭火系统装置的瓶头阀以点计算。

8.3.2 工程量清单编制实例

【例 8.6】 请以【例 8.1】中所示消防工程图纸为例,编制通风空调工程量清单。

【解】 依据工程量清单计价规范要求,工程量清单编制步骤如下:

(1)分部分项工程量清单编制

根据【例 8.1】计算表中提取的项目特征,对应图纸及说明,按照规范要求补充、细化清单项目特征描述;添加规范化项目名称并进行项目编码,编制分部分项工程量清单,结果如表8.11。

查《通用安装工程工程量计算规范》中附录J消防工程,根据该部分规定的项目编码、项目名称、计量单位和工程量计算规则进行编制。项目名称应以附录J中的项目名称为准,项目特征应以附录J中所列特征依次描述。项目编码编制时,1~9位应按附录J的规定设置;10~12位应根据清单项目名称及内容由编制人自001起的顺序编制。

编制步骤为:① 确定分部分项工程的项目名称;② 确定清单分项编码;③ 拟定项目特征的描述;④ 填入项目的工程量。

表 8.11　分部分项工程和单价措施项目清单

序号	项目编码	项目名称	项目特征描述	计量单位	工程量
		消火栓系统			
1	030901002001	消火栓钢管	1. 安装部位:室内 2. 材质、规格:镀锌钢管、DN70 3. 连接形式:丝接 4. 压力试验、水冲洗:水冲洗	m	13
2	030901002002	消火栓钢管	1. 安装部位:室内 2. 材质、规格:镀锌钢管、DN100 3. 连接形式:沟槽连接 4. 压力试验、水冲洗:水冲洗	m	20
3	030901010001	室内消火栓	1. 安装方式:挂墙明装 2. 型号、规格:SN系列单出口单阀,DN70消火栓	套	8
4	030901013001	灭火器	1. 形式:手提式干粉灭火器 2. 规格、型号:MFZ/ABC1,2.1 kg	只	16
		喷淋系统			
1	030901001001	水喷淋钢管	1. 安装部位:室内 2. 材质、规格:镀锌钢管、DN25 3. 连接形式:丝接 4. 压力试验、水冲洗:水冲洗	m	221.74
2	030901001002	水喷淋钢管	1. 安装部位:室内 2. 材质、规格:镀锌钢管、DN32 3. 连接形式:丝接 4. 压力试验、水冲洗:水冲洗	m	133.28
3	030901001003	水喷淋钢管	1. 安装部位:室内 2. 材质、规格:镀锌钢管、DN40 3. 连接形式:丝接 4. 压力试验、水冲洗:水冲洗	m	27.18
4	030901001004	水喷淋钢管	1. 安装部位:室内 2. 材质、规格:镀锌钢管、DN50 3. 连接形式:丝接 4. 压力试验、水冲洗:水冲洗	m	23.53
5	030901001005	水喷淋钢管	1. 安装部位:室内 2. 材质、规格:镀锌钢管、DN70 3. 连接形式:丝接 4. 压力试验、水冲洗:水冲洗	m	6.51
6	030901001006	水喷淋钢管	1. 安装部位:室内 2. 材质、规格:镀锌钢管、DN80 3. 连接形式:丝接 4. 压力试验、水冲洗:水冲洗	m	27.8

续表

序号	项目编码	项目名称	项目特征描述	计量单位	工程量
7	030901001007	水喷淋钢管	1. 安装部位:室内 2. 材质、规格:镀锌钢管、DN100 3. 连接形式:沟槽连接 4. 压力试验、水冲洗:水冲洗	m	27.52
8	030901003001	水喷淋喷头	1. 安装部位:室内顶板下 2. 材质、规格、型号:玻璃球洒水喷头,DN15, ZSTX-15 3. 连接形式:有吊顶	个	121
9	030901004001	报警装置	1. 名称:自动喷水湿式报警阀组 2. 规格、型号:ZSFZ 系列,DN100	组	1
10	030901006001	水流指示	1. 规格、型号:ZAJZ 型,DN100 2. 连接形式:沟槽法兰连接	个	2
11	030901008001	末端试水装置	1. 规格、型号:湿式系统末端试水装置DN25 2. 组装形式:压力表,阀门,试水头部	组	2

（2）措施项目清单编制

措施项目清单包括单价措施项目清单和总价措施项目清单。

单价措施项目主要参阅施工技术方案及工程图纸设计要求,本例中工程需采用脚手架搭拆措施项目,列单价措施项目清单如表 8.12。

表 8.12　单价措施项目清单

序号	项目编码	项目名称	项目特征	计量单位	工程量
1	031301017001	脚手架搭拆		项	1.00

总价措施项目清单的编制,首先是依据拟建工程施工组织设计及工程施工要求,本例应发生安全文明施工措施费,其中包括基本费和增加费两部分。另外,还考虑施工单位在生产过程中需搭建临时宿舍、仓库、办公室、加工场地等临时设施,应增加临时设施费。总价措施项目清单见表 8.13。

表 8.13　总价措施项目清单

序号	项目编码	项目名称	备注
1	031302001001	安全文明施工	
1.1	1.1	基本费	
1.2	1.2	增加费	
2	031302008001	临时设施	

（3）其他项目清单编制

其他项目清单内容主要包括暂列金额、暂估价、计日工及总承包服务费等。根据本工程的实际情况,未有其他项目发生。其他项目清单编制见表 8.14。

表 8.14 其他项目清单

序号	项目名称	金额(元)	结算金额(元)	备注
1	暂列金额			
2	暂估价			
2.1	材料(工程设备)暂估价			
2.2	专业工程暂估价			
3	计日工			
4	总承包服务费			
	合计			

8.4 消防工程计价

8.4.1 套用定额及有关费用规定

1) 计价定额

消防工程的计价应套用《江苏省安装工程计价定额〈第九册 消防工程〉》(2014 年版)计价,本册定额共设置 5 章 242 条定额子目,包括水灭火系统安装、泡沫灭火系统安装、气体灭火系统安装、火灾报警系统的安装及消防系统调试等内容。

2) 一般计价费用规定

(1) 脚手架搭拆费

脚手架搭拆费,按人工费的 3% 计算,其中人工工资占 25%。脚手架搭拆属于单价措施项目。

(2) 高层建筑增加费

高层建筑增加费指高度在 6 层或 20 m 以上的工业与民用建筑由于建筑施工难度增加而增加的费用。该费用为单价措施项目费,计算时要拆分为人工费和机械费。费率及拆分比例按表 8.15 计算。

表 8.15 高层建筑增加费表

层数	9 层以下 (30 m)	12 层以下 (40 m)	15 层以下 (50 m)	18 层以下 (60 m)	21 层以下 (70 m)	24 层以下 (80 m)	27 层以下 (90 m)	30 层以下 (100 m)	33 层以下 (110 m)
按人工费的(%)	10	15	19	23	27	31	36	40	44
其中人工工资占(%)	10	14	21	21	26	29	31	35	39
机械费占(%)	90	86	79	79	74	71	69	65	61
层数	36 层以下 (120 m)	40 层以下 (130 m)	42 层以下 (140 m)	45 层以下 (150 m)	48 层以下 (160 m)	51 层以下 (170 m)	54 层以下 (180 m)	57 层以下 (190 m)	60 层以下 (200 m)
按人工费的(%)	48	54	56	60	63	65	67	68	70
其中人工工资占(%)	41	43	46	48	51	53	57	60	63
机械费占(%)	59	57	54	52	49	47	43	40	37

这里高层建筑指层数在 6 层以上或高度在 20 m 以上的工业与民用建筑,高度以室外设计正负零至檐口(不包括屋顶水箱间、电梯间、屋顶平台出入口等)高度计算,层数不包括地下室、半地下室层数。计算基数包括 6 层或 20 m 以下的全部人工费,并且包括各章、节中所规定的应按系数调整的子目中人工调整部分的费用。

(3)超高增加费

超高增加费指操作物高度距离楼地面 5 m 以上的工程,按其超过部分的定额人工费乘以下表所列系数。超高费属于单价措施项目费,超高系数如表 8.16。

表 8.16　超高增加费表

标高(m 以内)	8	12	16	20
超高系数	1.10	1.15	1.20	1.25

(4)安装与生产同时进行费

安装与生产同时进行增加的费用,按单位工程全部人工费的 10% 计取,其中人工费100%,发生时费用列入单价措施费项目。

(5)有害环境增加费

在有害身体健康的环境中施工增加的费,按单位工程全部人工费的 10% 计取,其中人工费 100%,发生时费用列入单价措施费项目。

3)其他定额的借用

(1)消火栓管道、室外给水管道安装,管道支吊架制作、安装及水箱制作安装,执行《第十册 给排水、采暖、燃气工程》相应项目。

(2)阀门、法兰安装,各种套管的制作安装,不锈钢管和管件,铜管和管件及泵间管道安装,管道系统强度试验、严密性试验和冲洗等,执行《第八册 工业管道工程》相应定额。

(3)各种仪表的安装及带电讯号的阀门、水流指示器、压力开关、驱动装置及泄漏报警开关、消防水炮的接线、校线等,执行《第六册 自动化控制仪表安装工程》相应项目。

(4)泡沫液储罐、设备支架制作、安装等,执行《第三册 静置设备与工艺金属结构制作安装工程》相应项目。

(5)设备及管道除锈、刷油及绝热工程,执行《第十一册 刷油、防腐蚀、绝热工程》相应项目。

8.4.2　消防工程综合单价计算

1)水灭火系统

水灭火系统定额适用于工业和民用建(构)筑物设置的自动喷水灭火系统的管道、各种组件、消火栓、气压水罐的安装。

(1)管道安装适用于喷淋系统的镀锌无缝钢管的安装,包括工序内一次性水压试验,管件、法兰及螺栓的主材数量应另行计算。

【例 8.7】　某水喷淋系统工程中,安装水喷 DN32 镀锌钢管 133.28 m,镀锌钢管单价为18.00 元/m,请计算水喷淋管安装综合单价。

【解】 喷淋系统 DN32 镀锌钢管的综合单价计算如下(表 8.17):

表 8.17 水喷淋镀锌钢管综合单价计算表

单位工程
项目编码:030901001002
项目名称:水喷淋钢管 DN32

计量单位:m
工程数量:133.28
综合单价:44.48

序号	定额编号	工程内容	单位	数量	其中:(元)					小计
					人工费	材料费	机械费	管理费	利润	
1	9—2	镀锌钢管安装(螺纹连接)DN32	10 m	13.328	1 656.94	81.43	51.45	662.8	231.91	2 684.53
2		钢管 DN32(主材)	m	135.945 6		2 447.02				2 447.02
3		镀锌钢管接头零件 DN32(主材)	个	107.557		329.12				329.12
4	9—88	自动喷水灭火系统管网水冲洗 DN50	100 m	1.332 8	212.05	130.63	10.12	84.82	29.68	467.29
		合计			1 868.99	2 988.20	61.57	747.6	261.59	5 926.97

但是,消火栓系统给水管道不在本章的定额中,在计算综合单价时应套用《第十册 给排水工程》的镀锌钢管的安装。

【例 8.8】 某消火栓系统工程中,安装消火栓系统 DN100 镀锌钢管 20 m,镀锌钢管的单价为 95.00 元/m,请计算消火栓给水钢管的综合单价。

【解】 消火栓系统 DN100 镀锌钢管的综合单价计算如下(表 8.18):

表 8.18 消火栓镀锌钢管综合单价计算表

单位工程
项目编码:030901002002
项目名称:消火栓系统钢管 DN100

计量单位:m
工程数量:20
综合单价:149.42

序号	定额编号	工程内容	单位	数量	其中:(元)					小计
					人工费	材料费	机械费	管理费	利润	
1	10—167	室内给排水、采暖镀锌钢管(螺纹连接)DN100	10 m	2	509.12	205.12	38.96	203.64	71.28	1 028.12
2		钢管 DN100(主材)	m	20.4		1938				1 938
3	10—372	管道消毒冲洗 DN100	100 m	0.2	9.62	7.41		3.85	1.35	22.22
		合计			518.8	2 150.6	39	207.4	72.6	2 988.4

(2)其他报警装置适用于雨淋、干湿两用及预作用报警装置。

(3)温感式水幕装置安装定额中已包括给水三通至喷头、阀门间的管道、管件、阀门、喷头等全部安装内容,但管道的主材数量按设计管道中心长度另加损耗计算。

(4)集热板的安装位置:当高架仓库分层板上方有孔洞、缝隙时,应在喷头上方设置集热板。

(5)隔膜式气压水罐安装定额中地脚螺栓是按设备自带考虑的,定额中包括指导二次灌浆用工,但二次灌浆费用另计。

(6)管网冲洗定额是按水冲洗考虑的,若采用水压气动冲洗法时,可按施工方案另行计算,定额只适用于自动喷水灭火系统。

（7）组合式带自救卷盘室内消火栓安装,执行室内消火栓安装定额乘以系数 1.2。

2）气体灭火系统

气体灭火系统主要包括工业和民用建筑中设置的七氟丙烷灭火系统、IG541 灭火系统、二氧化碳灭火系统等的管道、管件、系统组件等的安装。

（1）安装螺纹连接的不锈钢管、铜管及管件时,按安装无缝钢管和钢制管件相应定额乘以系数 1.20。

（2）无缝钢管螺纹连接定额中不包括钢制管件连接内容,应按设计用量执行钢制管件连接定额。

（3）无缝钢管法兰连接定额,管件是按成品、弯头两端是按接短管焊接法兰考虑的,定额中包括了直管、管件、法兰等全部安装工序内容,但管件、法兰及螺栓的主材数量应按设计规定另行计算。

（4）无缝钢管、钢制管件、选择阀安装及系统组件试验均适用于卤代烷 1211 和 1301 灭火系统。二氧化碳灭火系统,按卤代烷灭火系统相应安装定额乘以系数 1.2。

（5）气动驱动装置管道安装定额中卡套连接件的数量按设计用量另行计算。

（6）贮存装置安装,定额中包括灭火剂贮存容器和驱动气瓶的安装固定支框架、系统组件(集流管、容器阀、气液单向阀、高压软管)、安全阀等贮存装置和阀驱动装置的安装及氮气增压。二氧化碳贮存装置安装时,不须增压,执行定额时扣除高纯氮气,其余不变。

3）泡沫灭火系统

泡沫灭火系统包括高、中、低倍数固定式或半固定式泡沫灭火系统的发生器及泡沫比例混合器安装。

泡沫发生器及泡沫比例混合器安装中包括整体安装、焊法兰、单体调试及配合管道试压时隔离本体所消耗的人工和材料,但不包括支架的制作、安装和二次灌浆的工作内容。地脚螺栓按本体带有考虑。

4）火灾自动报警系统安装

火灾自动报警系统安装包括探测器、按钮、模块(接口)、报警控制器、联动控制器、报警联动一体机、重复显示器、警报装置、远程控制器、火灾事故广播、消防通信、报警备用电源、火灾报警控制微机(CRT)安装等项目。具体包括以下工作内容:施工技术准备、施工机械准备、标准仪器准备、施工安全防护措施、安装位置的清理;设备和箱、机及元件的搬运、开箱检查,清点,杂物回收,安装就位,接地,密封,箱、机内的校线、接线,挂锡、编码、测试、清洗、记录整理等。

本章定额中均包括了校线、接线和本体调试。定额中箱、机是以成套装置编制的;柜式及琴台式安装均执行落地式安装相应项目。

5）消防系统调试

消防系统高度包括自动报警系统装置调试、水灭火系统控制装置调试、防火控制装置调试(包括火灾事故广播、消防通讯、消防电梯系统装置调试,电动防火门、防火卷帘门、正压送风阀、排烟阀、防火阀控制系统装置调试)、气体灭火系统装置调试等项目。

系统调试是指消防报警和灭火系统安装完毕且联通,并达到国家有关消防施工验收规范、标准所进行的全系统的检测、调整和试验。

自动报警系统装置包括各种探测器、手动报警按钮和报警控制器,灭火系统控制装置包括消火栓、自动喷水、卤代烷、二氧化碳等固定灭火系统的控制装置。气体灭火系统调试试验时采取的安全措施,应按施工组织设计另行计算。

消防系统调试安装定额执行时,安装单位只调试时,费用为定额基价乘以系数 0.7,安装单位只配合检测、验收时,费用为基价乘以系数 0.3。

8.4.3　工程量清单计价

【例 8.9】　以【例 8.6】中所示消防工程清单,编制分部分项工程量清单计价表。

【解】　(1)各分部分项项目综合单价计算(表 8.18~表 8.21)

根据【例 8.6】工程量清单,依据《江苏省安装工程计价定额》(2014 版),并经营改增调整后方法,计算各分部分项工程综合单价。

表 8.19　分部分项工程量清单综合单价计算表 1

单位工程 计量单位:m

项目编码:030901002001 工程数量:13

项目名称:消火栓钢管　DN70 综合单价:79.9

序号	定额编号	工程内容	单位	数量	人工费	材料费	机械费	管理费	利润	小计
							其中:(元)			
1	10—166	室内给排水、采暖镀锌钢管(螺纹连接)DN80	10 m	1.3	291.49	119.94	4.64	116.6	40.81	573.47
2		钢管 DN70(主材)	m	13.26		450.84				450.84
3	10—372	管道消毒冲洗 DN100	100 m	0.13	6.25	4.82		2.5	0.87	14.44
		合计			297.7	575.64	4.68	119.08	41.73	1 038.7

表 8.20　分部分项工程量清单综合单价计算表 2

单位工程 计量单位:m

项目编码:030901002002 工程数量:20

项目名称:消火栓钢管　DN100 综合单价:149.42

序号	定额编号	工程内容	单位	数量	人工费	材料费	机械费	管理费	利润	小计
							其中:(元)			
1	10—167	室内给排水、采暖镀锌钢管(螺纹连接)DN100	10 m	2	509.12	205.12	38.96	203.64	71.28	1 028.12
2		钢管 DN100(主材)	m	20.4		1 938				1 938
3	10—372	管道消毒冲洗 DN100	100 m	0.2	9.62	7.41		3.85	1.35	22.22
		合计			518.8	2 150.6	39	207.4	72.6	2 988.4

表 8.21　分部分项工程量清单综合单价计算表 3

单位工程
项目编码:030901010001
项目名称:室内消火栓

计量单位:套
工程数量:8
综合单价:417.71

序号	定额编号	工程内容	单位	数量	其中:(元)					小计
					人工费	材料费	机械费	管理费	利润	
1	9—53	室内消火栓安装(单栓)DN65	套	8	426.24	58.72	2.56	170.48	59.68	717.68
2		消火栓(主材)	套	8		2 624				2 624
		合计			426.24	2 682.72	2.56	170.48	59.68	3 341.68

由于本书篇幅有限,其余综合单价计算表略。

(2) 分部分项工程费(表 8.22)

分部分项工程费把各分部分项综合单价与相应工程量相乘,合计得出分部分项工程费用。

$$分部分项工程费 = \sum 分部分项综合单价 \times 工程量$$

表 8.22　分部分项工程费计算表

序号	项目编号	项目名称	计量单位	工程数量	金额(元)	
					单价	合价
		消火栓系统				10 211.50
1	030901002001	消火栓钢管 DN70	m	13.00	79.90	1 038.70
2	030901002002	消火栓钢管 DN100	m	20.00	149.42	2 988.40
3	030901010001	室内消火栓	套	8.00	417.71	3 341.68
4	030901013001	灭火器	具	16.00	177.67	2 842.72
		喷淋系统				31 680.16
5	030901001001	水喷淋钢管 DN25	m	221.74	36.46	8 084.64
6	030901001002	水喷淋钢管 DN32	m	133.28	44.48	5 928.29
7	030901001003	水喷淋钢管 DN40	m	27.18	57.73	1 569.10
8	030901001004	水喷淋钢管 DN50	m	23.53	62.68	1 474.86
9	030901001005	水喷淋钢管 DN70	m	6.51	75.90	494.11
10	030901001006	水喷淋钢管 DN80	m	27.80	100.09	2 782.50
11	030901001007	水喷淋钢管 DN100	m	27.52	130.56	3 593.01
12	030901003001	水喷淋(雾)喷头	个	121.00	38.69	4 681.49
13	030901004001	报警装置	组	1.00	1 572.52	1 572.52
14	030901006001	水流指示器	个	2.00	525.31	1 050.62
15	030901008001	末端试水装置	组	2.00	224.51	449.02
		合计				41 891.66

(3) 措施项目费

措施项目费包括单价措施项目费和总价措施项目费。

单价措施项目是根据定额措施项目综合单价与工程量的乘积得到。本例题中单价措施项目费是脚手架搭拆费。脚手架搭拆费,按分部分项工程费中相关人工费的 3% 计算,其中人工工资占 25%，材料费占 75%。单价措施项目费计算结果如表 8.23。

表 8.23 单价措施项目费计算表

定额编号	工程内容	单位	数量	其中:(元)					小计
				人工费	材料费	机械费	管理费	利润	
031301017001	脚手架搭拆	项	1.00	122.81	368.43		49.12	17.19	557.55
10—9300	第10册脚手架搭拆费增加人工费5%其中人工工资25%材料费75%	项	1.00	10.21	30.62		4.08	1.43	46.34
9—9300	第9册脚手架搭拆费增加人工费5%其中人工工资25%材料费75%	项	1.00	112.60	337.81		45.04	15.76	511.21

总价措施项目费是根据分部分项工程费及其他费用，用系数法计算，即：

措施项目费 $= \sum$ (分部分项工程费+单价措施项目费-除税工程设备费)×费率

总价措施项目费率由当地建设主管部门定额及有关文件确定。江苏省住建厅规定，安全文明施工费按基本费费率 1.5% 计算，增加费费率为 0.3%，临时设施费费率为 0.6%～1.6%。因本项目工程量较小，所以临时设施费费率取 1.6%。计算结果见表 8.24。

表 8.24 总价措施项目费计算表

序号	项目编码	项目名称	计算基础	费率(%)	金额(元)	调整费率(%)	调整后金额(元)	备注
1	031302001001	安全文明施工			764.09			
1.1	1.1	基本费	42 449.21	1.5	636.74			
1.2	1.2	增加费	42 449.21	0.3	127.35			
2	031302008001	临时设施	42 449.21	1.6	679.19			
		合计			1 443.28			

（4）其他费用计算

其他清单项目一般为建设单位暂时预留费用，工程结束时按实际发生计算，此处如实填写进其他清单费。其他项目清单计价见表 8.25。

表 8.25 其他项目费计算表

序号	项目名称	金额(元)	结算金额(元)	备注
1	暂列金额			
2	暂估价			
2.1	材料(工程设备)暂估价			
2.2	专业工程暂估价			
3	计日工			
4	总承包服务费			
	合计		0	—

（5）规费和税金

规费是政府要求缴纳的费用,江苏省住建厅主要要求缴纳社会保险费、住房公积金和工程排污费,费率分别为2.4%,0.42%,0.1%。即:

$$规费 = \sum（分部分项工程费＋措施项目费＋其他项目费－除税工程设备费）\times 费率$$

$$税金 = \left(分部分项工程费＋措施项目费＋其他项目费＋规费－\frac{甲供材料费＋甲供设备费}{1.01}\right) \times 11\%$$

规费和税金计算结果见表8.26。

表8.26　规费、税金项目计价表

序号	项目名称	计算基础	计算基数（元）	计算费率（%）	金额（元）
1	规费				1 281.62
1.1	社会保险费	分部分项工程费＋措施项目费＋其他项目费－除税工程设备费	43 892.49	2.4	1 053.42
1.2	住房公积金		43 892.49	0.42	184.35
1.3	工程排污费		43 892.49	0.1	43.89
2	税金	分部分项工程费＋措施项目费＋其他项目费＋规费－（甲供材料费＋甲供设备费）/1.01	45 174.15	11	4 969.16
	合计				6 250.82

（6）工程造价总费用

工程造价总费用即为所有费用累加之和,即工程总报价。单位工程费汇总表见表8.27。

表8.27　工程总造价表

序号	汇总内容	金额（元）	其中:暂估价（元）
1	分部分项工程	41 891.66	
2	措施项目	2 000.83	
3	其他项目		—
4	规费	1 281.66	—
5	税金	4 969.16	—
	投标报价合计	50 143.31	

复习思考题

1. 消火栓灭火系统由哪些部分组成?
2. 自动喷水灭火系统由哪些部分组成?
3. 火灾自动报警系统常包括哪些设备?
4. 消防工程量计算涵盖哪些范围?
5. 消防工程计价时涉及哪些计价定额?

9 概、预算的审查

9.1 概、预算审查的具体内涵

9.1.1 概、预算审查的概念

建筑工程概、预算是指在不同的阶段根据国家相应的规范、计价、定额和各种取费文件，预先计算和确定建筑工程投资的技术经济文件，它是设计概算和施工图预算的总称。

1) 设计概算的概念

设计概算是指在初步设计阶段或扩大初步设计阶段、技术设计阶段，由设计单位或咨询单位依据初步投资估算、设计要求及初步设计图纸或扩大初步设计图纸，参照概算定额或概算指标、各项费用定额或取费标准、建设地区自然、技术经济条件和设备、材料预算价格等资料，或参照类似工程预（决）算文件，编制和确定的建设项目由筹建至竣工交付使用的全部建设费用的经济文件。

2) 施工图预算的概念

施工图预算是指在拟建项目开工之前，由设计单位、咨询单位或者施工单位，依据会审后的施工图纸，参照预算定额编制而成，准确率较高，是确定单位工程和单项工程造价的依据，也是招标、签订施工合同和竣工结算的依据。

9.1.2 概、预算审查的意义

建筑工程概、预算的编制是控制建设投资的一个重要环节，它既是确定建设工程造价的文件，也是论证投资效益和制定投资规模的重要依据，其质量的好坏直接关系到国家计划、业主投资和施工企业的经济利益。要提高概、预算的质量，除了依靠设计人员和预算人员的努力外，还要通过对工程概、预算的审查，实现其合理的经济目的。

加强对建筑工程概、预算的审查具有以下重要的意义：

1) 有利于落实工程建设计划，合理确定工程造价，提高经济效益

工程建设投资计划是根据工程建设概预算编制的，认真审查概预算，可以使国家对工程建设资金做到合理分配和合理投向，充分发挥投资效益，同时也为建设单位进行投资分析、施工企业进行工程成本分析提供了可靠的依据，促进工程概、预算水平的提高。

2) 有利于建立规范化的建筑市场，促进招投标承包制的健康发展

经过审核的概、预算，确定了工程造价和主要材料设备的数量，这就为建设项目的招、投

标奠定了基础,招标据此可提出合理的标底、标价,以及工程质量和其他方面的要求,同时促进了建设项目和建筑市场的公平竞争与发展,促使施工企业向自身管理要效益要发展,有利于建立规范化的建筑市场。

3)有利于国家对工程建设进行科学的管理和监督

概、预算编制的准确度越高,建筑材料和物资的市场平衡水平和分配越合理。加强对建筑工程概、预算的审查,可以为工程建设提供所需的人力、物力、财力等方面的可靠数据,国家依据这些正确的数据,加强市场宏观调控,从而提高对工程建设拨款、贷款、计划、统计和成本核算的力度,制定合理的技术经济考核指标,从而提高对工程建设的科学管理和监督。

审核后的概预算经济指标,可以有效地反映工程建设指标的准确性,充分实现工程技术和经济管理的有效结合,这在工程施工概、预算审核中,对施工技术各项指标具有绝对性的指导作用,能保证工程按照计划稳步推进,有利于保证行业质量以及技术的标准化。

9.1.3　概、预算审查方法

建筑工程概、预算审查是一项政策性、技术经济性都很强的复杂工作,必须针对具体的建设项目采取切实可行的方法,以规范化、程序化的方式,从不同的侧重点对建筑工程概、预算予以审查。由于建设项目的规模、性质,以及施工企业的级别不同,所编制的工程概预算质量水平也有所不同,所采用的审查方法也就不一样,常用的有以下四种方法。

1)全面审核法

全面审核法又称逐项审查法,就是按预算定额或施工的先后顺序,对各个分项工程逐一进行详细审核的方法。这种方法的优点是全面、细致、准确、效果好,对工程预算的控制较为严格,审核质量较高;缺点是工作量大,时间较长。对一些审核进度要求较紧的项目并不适用,这种方法适用于工程量较小、结构简单、施工工艺不复杂或采用标准设计较多的工程。

2)重点审查法

重点审查法是抓住工程概、预算的重点进行审查的方法。审查的重点一般是指工程量较大或者造价较高的各种工程,就是抽出造价比例较高、对工程造价影响较大的项目进行审核。这些项目占整个工程量的70%～80%。做好这些主要分部分项工程项目的审查,也就基本上控制了整个工程的预算造价。重点审查法审核范围比全面审核法小,但是审查的质量没有全面审查法高。其优点是重点突出、审查效果好、审查时间短,适用于土方、砌筑、钢筋混凝土、钢结构、木结构和高级装饰等工程量较大的建筑工程以及设备安装工程。

重点审查法的内容主要包括以下几个方面:

(1)工程量大或者费用较高的项目:如土建工程中的砌体工程、混凝土及钢筋混凝土工程、基础工程等分项工程的工程量;

(2)换算定额单价和补充定额单价;

(3)工程量计算规则;

(4)各项费用的计费基础及其费率标准;

(5)市场采购材料的差价。

3）对比审核法

对比审核法就是利用已编制完成的工程预算或虽未编制完成但已经审查修正的工程预算,对比审查拟建项目,将差异部分项目费用分解出来,进行对比分析,确定预算准确率的一种方法。采用这种方法一般有以下几种情况:

(1)已建工程和拟建工程采用同一套施工图,但是基础部分和现场施工条件不同,则相应的部分采用对比审查法。

(2)两个工程的设计图相同,但是建筑面积不同,两个工程的建筑面积之比与两个工程各分部分项工程量之比基本是一致的,因此可按分项工程量的比例,审查拟建工程各分部分项的工程量,或者用两个工程的每平方米建筑面积的各分部分项工程量进行对比审查。

(3)两个工程面积相同,但是设计图纸完全不同,则相应的部分,如厂房中的柱子、屋架、屋面、砖墙等,可进行工程量的对比审查,对不能对比的部分分部分项工程可按图纸计算。

采用对比审查法,要求对比的两个工程条件相同或相对应。对比审查法的特点是准确率较高,审查速度快。

4）经验审查法

经验审查法是根据以往审查类似工程的经验,只需要审查容易出现错误的费用项目,采用经验指标进行类比,它适用于现有类似工程预算审查经验和资料的工程,这种方法的特点是速度快,但准确度一般。例如:容易漏算的项目有平整场地、余土外运等,容易多算或者少算的工程量项目有砖基础体积、砖墙的厚度,容易套错的定额子目的项目有钢筋混凝土柱、梁柱和平板等。

9.2 概、预算审查内容、实施过程及审查要点

9.2.1 概、预算审查的内容

由于建设工程实体庞大、结构复杂,因而对其设计是分阶段进行的。根据不同设计阶段,按需要和可能的条件,需编制成粗细要求和具体作用有所不同的概、预算文件并进行审查,以适应建设工程组织及生产的需要。

1）设计概算审查内容

对于建设工程来说,做好设计概算的审查工作是十分重要的。只有做好设计概算的审查工作,才能有利于企业合理分配投资资金,加强投资计划和成本控制管理;才能有助于促进概算编制人员严格执行有关概算的编制规定和费用标准,提高概算的编制质量;才能有助于促进设计的技术先进性与经济合理性;才可能使下阶段投资控制目标更加科学合理,缩小概算与预算之间的差距,提高项目投资的经济效益。设计概算审查内容如下:

(1)合法性审查。采用的各种编制依据必须经过国家或授权机关的批准,符合国家的编制规定,未经过批准的不得采用,不得以特殊理由擅自提高费用标准。

(2)时效性审查。对定额、指标、价格、取费标准等各种依据,都应根据国家有关部门的

现行规定执行。对颁发时间较长、已不能全部适用的应按有关部门规定的调整系数执行。

（3）适用范围审查。各主管部门、各地区规定的各种定额及其取费标准均有其各自的适用范围，特别是材料预算价格区域性差别较大，在审查时应给予高度重视。

2）单位工程设计概算构成的审查内容

（1）建筑工程概算的审查

① 工程量审查。根据初步设计图纸、概算定额、工程量计算规则的要求进行审查。

② 对采用的定额或指标进行审查。审查定额或指标的使用范围、定额基价、指标的调整、定额或指标缺项的补充等。其中，审查补充的定额或指标时，其项目划分、内容组成、编制原则等须与现行定额水平相一致。

③ 材料预算价格的审查。以耗用量最大的主要材料作为审查的重点，同时着重审查材料原价、运输费用及节约材料运输费用的措施。

④ 各项费用的审查。审查各项费用所包含的具体内容是否有重复计算或遗漏、取费标准是否符合国家有关部门或地方规定的标准。

（2）设备及安装工程概算的审查

设备及安装工程概算审查的重点是设备清单与安装费用的计算。

① 标准设备原价，应根据设备被管辖的范围审查各级规定的价格标准。

② 非标准设备原价，除审查价格的估算依据、估算方法外还要分析研究影响的非标准设备估价准确度的有关因素及价格变动规律。

③ 设备运杂费审查，需注意：a. 设备运杂费率应按主管部门或省、自治区、直辖市规定的标准执行；b. 若设备价格中已包括包装费和供销部门手续费时不应重复计算，应相应降低设备运杂费率。

④ 进口设备费用的审查，应根据设备费用各组成部分及国家设备进口、外汇管理、海关、税务等有关部门不同时期的规定进行。

⑤ 设备安装工程概算的审查，除编制方法、编制依据外，还应注意审查：a. 采用预算单价或扩大综合单价计算安装费时的各种单价是否合适、工程量计算是否符合规则要求、是否准确无误；b. 当采用概算指标计算安装费时采用的概算指标是否合理、计算结果是否达到精度要求；c. 审查所需计算安装费的设备数量及种类是否符合设计要求，避免某些不需安装的设备安装费计入在内。

（3）综合概算和总概算的审查

① 审查概算的编制是否符合国家经济建设方针、政策的要求，根据当地自然条件、施工条件和影响造价的各种因素，实事求是地确定项目总投资。

② 审查概算的投资规模、生产能力、设计标准、建设用地、建筑面积、主要设备、配套工程、设计定员等是否符合原批准可行性研究报告或立项批文的标准。如概算总投资超过原批准投资估算 10% 以上，应进一步审查超估算的原因。

③ 审查其他具体项目：a. 审查各项技术经济指标是否经济合理；b. 审查费用项目是否按国家统一规定计列，具体费率或计取标准是否按国家、行业或有关部门规定计算，有无随意列项，有无多列、交叉计列和漏项等。

3）施工图预算审查内容

施工图预算是根据获得批准的施工图设计、预算定额和单位计价表、施工组织设计文件以及以工程各种费用定额等相关资料为依据计算和编制的单位工程预算文件。相对于设计概算，施工图预算的计算程序更为复杂，所需时间也较多。预算定额中的项目按照相同工程内容将概算定额中的项目细化成若干分项。因此，预算的编制比概算复杂得多，同时，相应的审核方法和审核内容也较为复杂。

一个建筑工程往往可以分为许多分部分项工程，而它的概预算造价就是由这许多的分部分项工程造价相加而成，而分部分项工程造价为分部分项工程量和分部分项工程单价的乘积，因此在建筑工程概预算的审查过程中，应该重视分部分项工程量和分部分项工程单价的审查。

（1）工程量的审查

工程量是建筑工程造价的一个重要参数，也是影响工程造价大小的一个重要因素，在大多数情况下，工程量与造价呈正相关关系。因此对工程量要逐项进行核查。其核查依据主要是图纸和工程量计算规则，审查工程量是否有漏算、重复和错算。另外，工程量的审查应该有所侧重，对于那些单价高或者数量多的项目要重点审查。这些工程例如土建工程预算中的金属结构工程、钢筋混凝土工程、砖石结构工程等，木结构工程、电气工程中的灯具、电线铺设线路等，这些项目的工程量应该重点审查。而对于那些单价极低、工程量极小的项目就没有必要进行详细的审查，例如钉子、涂料、装饰品等。

（2）定额单价的审查

定额单价也是建筑工程概预算的一个重要参数，它是指分项目某一个部件、设备或者材料的单价，是影响工程造价的一个重要因素，因此在建筑工程概预算中定额单价的审查尤为重要，主要是审查单价套用得是否准确，货币单位用得是否合理，如果出现套错或者用错单价的话，就会造成工程造价的失真。工程概预算中定额单价可能会使用各种各样的计量单位，因此在审查预算单价的时候，不仅要核算准单价，而且要使之与计量单位相符合。要重点审查不允许换算的定额单价是否进行了换算，而要求换算的单价是否换算得准确等。

（3）直接工程费的审查

直接工程费的审查是指审查分项工程相加后与分部工程是否相等，分部工程相加后与单位工程是否相等，如果出现不相等的情况就表明计算出现了错误，应该重复计算直至相等。分项工程合价、分部工程小计、单位工程合计等计算公式如下：

$$分项工程合价＝工程量×概预算单价$$

分部工程小计＝$\sum$分项工程合价；单位工程合计＝$\sum$分部工程小计。

一个单位工程概预算的直接费是指单位公衡合计之和再加上措施费等，根据单位工程概预算的直接费才可以计算其他各项应该支付的费用，因此审查人员应该对这些费用进行细致地审查，做到万无一失，千万不能出现差错，一旦出现差错就会引起系列差错，如果多算了会造成建设资金的损失，少算了有可能出现建设工程资金不足的状况。

（4）间接费用的审查

间接费用也是工程预算成本的重要组成部分，目前对于间接费用的计算有不同的标准，不同省、市、自治区要根据自己当地的实际情况进行计算,例如有的地区实行的是单项费用定额,而有的地方实行的是综合费用定额;有的是按照企业性质制定费用标准,而有的是根据企业隶属关系制定费用的标准,因此在实际的概预算审查过程中,要充分考虑到计算标准的不同,着重注意以下两个方面:

① 核查费用定额与概、预算定额是否一致;

② 核查费用标准所套用的工程类别、隶属关系以及企业类别是否相符,防止企业通过抬高自身"身份"的手段来赚取更多的项目经费。

(5) 税金的审查

企业的纯收入主要包括企业利润和税金两部分。审查税金就要根据计算基础、记取标准来核查计算结果正确与否,看看是否对应该参与计税的项目进行计税,防止偷税漏税现象的发生。

(6) 审查建筑面积

建筑面积的计算应该遵从相关计算法则,审查是否出现计算错误以及不应该纳入建筑面积的部分而进行了面积计算。

9.2.2 设计概、预算审查实施过程

1) 设计概算审查的实施过程(图 9.1)

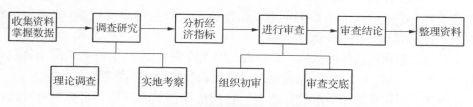

图 9.1 设计概算的具体实施过程

审查建设工程设计概算,必须依靠基层做好调查研究工作,掌握第一手资料,实事求是地进行审查。通常采用以下步骤:

(1) 收集资料、掌握数据

收集资料、掌握数据,是开展审查工作的前提。根据项目可行性研究报告、设计任务书,了解建设项目的建设规模、设计能力、工艺流程、自身建设条件;掌握概算所列的工程项目费用构成和有关技术经济指标,明确概算各表和设计文字说明之间的关系;还要收集概算定额、概算指标,现行费用标准和其他有关文件、资料等。

(2) 调查研究

① 理论调查。充分了解将要审查项目的建设规模、工艺流程及有关情况,掌握第一手资料,为下一步审查打好基础。

② 实地考察。按照拟定的审查重点,组织各相关单位深入现场调查,掌握现场资料。

(3) 分析经济指标

在调查研究基础上,利用概算定额、概算指标和有关技术经济指标,与已建同类型工程的概算,从占地面积、建设条件、投资比例、设计能力、造价指标、费用构成等方面进行对比分

析,从而找出差距,为审查提供线索。

（4）进行审查

根据工程项目投资规模的大小,由建委或建设单位主管部门,组织建设单位、施工单位、开户银行以及其他有关单位进行审查。

① 组织初审。全面认真地进行审查,并提出初审报告。初审报告包括:工程概况、建设项目标准、审查依据、审查增减说明、合理化建议、存在问题、审查汇总表及主要设备清单等内容。

② 审查交底。对特殊项目、重大项目或在初审报告中有争议的项目由审查单位组织审查交底会,听取各方面意见,争取在技术、经济上统一。

（5）审查结论

根据审查结果和审查交底情况,做出审查结论,并出具工程审查报告,同时对工程概算审查中发现的问题,向有关部门提出意见和建议。

（6）整理资料

对审查过程中所累积的数据、指标等,都要整理存档,为今后修订概算定额、指标和审查同类工程项目提供有效的参考标准。

2）施工图预算审查的实施过程

（1）做好审查前的准备工作:

① 熟悉施工图纸。施工图是编审施工图预算分项数量的重要依据,必须全面熟悉了解,核对所有图纸,清点无误后,依次识读。

② 了解施工图预算包括的范围。根据施工图预算编制说明,了解施工图预算包括的工程内容,例如配套设施、室外管线、道路以及会审图纸后的设计变更等。

③ 弄清施工图预算采用的单位估价表。任何单位估价表或预算定额都有一定的适用范围,应根据工程性质,搜集熟悉相应的单价、定额资料。

（2）审查计算

根据工程规模、工程性质、审查时间和质量要求、审查力量等合理确定审查方法,然后按照选定的审查方法进行具体审查。在审查计算过程中,应将审查的问题详细记录。

（3）审查单位与工程预算编制单位交换审查意见

审查单位需将审查记录中的疑点、错误、重复计算和遗漏项目等问题与编制单位和建设单位交换意见,做进一步核对,以便调整预算项目和费用。

（4）审查定案

根据交换意见确定的结果,将更正后的项目进行计算并汇总,填制工程预算审查调整表,由编制单位责任人加盖公章,审查责任人签字加盖审查单位公章。至此,工程概、预算审查定案。

9.2.3 设计概预算审查的要点控制

1）对建设项目要充分了解

在进行工程概、预算审查之前需要对建设工程施工现场进行全方位了解,全面掌握施工情况。对建筑施工中新材料、新结构、新技术和工艺需要进行了解并掌握,这些工作对概、预算的审查有着决定性的作用。为了使概、预算审查结果更加准确、有效,在对建设项目进行工程概、预算的审查之前,要根据不同工程项目其本身所存在的特点和要求,以及在建设工程中所起到的作用和目的进行全面了解。依据各个环节的工程要求,对工程建设标准初步掌握。了解建设工程概况,可通过仔细阅读设计说明书,对设计意图要全面掌握,然后可以到工程项目施工现场进行实地勘察从而掌握土方工程的施工情况、工程项目中各项数据的测量结果、定额单价的补充等情况,在工程项目结束时参加竣工验收,以便对甩项工程进行了解,然后对概、预算进行重新编制,达到更加精准。要突破现阶段概、预算审核中仅仅依靠只看施工图进行预算定额的套用、工程量的计算,而应提高现有知识水平,对整个工程项目的施工过程进行全面深入的了解,对工程项目中各个环节的施工程序和内容进行了解和熟悉,为更好地完成工程预算审查任务做准备。

2)概、预算审查程序要不断完善并落实

工程概、预算审查工作在建设工程项目中占据着重要的作用,所以对建筑工程概、预算审查工作要充分重视,可以通过建立严格和完善的规章制度和审查程序强化审查过程的管理,并对工程概、预算的审查程序进一步加以规范。比如:

(1)做到能够熟悉图纸、及时收集相关资料,对工程项目施工的大概情况和特殊要求要做到了解掌握(主要有设备的使用功能要求、施工中出现的尺寸要求以及施工现场的情况等);要尽可能去现场进行实地考察,从而为更加全面地了解和认识此项工程打下基础;

(2)从工程项目的实际情况出发,再根据图纸和设计资料的要求,进行工程项目的审查工作,以避免出现多项、漏项以及重项的现象;

(3)利用图纸与施工现场情况相结合的方式,根据定额规定的工程量计算的规则将总的工程量进行分部分项的计算,然后与原先预算好的工程量进行对比,确保没有多算和漏算的现象;

(4)对工程规定的额度套用情况进行审核,并对规定额度的子项目的选用是否正确进行审核,以确认工程项目的实际计量单位与规定额度的单位是否一致以及规定额度换算是否正确等;

(5)工程概、预算审查包括对工程中各项环节的取费审核,此项工作主要是基于在工程量和规定额度选用正确无误的前提下,对各项费率进行选取以及任务计算是否正确的审查。总而言之,在工程概、预算审核过程中对待各项审核对象都要严格把关,确保各项审核都能够在公开、透明的状态下进行,尤其在工程总体原则的审核上一定要好好把关,对工程量和定额单价的审核也颇为重要。

3)审查工作要讲究方式和方法

工程概预算审查首先进行的是预审阶段,工程概、预算的预审工作在审查工作中占据着重要地位,发挥着重要的作用。它不仅对工程概、预算正式审查的方向以及方法有着决定性影响,同时还决定设计方案是否需要修改,若设计文件达到审核的要求,则无需修改。在进行工程概、预算审核工作时,要求审核人员带着问题进行审核,在对所收集的资料全部阅读和分析后,会对里面出现的大致问题做出判断,比如给出的指标是否达到基本要求,制订的方案是否处于合理的范围,进行设计的依据是否充分,所执行的相关文件有无错误,规定额度以及采用的价格是否合理、正确;对于工程量容易叠加出现的地方,审核时更要注意,如确定工程的类别和市场上材料的价格是否正确等。在审核过程中,要特别注意工作的方式和方法,尤其是说话时的语气和态度,在遵照审核依据和原则的前提下,做到运用对事不对人的方式开展工作。另外,为了达到审核结果客观、精确,需在以往经验的基础上,对原有的审核方法进行合理的分析,以适当地采用新的审核方法等。

4) 提高审查人员的专业知识、熟悉相关收费规定

现阶段,我国建筑工程项目概、预算审核部门中有许多审核人员或者编制人员对当地政府部门制定的相关收费标准和规定不熟悉,在进行工程概、预算工作时,常常会发生漏算、少算,更有甚者直接忽略计算工程建设中所需的其他费用,或者即使计算了工程建设中所需其他费用,也会出现种种问题。工程概、预算审核必须严格依照国家或者当地政府部门的相关规定进行,不但要杜绝出现叠加计算的现象,还要杜绝少算、漏算的情况。

复习思考题

1. 概、预算的基本概念是什么? 它们之间的区别是什么?
2. 加强对建筑工程概、预算的审查有什么意义?
3. 概、预算审查的主要方法有哪些? 分别适用于哪些工程项目?
4. 工程概、预算主要的审查内容有哪些?
5. 工程概、预算的审查步骤有哪些?
6. 工程概、预算的审查控制要点有哪些?

10 工程招标与投标

10.1 工程招标

10.1.1 工程招标概述

1) 工程招标的概念

招标是指发包人、采购商、技术或服务的需求方等根据自己的需要,提出一定的标准或条件,向社会公开发布招标公告或向特定的法人或其他组织发出投标邀请函,邀请他们前来投标的行为。招标这种择优竞争的交易方式完全符合市场经济的要求,发标人通过公布自己的标准和要求,众多的投标人按照同等条件进行平等竞争,发标人从中择优选择项目的中标人。

推行招标制基本形成了由市场定价的价格机制,使工程价格更加趋于合理;能够不断降低社会平均劳动消耗水平,使工程价格得到有效控制;便于供求双方更好地相互选择,使工程价格更加符合价值基础,进而更好地控制工程造价;有利于规范价格行为,使公开、公平、公正的原则得以贯彻;能够降低工程建筑成本,促进建筑工作在思路上、技术上以及管理方法上等得到创新和发展,同时也能提高工程的建筑质量。一般而言,招标须具有两个条件:一是招标人必须在招标文件中提出一定的标准和要求;二是公开发布招标公告或向特定的人发送投标邀请书,使社会或有关当事人了解招标要求。招标同时也是一种法律行为,工程招标总流程及其法律性质如图 10.1 所示。

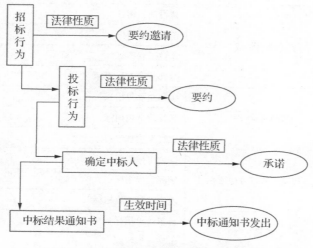

图 10.1 工程招标总流程及其法律性质

2) 招标投标活动应遵循的原则

《招标投标法》第五条明确规定:招标投标活动应当遵循公开、公平、公正和诚实信用的原则。"公开"原则,指招标投标活动应有较高的透明度,具体表现在建设工程招标投标的信息公开、条件公开、程序公开和结果公开。"公平"原则,指民事主体的平等,杜绝任何一方把自己的意志强加于对方,包括招标人无理压价等。"公正"原则,指按招标文件中规定的统一标准,实事求是地进行评标和决标,不偏袒任何一方。"诚实信用"原则是民事活动的基本原则之一,指招标投标当事人应以诚实守信的态度行使权利,履行义务,以维护双方的利益平衡以及自身利益与社会利益的平衡。

10.1.2 工程招标的类别

工程招标依据不同的分类标准有不同的招标类型,具体分类标准有工程建设程序、行业业务性质、建设项目组成、工程发包范围、工程是否有涉外因素、计价模式等,具体工程招标分类如表 10.1 所示。

表 10.1 工程招标分类

分类标准	招标类型
工程建设程序	工程项目可研招标
	工程勘察设计招标
	施工招标
	材料设备采购招标
行业业务性质	勘察设计招标
	工程咨询和监理招标
	土建施工招标
	建筑装饰招标
	货物采购招标
建设项目组成	建设项目招标
	单项工程招标
	单位工程招标
	分部分项工程招标
工程发包范围	工程总承包招标
	工程分承包招标
	工程专项承包招标
工程是否有涉外因素	国内工程招标
	国际工程招标
	境内国际工程招标
计价模式	清单计价招标
	定额计价招标

10.1.3 建设项目招标范围和规模标准的规定

1）建设项目强制招标的范围

根据 2000 年《工程建设项目招标范围和规模标准规定》的规定,强制招标的范围具体包括:

（1）关系社会公共利益与公众安全的基础设施项目:如煤炭、石油、天然气、电力、新能源等能源项目;铁路、公路、管道、水运、航空及其他交通运输业等交通运输项目;邮政、电信枢纽、通信、信息网络等邮电通信项目;防洪、灌溉、排游、引（供）水、滩涂治理、水土保持、水利枢纽等水利项目;道路、桥梁、地铁和轻轨交通、污水排放及处理、垃圾处理、地下管道、公共停车场等城市设施项目;生态环境保护项目;其他基础设施项目。

（2）关系社会公共利益与公众安全的公用事业项目:如供水、供电、供气、供热等市政工程项目;科技、教育、文化等项目;体育、旅游等项目;卫生、社会福利等项目;商品住宅,包括经济适用住房;其他公用事业项目。

（3）使用国有资金投资的项目:如使用各级财政预算资金的项目,使用纳入财政管理的各种政府性专项建设基金的项目,使用国有企、事业单位自有资金,且国有资产投资者实际拥有控制权的项目。

（4）国家融资项目:使用国家发行债券所筹资金的项目;使用国家对外借款或担保所筹资金的项目;使用国家政策性贷款的项目;国家授权投资主体融资的项目;国家特许的融资项目。

2）工程建设项目招标规模标准

根据 2000 年《工程建设项目招标范围和规模标准规定》的有关规定,对包括勘察、设计、施工、监理以及与工程建设有关的重要设备、材料等的采购,达到下列标准之一的,必须进行招标:

（1）施工单项合同估算价在 200 万元人民币以上的;

（2）重要设备、材料等货物的采购,单项合同估算价在 100 万元人民币以上的;

（3）勘察、设计、监理等服务的采购,单项合同估算价在 50 万元人民币以上的;

（4）单项合同估算价低于第（1）、（2）、（3）项规定的标准,但项目总投资额在 3 000 万元人民币以上的。

3）可以不进行招标的范围

根据 2013 年《工程建设项目施工招标投标办法》第十二条规定,符合下列情形之一的,可以不进行施工招标:

（1）涉及国家安全、国家秘密或者抢险救灾而不适宜招标的;

（2）属于利用扶贫资金实行以工代赈需要使用农民工的;

（3）施工主要技术采用特定的专利或者专有技术的;

（4）施工企业自建自用的工程,且该施工企业的资质等级符合工程要求的;

（5）在建工程追加的附属小型工程或者主体加层工程,原中标人仍具备承包能力,并且其他人承担将影响施工或者功能配套要求的。

（6）国家规定的其他情形。

4）工程建设项目招标的条件

按照《招标投标法》第九条的规定，工程建设项目招标应具备以下条件：

（1）项目概算已经批准，招标范围内所需资金已经落实。

（2）建设项目已经正式列入国家、部门或地方的年度固定资产投资计划。

（3）已经依法取得建设用地的使用权。

（4）招标所需的设计图纸和技术资料已经编制完成，并经过审批。

（5）建设资金、主要建筑材料和设备的来源已经落实。

（6）已经向招标投标管理机构办理报建登记。

（7）其他。

不同性质的工程招标条件可能有所不同或有所偏重，表 10.2 可供参考。

表 10.2　工程招标条件

招标类型	招标条件中宜侧重的事项
勘察设计招标	（1）设计任务书或可行性研究报告等已经批准
	（2）已取得可靠的设计资料
施工招标	（1）建设工程已列入年度投资计划
	（2）建设资金已按规定存入银行
	（3）施工前期工作已基本完成
	（4）有正式设计院设计的施工图纸和设计文件
建设监理招标	（1）设计任务书或初步设计已经批准
	（2）建设项目的主要技术工艺要求已经确定
材料设备供应招标	（1）建设工程已列入年度投资计划
	（2）建设资金已按规定存入银行
	（3）已有批准的初步设计或施工图设计所附的设备清单
工程总承包招标	（1）设计任务书已经批准
	（2）建设资金和场地已落实

10.1.4　建设工程项目招标的基本流程

建设工程项目招标一般经历招标准备阶段、招标阶段和决标成交阶段，公开招标程序在招标准备阶段多了发布招标通告、进行资格预审的内容，建设工程公开招标程序如图 10.2 所示。

1）建设工程项目报建

建设工程项目的立项批准文件或年报投资计划下达后，按照《工程建设项目报建管理办法》规定具备条件的，建设单位须向建设行政主管部门报建备案。工程建设项目报建范围包括：各类房屋建筑（包括新建、改建、扩建、翻建、大修等）、土木工程（包括道路、桥梁、房屋基础打桩）、设备安装、管道线路敷设、装设、装饰装修等建设工程。报建主要内容包括：工程名

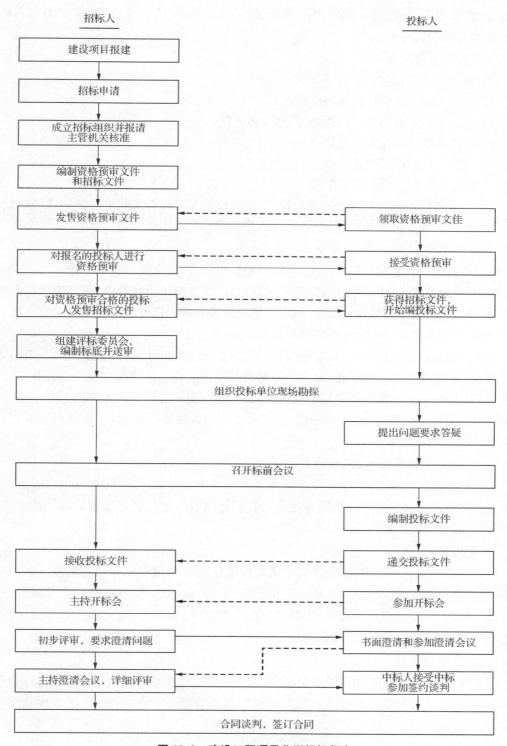

图 10.2　建设工程项目公开招标程序

称、建设地点、投资规模、资金来源、当年投资额、工程规模、结构类型、发包方式、计划开竣工日期、工程筹建情况等。

2）审查建设单位资质

建设单位办理招标应具备以下条件：

（1）是法人或依法成立的其他组织；

（2）有与招标工程相适应的经济、技术管理人员；

（3）有组织编制招标文件的能力；

（4）有审查投标单位资质的能力；

（5）有组织开标、评标、定标的能力。

不具备上述（2）至（5）项条件的建设单位，须委托具有相应资质的中介机构代理招标，建设单位与中介机构签订委托代理招标的协议，并报招标管理机构备案。

3）招标申请

建设单位组织和实施招标申请工作，编写招标申请表，其主要包括以下内容：工程名称、建设地点、建设规模、结构类型、招标范围、招标方式、要求施工企业等级、施工前期准备情况（土地征用、拆迁情况、勘察设计情况、施工现场条件等）、招标机构组织情况等。

4）资格预审文件、招标文件编制与送审

公开招标采用资格预审时，只有资格预审合格的施工单位才可以参加投标；不采用资格预审招标方式的应进行资格后审，即在开标后进行资格审查。采用资格预审的公开招标，招标单位需参照标准范本编写资格预审文件和招标文件，而不进行资格预审的公开招标的，只需编写招标文件。资格预审文件和招标文件须报招标管理机构审查，审查同意后可刊登资格预审通告、招标通告。

5）刊登资格预审通告、招标通告

进行公开招标的项目，建设单位在建设工程交易中心发布信息，同时也可以通过报刊、广播、电视等新闻媒介发布"资格预审通告"或"招标通告"，进行资格预审的，需要同时刊登"资格预审通告"和"招标通告"。

6）资格预审

公开招标进行资格预审时，通过对申请单位填报的资格预审文件和资料进行评比和分析，确定出符合要求的投标单位名单。资格预审的主要内容包括：投标单位企业概况；近三年完成工程的情况；目前正在履行的合同情况；资源状况，如财务、管理、技术、劳力、设备等方面的情况；其他资料（如各种奖励或处罚等）。

7）工程标底价格的编制

标底编、审人员均应参加施工图交底、施工方案交底以及现场勘察、投标预备会，便于标底的编、审工作。标底价格编制人员应严格按照国家的有关政策、规定，科学公正地编制标底价格。

8）发放招标文件

招标单位把招标文件、图纸和有关技术资料发放给通过资格预审并获得投标资格的投标单位,对于采用资格后审招标方式的项目,应发放给愿意参加投标的单位。投标单位收到招标文件、图纸和有关资料后,应认真核对,核对无误后应以书面形式予以确认。招标单位对招标文件所做的任何修改或补充,须报招标管理机构审查同意后,在投标截止时间之前,同时发送给所有获得招标文件的投标单位,投标单位应以书面形式予以确认。修改或补充文件作为招标文件的组成部分,对投标单位起约束作用。投标单位收到招标文件后,若有疑问或不清楚的地方需澄清解释,应在收到招标文件后 7 日内以书面形式向招标单位提出,招标单位应以书面形式或以投标预备会形式予以解答。

9) 勘查现场

招标单位组织投标单位进行勘查现场的目的在于让投标单位了解工程场地和周围环境情况,以方便投标单位获取必要信息。为便于投标单位提出问题并得到解答,勘查现场一般安排在投标预备会的前 1~2 天。投标单位在勘查现场中如有疑问,应在投标预备会前以书面形式向招标单位提出,但应给招标单位留有解答时间。招标单位应向投标单位介绍有关现场的以下情况:施工现场是否达到招标文件规定的条件;施工现场的地理位置和地形、地貌;施工现场的地质、土质、地下水位、水文等情况;施工现场气候条件,如气温、湿度、风力、年雨雪量等;现场环境,如交通、饮水、污水排放、生活用电、通信等;工程在施工现场中的位置或布置;临时用地、临时设施搭建等。

10) 投标预备会

投标单位在领取招标文件、图纸和有关技术资料及勘查现场后提出的问题,招标单位可通过以下方式解答。第一,收到投标单位提出的问题后,应面向所有获得招标文件的投标单位以书面形式进行解答。第二,通过投标预备会进行解答,并以会议记录形式同时送达所有获得招标文件的投标单位。

11) 投标文件的编制与递交

首先,投标单位依据招标文件和工程技术规范要求,并根据施工现场情况编制施工方案或施工组织设计。其次,投标单位应根据招标文件要求编制投标文件和计算投标报价,应仔细核对,以保证投标报价的准确无误。并且,按招标文件的要求,投标单位应提交投标保证金。

12) 开标、评标、定标

在投标截止后,按规定时间、地点,在投标单位法定代表人或授权代理人在场的情况下举行开标会议,开标会议由招标单位组织并主持。评标由评标委员会实施,招标管理机构监督。评标委员会由招标单位,上级建设主管部门,招标单位邀请的有关经济、技术专家组成,对投标单位所报的施工方案或施工组织设计、施工进度计划、施工人员和施工机械设备的配备、施工技术能力、以往履行合同情况、临时设施的布置和临时用地情况等进行评估,最终确定中标单位。

13) 合同签订

建设单位与中标的投标单位在规定的期限内签订合同,结构不太复杂的中小型工程在 7 天以内,结构复杂的大型工程在 14 天以内签订,并在约定日期、时间和地点的前提下,根据

《中华人民共和国合同法》、《建设工程施工合同管理办法》的规定,依据招标文件、投标文件,双方签订施工合同。

10.1.5 工程招标的准备

1) 资格预审文件的编制

招标人采用资格预审办法对潜在投标人进行资格审查的,应当发布资格预审通告,编制资格预审文件。依法必须进行招标项目的资格预审文件,应当使用国务院发展改革部门会同有关行政监督部门制定的标准文件。

由于我国普遍实行企业经营资格、资质、生产许可和从业人员职业资格等管理制度,大多数项目招标需要审查投标资格。资格审查既是招标人的权利,也是大多数招标项目的必要程序,它对于保障招标人和投标人的利益具有重要作用。为了确保潜在投标人能够公平地获得投标的机会同时避免招标人和投标人不必要的资源浪费,招标人应当对投标人的资质组织审查。资格预审文件是招标人公开告知潜在投标人参与招标项目投标应具备的相关条件的重要文件,是对投标申请人的经营资质、公司规模、履约能力进行评审的依据。工程建设项目招标资格预审文件基本内容一般包括:资格预审通告、资格预审须知、资格审查办法、资格预审申请文件格式、资格预审文件的澄清与修改、工程建设概况等内容。招标人应结合招标项目的技术管理特点和需求,按照以下基本内容和要求编制资格预审文件:

（1）资格预审通告

资格预审通告是为邀请潜在的投标人而在官方媒体上发布的资格预审通告,其作用有两点:一是发布某项目即将招标;二是说明资格预审的具体细节信息。资格预审通告一般应包括以下内容:a. 招标人的名称和地址;b. 招标项目的性质和数量;c. 招标项目的地点和时间要求;d. 获取资格预审文件的办法、地点和时间;e. 对资格预审文件收取的费用;f. 提交资格预审申请书的地点和截止时间;g. 资格预审的日程安排。

（2）资格预审须知

资格预审须知是指导申请人按照资格审查的要求,正确编制资格预审材料说明。其主要内容有:① 总则;② 申请人应提供的资料和有关证明;③ 资格预审通过的强制标准;④ 对联合体提交资格预审申请的要求;⑤ 对通过资格预审单位所建议的分包单位的要求;⑥ 对申请参加资格预审的国有企业的要求;⑦ 其他规定。

（3）资格预审审查办法

① 资格预审审查办法分为资格预审的合格制和有限数量制两种。

② 审查标准包括初步审查和详细审查的标准或采用有限数量制的评分标准。

③ 审查程序包括资格预审申请文件的初步审查、详细审查、申请文件的澄清以及有限数量制的评分等内容和规则。

④ 资格审查委员会完成资格预审申请文件的审查并确定符合资格预审的单位名单,向招标单位提交书面审查报告。

（4）资格预审申请文件

资格预审申请文件包括以下基本内容:资格预审申请函;法定代表人身份证明或其授权委托书;联合体协议书,适用于允许联合体投标的资格预审,联合体各方联合声明共同参加资格预审和投标活动签订的联合协议;申请人基本情况。

（5）工程建设项目概况

工程建设项目概况的内容应包括项目说明、建设条件、建设要求和其他需要说明的情况。各部分具体编写要求如下:

① 项目说明,首先概要介绍工程项目的建设任务、工程规模标准和预期效益;其次说明项目的批准或核准情况;然后介绍该工程项目的建设单位,项目投资人出资比例,以及资金来源;最后说明项目的建设地点、计划工期、招标范围和标段划分情况。

② 建设条件,主要描述建设项目所处位置的水文气象条件、工程地质条件、地理位置及交通条件等。

③ 建设要求,概要介绍工程施工技术规范、标准要求,工程建设质量、进度、安全和环境管理等要求。

④ 其他需要说明的情况,需结合项目的工程特点和项目建设单位的具体管理要求提出。

2）工程建设项目招标文件的编制

工程建设项目的招标文件编制是招标工作中十分重要的环节,也是招标工作的主要内容之一。招标文件详细列出了招标人对招标项目的基本情况描述、投标须知、工程量清单、技术规范或标准、合同条件、评标标准等,是投标人编制投标文件的基础和依据,也是评标的重要依据,同时,招标文件也是合同文件的主要组成部分。

（1）招标文件编制的原则和要求

招标文件的编制必须遵守国家有关招标投标的法律、法规和部门规章的规定,遵循下列原则和要求:

① 招标文件必须遵循公开、公平、公正的原则,不得以不合理的条件限制或者排斥潜在投标人,不得对潜在投标人实行歧视待遇。

② 招标文件必须遵循诚实信用的原则。招标人向投标人提供的工程概况,特别是工程项目的审批、资金来源和落实等情况要确保真实和可靠。

③ 招标文件中所介绍的工程概况和提出的相关要求,必须与资格预审文件的内容相一致。

④ 招标文件的内容要能清楚地反映工程的规模、性质、商务和技术要求等内容,设计图纸应与技术规范或技术要求相一致,使得招标文件系统、完整、准确。

⑤ 招标文件规定的各项技术标准应符合国家强制性标准。

⑥ 招标文件不得要求或者标明特定的专利、商标、名称、设计、原产地或建筑材料、构配件等生产供应者,以及含有倾向或者排斥投标申请人的其他内容。

⑦ 招标人应当在招标文件中规定实质性要求和条件,并用醒目的方式标明。

（2）招标文件的编制内容

招标文件是由招标单位编制的工程招标的纲领性、实时性文件，是投标单位进行投标的主要客观依据。招标人根据工程项目特点和需要编制招标文件。招标文件一般包括下列内容：

① 投标邀请书

投标邀请书主要包含：招标条件，项目概况与招标范围，投标人资格要求，招标文件的获取，投标文件的递交、确认等。

② 投标须知

投标须知是招标文件中的关键性文件，是招标文件的重要组成部分。投标须知主要包括：资金来源；投标人的资格；工程项目概况；投标语言，投标所用文字；投标价格和货币规定；修改和撤销投标的方式；评标标准和方法；标书格式和投标保证金要求；招标程序及有效期；截标日期、开标时间和地点等。

③ 评标办法

评标是确定中标人的必要程序，是保证招标成功的重要环节。在招标文件中，招标人列明了评标的标准与办法，目的是让各潜在的投标人详细了解有关规定和要求，从而达到公正、公平的原则。评标办法一般可分为以下两种：

a. 经评审的最低投标价法

采用经评审的最低投标价法的，评标委员会应当根据招标文件中规定评标价格调整方法，对所有投标人的投标报价以及投标文件的商务部分作必要的价格调整。中标人的投标文件应当符合招标文件规定的技术要求和标准，但评标委员会无需对投标文件的技术部分进行价格折算。根据评审的最低投标价法完成详细评审后，评标委员会应拟定一份标价比较表，连同书面评标报告提交招标人。标价比较表应当载明投标人的投标报价、对商务偏差的价格调整和说明以及经评审的最终投标价。

b. 综合评分法

综合评分法，也称打分法，是指评标委员会按预先确定的评分标准，对各招标文件需评审的要素（报价和其他非价格因素）进行量化、评审记分，以标书综合分的高低确定中标单位的方法。由于项目招标需要评定比较的要素较多，且各项内容的计量单位又不一致，如工期是天、报价是元等，因此综合评分法可以较全面地反映出投标人的水平。

3）合同条款及格式

合同条款分为通用合同条款、专用合同条款。合同条款主要包括：合同文件、双方一般责任、工期、质量与验收、合同价款与支付、材料和设备供应、设计变更、竣工与结算、争议、违约、索赔。合同文件的格式是用于招标人与中标人在签订合同时使用，合同格式包括：合同协议格式、银行履约保函格式、履约担保格式、预付款银行保函格式等。

4）工程量清单

工程量清单是招标文件的重要组成部分，是对招标工程的全部项目，按统一的工程量计算规则、项目划分和计量单位计算出的工程数量列出的表格，应包含：工程量清单封面、总说明；分部分项工程量清单；措施项目清单；其他项目清单；规费、税金清单。

5）图纸

工程图纸是指用于招标工程施工用的全部图纸，是进行施工的依据，也是进行施工管理的基础。招标人应将招标工程的全部图纸编入招标文件，供投标申请人全面了解招标工程情况，以便编制投标文件，其应包括图纸目录和图纸。

6）技术标准和要求

技术标准和要求是招标人在编制招标文件时，为了保证工程质量，向投标人提出使用建设标准的要求，可按现行的国家、地方、行业工程建设标准、技术规范执行。

7）投标文件格式

投标文件格式是在招标文件中提供、由投标人按照招标文件所提供统一规定的格式无条件填写的、用以表达参与招标工程投标意愿的文件。这种由招标人在招标文件中所提供的统一的投标文件格式是平等对待所有的投标人，若投标人不按此格式进行投标文件的编制，则视为未实质性响应招标文件而判为投标无效，或称为废标。投标文件共包含以下内容：投标函及投标函附录、法定代表人身份证明及授权委托书、联合体协议书、已标价工程量清单（报价书）、施工组织设计、项目管理机构、拟分包项目情况表、资格审查资料。

8）其他资料。

10.1.6　工程开标

1）开标及准备工作

开标是指在投标人提交投标文件的截止日期后，招标人依据招标文件所规定的时间和地点，开启投标人提交的投标文件，公开宣布投标人的名称、投标价格及投标文件中的其他主要内容的活动。公开招标和邀请招标均应举行开标会议，体现招标的公平原则。在开标前应做好以下各项准备工作：

（1）成立评标小组，确定评标办法。

（2）为了确认开标在法律上合法有效，应在开标前委托公证。

（3）按招标文件中的投标截止日期密封标箱。

2）开标的时间和地点

为保证投标的公开、公平、公正，开标的时间和地点应遵守法律和招标文件中的规定。我国《招标投标法》规定，"开标应当在招标文件确定的提交投标文件截止日期的同一时间公开进行。"根据这一规定，提交投标文件的截止日期即是开标时间，这样就可以避免开标与投标截止时间有间隔，从而防止有人利用间隔时间对已提交的投标文件进行作弊或泄露投标。出现下列各种情况时，在征得建设行政主管部门的同意后，可以暂缓或推迟开标时间：

（1）招标文件发售后对原招标文件做了变更或补充。

（2）开标前发现有影响招标公正性的不正当行为。

（3）出现突发事件等。

开标的时间和地点由招标文件预先确定，使每一个投标人都能事先知道开标的准确时间和地点，以便届时参加，按时到达，确保开标过程的公开、透明。

3) 开标的主要工作内容

在投标须知规定的时间和地点由招标人主持开标会议,所有投标人均应参加,并邀请项目建设有关部门代表出席。开标时,由投标人或其推选的代表检验文件的密封情况,确认无误后,工作人员当众拆封,宣读投标人名称、投标价格以及其他主要内容。所有在投标函中提出的附加条件、补充声明、优惠条件、替代方案等均应宣读,如果有标底也应公开。开标过程应当记录,并存档备查。开标后,任何投标人都不允许更改投标书的内容和报价,也不允许再增加优惠条件。投标书经启封后不得再更改招标文件中说明的评价、定标办法。在开标时,如果发现投标文件出现下列情形之一,应当作为无效投标文件,不再进行评标:

(1) 投标文件未按照招标文件的要求予以密封。

(2) 投标文件中的投标函未加盖投标人的企业及企业法定代表人印章,或者企业法定代表人委托代理人没有合法、有效的委托书(原件)及委托代理人印章。

(3) 投标文件的关键内容字迹模糊、无法辨认。

(4) 投标人未按照招标文件的要求提供投标保证金或者投标保函。

(5) 组成联合体投标的,投标文件未附联合体各方共同投标协议。

4) 开标形式及公开开标方式

(1) 开标形式

开标的形式主要有下列三种:

① 公开开标。邀请所有的投标人参加开标仪式,其他愿意参加者也可以参与会议,当众公开开标。

② 有限开标。只邀请投标人和有关人员参与开标仪式,其他无关人员不得参与,当众公开开标。

③ 秘密开标。只有负责招标的组织成员参加开标仪式,投标人不得参加开标,开标结束后直接将开标的名次结果通知投标人,不公开报价。

(2) 公开开标的方式

① 公开开标,当场确定投标人。

这种方式是在开标会上,由招标领导小组当众启封各投标人递交的投标函,并宣布各标书的报价等内容,经招标领导小组成员短时间的评标磋商后,当场定标,确定中标人。

② 公开开标,当场预定中标人。

这种方式是在召开的开标会上,当众启封各投标人的投标函后,由于各投标人的投标函报价和内容各具特色、各有长处、难以当场确定中标人,可以先确定其中的 2~3 个作为预选中标人进行第二次报价,经评标后再定标,以确定最终的中标人。

③ 公开开标,当场不定中标人。

开标时,启封投标人的投标函后,各投标人的报价与标底等要求相差甚远,难以从现有的投标人中确定中标人,只能另行招标,或者会后从现有投标人中选择若干投标人进行协商议标,最后确定中标人。

5) 开标的程序

开标程序应在招标文件中明确,主持人应按下列程序进行开标,在不违反法律法规的前提下可以有适当的调整。

(1) 宣布开标纪律。

(2) 公布在投标截止时间前递交投标文件的投标人名称。

(3) 宣布开标人、唱标人、记录人、监标人等有关人员姓名。

(4) 按照投标人须知前附表规定检查投标文件的密封情况。

(5) 按照投标人须知前附表的规定确定并宣布投标文件开标顺序。

(6) 设有标底的,公布标底。

(7) 按照宣布的开标顺序当众开标,公布投标人名称、标段名称、投标保证金的递交情况、投标报价、质量目标、工期及其他内容,并记录在案。

(8) 投标人代表、招标人代表、监标人、记录人等有关人员在开标记录上签字确认。

(9) 开标结束。

工程开标的基本流程如图 10.3 所示。

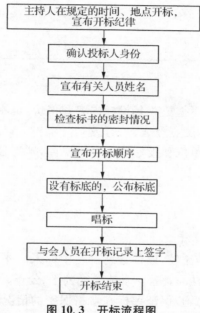

图 10.3 开标流程图

开标时,主持人应当安排投标人或其代表签到,招标人委托专人负责核对签到人员的身份;同时,主持人应当介绍主要的与会人员,出席开标的与会人员一般包括招标人代表、招标代理机构代表、各投标人代表、公证机构的公证人员、见证人及有关的监督人员等。做好开标前的检查工作后,主持人应当向所有参会人员介绍招标文件的内容,强调其中的主要条款和招标文件的实质性要求,重申招标文件的要点;同时,为体现竞争的公平性,主持人应当公布评标原则和方法。

开标过程中一般按投标书送达时间或以抽签的方式决定投标企业开标、唱标顺序。开标由开标主持人在监督人员及与会代表的监督下当众拆封。招标人不得以任何理由拒绝拆封在规定时间前收到的投标文件,不能内定投标人,使得其他投标人成为陪衬,拆封后应检查投标文件的组成情况,同时记录在案。开标记录的内容包括项目名称、投标号、刊登招标公告的日期、发售招标文件的日期、投标人的单位名称及报价、投标截止后收到投标文件的处理情况等。开标记录由主持人和其他工作人员签字确认后,存档备案。开标记录表参考格式见表10.3。

表 10.3 开标记录表参考格式

_____(项目名称)_____标段施工开标记录表

开标时间____年____月____日____时____分

序号	投标人	密封情况	投标保证金	投标报价/元	质量目标	工期	备注	签名
招标人编制的标底/招标控制价								

招标人代表:_____ 记录人:_____ 监标人:_____

____年____月____日

一旦开标,任何投标人均不得更改其投标内容和报价,也不允许再增加优惠条件,但在业主需要时可作一般性说明和疑点澄清。

实行议标方式的,由招标单位和投标单位分别协商,不需公开开标,但仍应邀请有关建设行政主管部门参加。

10.1.7 评标

1)评标概述、准则以及程序

评标是对各投标书优劣的比较,以便最终确定中标人。评标委员会负责评标工作。依据《中华人民共和国招标投标法》,评标活动应遵循公平、公正、科学、择优的原则。

招标人应当采取必要的措施,保证评标在严格保密的情况下进行。评标是招标投标活动中一个十分重要的阶段,如果对评标过程不进行保密,则影响公正评标的不正当行为有可能发生。评标委员会成员名单一般应于开标前确定,而且该名单在中标结果确定前应当保密。评标委员会在评标过程中是独立的,任何单位和个人都不得非法干预、影响评标过程和结果。评标流程如图10.4所示:

2)评标委员会的组建与对评标委员会成员的要求

(1)评标委员会的组建

评标委员会由招标人负责组建进行相关的评标活动,向招标人推荐中标候选人或者根据招标人的授权直接确定中标人。

评标委员会由招标人或者其委托的招标代理机构熟悉相关业务的代表以及有关技术、经济等方面的专家组成,成员人数应为5人以上单数,其中招标人以外的专家不得少于成员

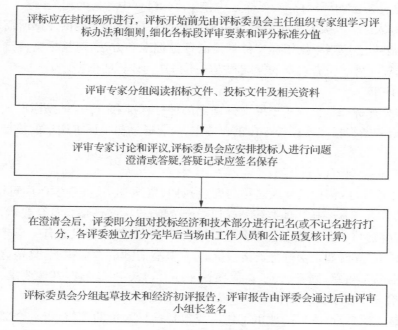

评标应在封闭场所进行，评标开始前先由评标委员会主任组织专家组学习评标办法和细则，细化各标段评审要素和评分标准分值

评审专家分组阅读招标文件、投标文件及相关资料

评审专家讨论和评议，评标委员会应安排投标人进行问题澄清或答疑，答疑记录应签名保存

在澄清会后，评委即分组对投标经济和技术部分进行记名(或不记名进行打分，各评委独立打分完毕后当场由工作人员和公证员复核计算)

评标委员会分组起草技术和经济初评报告，评审报告由评委会通过后由评审小组长签名

图 10.4 评标流程

总数的 2/3。评标委员会设有负责人的，由评标委员会成员推举产生或者由招标人确定，评标委员会负责人与评标委员会的其他成员有同等的表决权。

（2）对评标委员会成员的要求

评标委员会中的专家应符合以下要求：

① 从事相关专业领域工作满八年并具有高级职称或者同等专业水平。

② 熟悉有关招标投标的法律法规并具有与招标项目相关的实践经验。

③ 能够认真、公正、诚实、廉洁地履行职责。

有下列情形之一的，不得担任评标委员会成员：

① 招标人或投标人的主要负责人的近亲属。

② 项目主管部门或者行政监督部门的人员。

③ 与投标人有经济利益关系、可能影响对投标公正评审的。

④ 曾因在招标、评标以及其他与招标投标有关活动中进行违法行为而受过行政处罚或刑事处罚的。

3）评标的准备与初步评审

（1）评标的准备

评标委员会应当编制供评标使用的相应表格，认真研究招标文件，至少了解和熟悉以下内容：

① 招标的目标。

② 招标的范围和性质。

③ 招标文件中规定的主要技术要求、标准和商务条款。

④ 招标文件规定的评标标准、评标方法和在评标过程中考虑的相关因素。

此外,招标人或者其委托的招标代理机构应当向评标委员会提供评标所需的重要信息和数据。评标委员会应当根据招标文件规定的评标标准和方法,对投标文件进行系统的评审和比较。招标文件中没有规定的标准和方法不得作为评标的依据。

(2) 初步评审

初步评审是评标委员会按照招标文件确定的评标标准和方法,对投标形式、资格、响应性进行评审,以判断投标文件是否存在重大偏离,只有通过初步评审认定的投标文件才能进入详细评审。

初步评审,包括以下四个方面:

① 形式评审标准:包括投标人名称与营业执照、资质证书、安全生产许可证一致;投标书上有法定代表人或其委托代理人签字或加盖单位章;投标文件格式符合要求;联合体投标人已提交联合体协议书并明确联合体牵头人(如有);报价唯一,即只能有一个有效报价等。

② 资格评审标准:如果未进行资格预审的,应具备有效的营业执照,具备有效的安全生产许可证,并且资质等级、财务状况、类似项目业绩、信誉、项目经理、其他要求、联合体投标人等,均应符合相关规定。

③ 响应性评审标准:主要的评审工作应该包括投标报价的校核,审查全部报价数据计算的正确性,分析报价构成的合理性,并与招标控制价进行对比分析,还有工期、工程质量、投标有效期、投标保证金、权利义务、已标价工程量清单、技术标准和要求等,均应符合招标文件的有关要求。

④ 施工组织设计和项目管理机构评审标准:主要包括施工方案与技术措施、质量管理措施、安全管理措施、环境保护管理措施、工程进度计划与措施、资源配备计划、技术负责人、其他主要人员、施工设备、试验、检测仪器设备等,需符合有关标准。

⑤ 投标文件的澄清和说明。评标委员会可以书面方式要求投标人对投标文件中涵义不明确的内容作必要的澄清、说明或补正,且不得超出投标文件的范围或者改变投标文件的实质性内容。澄清、说明或补正包括对投标文件中含义不明确、对同类问题表述不一致或者有明显文字和计算错误的内容进行详细解释,但评标委员会不得向投标人提出带有暗示性或诱导性的问题。

投标报价有算术错误的,评标委员会按以下原则对投标报价进行修正,修正的价格经投标人书面确认后具有约束力。投标人不接受修正价格的,其投标作废标处理。

① 投标文件中的大写金额与小写金额不一致的,以大写金额为准;

② 总价金额与依据单价计算出的结果不一致的,以单价金额为准修正总价,但单价金额小数点有明显错误的除外。

此外,如对不同文字文本投标文件的解释发生异议的,以中文文本为准。

4) 详细的评审方法

经初步评审合格的投标文件,评标委员会应当根据招标文件确定的评标标准和方法,对其技术部分和商务部分做进一步评审、比较。详细评审的方法包括合理低价法、综合评估法和经评审的最低投标价法三种。

（1）合理低价法

合理低价法：评标委员会对满足招标文件实质性要求的投标文件，按照规定的评分标准进行打分，并按得分由高到低顺序推荐中标候选人，或根据招标人授权直接确定中标人，但投标报价低于其成本的除外。综合评分相等时，以投标报价低的优先；投标报价也相等的，招标人可采用被招标项目所在地省级行政主管部门评为较高信用等级的投标人优先或递交投标文件时间较前的投标人优先或其他方法确定第一中标候选人。

评标基准价计算方法：

在开标现场，招标人将当场计算并宣布评标基准价。

① 评标价的确定。

方法一：评标价＝投标函文字报价。

方法二：评标价＝投标函文字报价－暂估价－暂列金额（不含计日工总额）。

② 评标价平均值的计算。除按投标人须知规定开标现场被宣布为废标的投标报价之外，所有投标人的评标价去掉一个最高值和一个最低值后的算术平均值即为评标价平均值（如参与评标价平均值计算的有效投标人少于 5 家时，则计算评标价平均值时不去掉最高值和最低值）。

③ 评标基准价的确定。

方法一：将评标价平均值直接作为评标基准价。

方法二：将评标价平均值下浮一定百分比，作为评标基准价。

方法三：招标人设置评标基准价系数，由投标人代表或监标人现场抽取，评标价平均值乘以现场抽取的评标基准价系数作为评标基准价。

如果投标人认为某一标段的评标基准价计算有误，有权在开标现场提出，经监标人当场核实确认之后，可重新宣布评标基准价。确认后的评标基准价在整个评标期间保持不变且不随通过初步评审和详细评审的投标人的数量发生变化。

④ 评标价的偏差率计算公式。评标价的偏差率计算公式如下：

$$偏差率＝\frac{投标人评标价－评标基准价}{评标基准价}×100\%$$

根据合理低价法评审后，按照得分进行排序。评标委员会对通过初步评审、详细评审、报价评审的有效投标人按其报价由低到高的顺序，依次推荐 3 名中标候选人。

（2）综合评估法

综合评估法是指评标委员会对满足招标文件实质性要求的投标文件，按照规定的评分标准进行打分，并按得分由高到低顺序推荐中标候选人，或根据招标人授权确定中标人，但投标报价低于其成本的除外。综合评分相等时，以投标报价低的优先，投标报价也相等的，由招标人自行确定。

综合评估法下评标分值构成分为四个方面，即施工组织设计、项目管理机构、投标报价、其他评分因素，总计分值为 100 分。各方面所占比例和具体分值由招标人自行确定，并在招标文件中明确载明，上述四个方面标准具体评分因素如表 10.4 所示。

表 10.4　具体评分因素

分值构成	评审因素	评分标准
施工组织设计评分标准	内容完整性和编制水平	该评审因素的权重和标准由招标人自行确定
	施工方案与技术措施	该评审因素的权重和标准由招标人自行确定
	质量管理体系与措施	该评审因素的权重和标准由招标人自行确定
	环境保护管理体系与措施	同上
	工程进度计划与措施	同上
	安全管理体力和措施	同上
	施工进度图(网络或横道图)	同上
	资源配备计划	同上
项目管理机构评分标准	项目经理任职资格	如:具备二级及以上注册建造师证(含临时建造师证)
	技术负责人任职资格	如:技术负责人 5 年以上管理经验
投标报价评分标准	偏差率	该评审因素的权重和标准由招标人自行确定
其他因素评分标准	……	该评审因素的权重和标准由招标人自行确定

　　各评审因素的权重和标准由招标人自行确定,读者可以参考本节合理低价法案例中的各评审因素的权重和标准理解本方法。评标委员会按规定的评审因素和标准对施工组织设计计算出得分 A,对项目管理机构计算出得分 B,对投标报价计算出得分 C,对其他部分计算出得分 D。评分分值计算保留小数点后两位,小数点后第三位"四舍五入"。计算公式是:投标人得分=A+B+C+D,最后以总得分最高的投标人为中标候选人。根据综合评估法完成评标后,评标委员会应当拟定一份"综合评估比较表",连同书面评标报告提交招标人。"综合评估比较表"应当载明投标人的投标报价、所做的任何修正、对商务偏差的调整、对技术偏差的调整,对各评审因素的评估以及对每一投标的最终评审结果。

　　(3)经评审的最低投标价法

　　经评审的最低投标价法即评标委员会对经初步评审合格的投标文件,取有效投标报价最低的前若干名(不得少于三名)投标人的投标文件进行报价评审,最终确定中标候选人的方法。初步评审根据本工程特点,重点对投标人在施工组织、劳动力和主要施工机械的安排、施工进度计划安排以及各项保证措施的合理性等方面进行评审,看其是否满足工程实施要求,并进行表决,如半数以上评委认为不可行者,则该施工组织设计为不可行,不再进行其他标书的评审,然后对满足可行性要求的投标文件的报价按招标文件条款的要求进行评审、比较和否决,最终按报价由低到高的顺序推荐 1 至 3 名中标候选人,并标明排列顺序,排名第一的中标候选人为中标人。若排名第一的中标候选人放弃中标、因不可抗力提出不能履行合同,或者招标文件规定应当提交履约保证金而在规定的期限内未能提交的,招标人可以确定排名第二的中标候选人为中标人。依此类推。

　　5)评标结果

　　除招标人授权直接确定中标人外,评标委员会按照经评审的价格由低到高的顺序推荐中标候选人。评标委员会完成评标后,应当向招标人提交书面评标报告,并抄送有关行政监督部门。评标报告应当如实记录如下内容：

（1）基本情况和数据表；

（2）评标委员会成员名单；

（3）开标记录；

（4）符合要求的投标一览表；

（5）废标情况说明；

（6）评标标准、评标方法或者评标因素一览表；

（7）经评审的价格或者评分比较一览表；

（8）经评审的投标人排序；

（9）推荐的中标候选人名单与签订合同前要处理的事宜；

（10）澄清、说明、补正事项纪要。

评标报告由全体成员签字，对评标结论持有异议的评标委员会成员可以以书面方式阐述其不同意见和理由。评标委员会成员拒绝在评标报告上签字且不陈述出其不同意见和理由的，视为评标结果有效。评标委员会应当对其做出书面说明并记录在案。以下为某评标案例：

某工程招标评标采用合理低价法评标的流程（供读者参考），评标程序共分 4 个步骤：① 初步评审；② 有效性评审；③ 详细（合理性）评审；④ 投标报价评审。

① 初步评审

初步评审为合格制评审办法，评标委员会按照初步评审办法附表中的评审因素评审投标人，有一项不符合的不能通过初步评审，未通过初步评审的投标文件不得进入有效性评审阶段。

初步评审办法见表 10.5。

表 10.5　初步评审办法表

审查步骤	审查因素	审查标准
形式评审标准	申请人名称	与营业执照、资质证书、安全生产许可证一致
	申请函签字盖章	有法定代表人或其委托代理人签字或加盖单位章
	申请文件格式	符合第三章"投标书格式及附表"的要求
	报价唯一	只能有一个有效报价
资格审查评审标准	投标人名称	与营业执照、资质证书、安全生产许可证一致
	营业执照	具备有效的营业执照
	安全生产	具备有效的安全生产许可证；拟任项目经理和专职安全员应具有相应有效的安全生产考核证
	资质等级	符合招标公告关于投标报名资质的规定
	信誉	符合投标须知前附表的要求
	建造师（项目经理）资格	本单位注册的贰级及以上注册建造师，安全培训考核合格证，相关专业中级及以上工程技术职称，2 年以上工作经历（自取得中级及以上工程技术职称之日起计算）
	技术负责人资格	相关专业中级及以上工程技术职称，3 年以上工作经历（自取得中级及以上工程技术职称之日起计算）
	备注	以上涉及资格审查的证件，评标时以清晰的复印件为准

② 有效性评审

下列情况属于重大偏差,投标文件视为无效标不得进入详细评审阶段:

投标文件未按规定装订,未按招标件格式要求正确签署的;

投标文件未按招标文件规定的格式填写,字迹模糊、难以辨认的;

投标文件无工程质量标准或工程质量不满足招标文件要求的;

投标文件无工期或工期超过招标文件规定的;

没有标价的工程量清单或单价分析表的,投标预算及工程量清单无造价工程师执业章的;

投标文件中工程量清单与招标文件不一致的;

投标文件报价调整时,未附相应的工程量清单和单价分析表的;

投标人以他人的名义投标、串通投标、以行贿手段谋取中标或者以其他弄虚作假方式投标的;

投标人的报价明显低于其他投标人报价的且当评委会要求该投标人做出书面说明并提供相关证明材料,而投标人不能合理说明或者不能提供相关证明材料的,由评标委员会认定该投标人以低于成本报价竞标,其投标应作废标处理;

投标报价高于拦标价的;

未按招标文件规定递交投标保证金的;

投标文件存在重大偏差的。

投标文件附有招标人不能接受的条件的;

不符合招标文件中规定的其他实质性要求的。

细微偏差不影响投标文件的有效性。所谓细微偏差,是指投标文件在实质上响应招标文件要求、但提供了不完整的技术信息和数据等情况,并且补正后不会对其他投标人造成不公平的结果。如投标文件中大写金额和小写金额不一致的,以大写金额为准;总价金额与单价金额不一致的,以单价金额为准,但单价金额小数点有明显错误的除外。

评标委员会按照本章有效性评审中的评审因素评审投标人,未通过有效性评审的投标文件不得进入详细评审阶段。

③ 详细(合理性)评审(见表 10.6)

表 10.6 详细评审标准

详细评审标准		
技术标评审标准(60 分)	施工方案与技术措施(0—8 分)	评委根据其方案、措施的实施性、合理性酌情打分
	质量管理体系与措施(0—8 分)	评委根据其措施的合理性酌情打分
	工程进度计划与措施及网络图(0—6 分)	评委根据其实施性、合理性酌情打分
	安全管理、文明、环境保护体系与措施(0—8 分)	评委根据其措施的实施性、合理性酌情打分
	成本控制措施(0—8 分)	评委根据其措施的实施性、合理性酌情打分
	组织机构及人力资源配备计划(0—6 分)	评委根据其合理性酌情打分
	施工设备及试验、检测仪器配备(0—6 分)	评委根据其合理性酌情打分
	施工环境协调及其他措施(0—6 分)	评委根据其实施性、合理性酌情打分
	施工总平面图(0—4 分)	评委根据其合理性酌情打分

详细评审标准		
商务标评审标准（40分）（原件备查）	企业业绩及荣誉（10分）	投标企业是否曾荣获先进施工企业或优秀施工企业称号（5分）
		投标企业是否曾荣获质量信得过企业或安全管理先进单位（5分）
	建造师（项目经理）业绩及荣誉（10分）	本工程拟派项目经理有类似项目施工经历（5分）
		本工程拟派项目经理获得市级及以上优秀项目经理称号（5分）
	施工现场人员配备（10分）	参与投标的企业五大员（施工员、造价员、安全员、材料员、质检员）配备齐全且具有相关主管部门颁发的岗位证书的得10分，不全不得分
	主要单价分析合理性（10分）	评委根据投标人主要单价是否合理打分

以上所提到的证书、业绩、荣誉及证明文件在开评标时均以清晰的复印件为准。

评标委员会根据详细评审标准，按照评分办法统一认定投标人的指标分值同时加上评委个人评判分值，得出每个评委商务标、技术标评标分数。所有评委商务标、技术标打分之和的算术平均值，即为该投标人的商务标、技术标最终得分。计分过程按四舍五入取至小数点后两位。

投标人的技术标和商务标汇总得分＜70分时，评标委员会给出"不可行"认定，投标人的技术标和商务标汇总得分≥70（其中技术标≥40分，商务标≥20分）分时，评标委员会给出"可行"认定。有意见分歧的，以少数服从多数作出判定。对通过详细评审的投标文件进入合理低价评标法评审。

④ 合理低价评标法

合理低价评标法是在招标人可接受的合理投标价范围内，选择通过资格审查、初步评审、技术标评审、商务标评审的有限低价的投标人。

招标人的拦标价为约束投标价的上限，拦标价在投标截至开标前5天通知各投标人。

评标基准值计算方法：$C=(A×\beta+B×\gamma)$，$A=$招标人拦标价$×(1-\alpha)$，$B=$在招标人拦标价 $100\%\sim93\%$（含100%、93%）范围内的有效投标人（通过资格审查、初步评审、技术标评审、商务标评审投标人的为有效投标人）报价的算术平均值，α 为唱标结束时，在主持人的主持下，由监督人现场抽取投标人代表3人，从 3.0%、3.25%、3.5%、3.75%、4.0%、4.25%、4.5%、4.75%、5.0%、5.25%、5.5%、5.75%、6.0% 这13个数值中随机抽取3个数的平均值，β 为 A 值的权重系数，β 的取值范围为 $0.4\sim0.6$。当有效投标人（有效投标人是指除评标委员会在评标过程中认定为无效标以外的所有投标人）少于5人（含5人），取 $\beta=0.6$；当有效投标人为 $5\sim10$ 人（不含5人和10人），取 $\beta=0.5$；当有效投标人在10人以上（含10人）时，取 $\beta=0.4$。$\gamma=B$ 值的权重系数，$\gamma=1-\beta$。若有效投标人的投标报价均不在招标人拦标价的 $100\%\sim93\%$ 范围内，则 $C=A$。

评标标底的计算方法：$D=C×(1-E)$，E 值确定方法为：在各负责人的主持和监督下，由招标人、投标人、招标代理机构的代表各出1人从 4.0%、4.25%、4.5%、4.75%、5.0%、5.25%、5.5%、5.75%、6.0% 这9个数值中随机抽取3个数的平均值。以 D 值为基准，低于

D 值的投标报价不再评审;最后,评标委员会对通过资格审查、初步评审、技术标评审、商务标评审、投标报价评审的有效投标人,按其报价由低到高的顺序进行排序。若投标人报价一致,则评委委员会根据商务标和技术标评审得分之和的从高到低确定排名顺序;若商务标和技术标评审得分之和相同,则以项目经理业绩得分从高到低确定排名顺序。

10.1.8 定标

定标是指招标人根据评标委员会的评标报告,在推荐的中标候选人(一般是 1 至 3 人)中确定最后中标人,在某些情况下,招标人也可以授权评标委员会直接确定中标人。

1) 定标依据

评标委员会根据招标文件提交评标报告,推荐的中标候选人应当限定在一至三人,并标明排列顺序。招标人根据评标报告确定中标人。《招标投标法》规定:中标人应当符合下列条件之一:

(1) 采用综合评估法的,应能够最大限度满足招标文件中规定的各项综合评价标准。

(2) 采用经评审的最低投标价法的,应能够满足招标文件的实质性要求,并且经评审的投标价格最低,但是投标价格低于成本的除外。

此外,使用国有资金投资或者国家融资的项目以及其他依法必须招标的建设工程项目,招标人应当确定排名第一的中标候选人为中标人。若排名第一的中标候选人放弃中标、因不可抗力提出不能履行合同、招标文件规定应当提交履约保证金而在规定期限内未能提交的,招标人可以确定排名第二的中标候选人为中标人,依此类推。

2) 定标的步骤

(1) 确定中标人一般在评标结果已经公示,没有质疑、投诉或质疑、投诉均已处理完毕时;

(2) 确定中标人前后,招标人不得与投标人就投标价格、投标方案等实质性内容进行谈判;

(3) 如果招标人授权评标委员会直接确定中标人的,应在评标报告形成后确定中标人。

3) 中标通知书

中标通知书是指招标人在确定中标人后向中标人发出的书面文件。中标通知书对招标人和中标人具有法律效力,中标通知书发出后,招标人改变中标结果的,或者中标人放弃中标项目的,应当依法承担相应的法律责任。

(1) 中标人确定后,招标人应当向中标人发出中标通知书,并同时将中标结果通知所有未中标的投标人。

(2) 中标通知书的发出时间不得超过投标有效期的时效范围。

(3) 中标通知书需要载明签订合同的时间和地点。需要对合同细节进行谈判的,中标通知书上需要载明合同谈判的有关安排。

(4) 中标通知书可以载明提交履约担保等投标人需注意或完善的事项。

中标通知书和中标结果通知书参考格式见表 10.7 及表 10.8。

表 10.7 中标通知书格式

中标通知书

_____（中标人名称）：

你方于_____（投标日期）所递交的_____（项目名称）_____标段施工投标文件已被我方接受,被确定为中标人。

中标价：_____元。

工期：_____日历天。

工程质量:符合_____标准。

项目经理：_____（姓名）

请你方在接到本通知后的_____日内到_____（指定地点）与我方签订施工承包合同,在此之前按招标文件第二章"投标人须知"第7.3款规定向我方提交履约担保。

特此通知。

招标人：_____（单位盖章）

法定代表人：_____（签字）

_____年_____月_____日

表 10.8 中标结果通知书格式

中标结果通知书

_____（未中标人名称）：

我方已接受_____（中标人名称）于_____（投标日期）所递交的_____（项目名称）_____标段施工投标文件,确定_____（中标人名称）为中标人。

感谢你单位对我们工作的大力支持！

招标人：_____（单位盖章）

法定代表人：_____（签字）

_____年_____月_____日

4）签订合同

工程施工合同协议是依据招标人与中标人按照招标、投标要求及中标结果形成的合同关系,为按约定完成招标工程建设项目,明确双方责任、权利、义务关系而签订的合同协议书。

（1）合同的签订

招标人和中标人应当自中标通知书发出之日起30日内,按照招标文件和中标人的投标文件订立书面合同。招标人和中标人不得再订立背离合同实质性内容的其他协议。如果投标书内提出某些偏离实质性内容的非实质性意见而发包人也同意接受时,双方应就这些内容通过谈判并达成书面协议。通常的做法是,不改动招标文件中的通用条件和专用条件,将对某些条款协商一致后改动的部分在合同协议书附录中予以明确。合同协议书附录经过双方签字后将作为合同的组成部分。

（2）投标保证金的退还和履约担保

① 投标保证金的退还

按照建设法规的规定,招标人与中标人签订合同后五个工作日内,应当向中标人和未中标的投标人一次性退还投标保证金。在中标通知书发出之后,中标人放弃中标项目的,无正当理由不与招标人签订合同的,在签订合同时向招标人提出附加条件或者更改合同实质性内容的,或者拒不提交投标保证金的,招标人可取消其中标资格,并没收其投标保证金;给招标人带来的损失超过投标保证金金额的,中标人应当对超过部分予以赔偿;没有提交投标保证金的,应当对招标人的损失承担赔偿责任。同时,招标人不履行与中标人订立合同的约定时,应当双倍返还中标人的履约保证金;给中标人造成的损失,其中损失超过返还履约保证金的,还应对超过部分予以补偿;没有提交履约保证金的,应当对中标人的损失承担赔偿责任。

② 提交履约担保

招标文件要求中标人提交履约保证金或者其他形式履约担保的,中标人应当提交;拒绝提交的,视为放弃中标项目,并没收其投标保证金。招标人要求中标人提供履约保证金或其他形式履约担保的,招标人应当同时向中标人提供工程款支付担保。招标人不得擅自提高履约保证金,不得强制中标人垫付中标项目建设资金。

5) 招标人与中标人的违法行为及应负的责任

(1) 招标人在评标委员会依法推荐的中标候选人以外确定中标人的,或者是招标人在所有投标人被评标委员会否决后自行确定中标人的,中标无效。应责令其改正,并处中标项目金额千分之五以上及千分之十以下的罚款;情节严重的,对单位直接负责的主管人员和其他直接责任人依法给予处分。

(2) 中标人将中标项目转让给他人的,或将中标项目肢解后分别转让给他人的,违反法规规定将中标项目的部分主体、关键性工作分包给他人的,或者分包人再次分包的,转让、分包无效,处转让、分包项目金额千分之五以上及千分之十以下的罚款;有违法所得的,并处没收违法所得;可以责令其停业整顿;情节严重的,由工商行政管理机关吊销其营业执照。

(3) 招标人与中标人不按照招标文件和中标人的投标文件订立合同的,或者招标人、中标人订立背离合同实质性内容协议的,责令整改;可以处中标项目金额千分之五以上及千分之十以下的罚款。

(4) 中标人不履行与招标人订立的合同的,履约保证金不予退还,给招标人造成的损失超过履约保证金数额的,还应当对超过部分予以赔偿;没有提交履约保证金的,应当对招标人的损失承担赔偿责任。

(5) 中标人不按照与招标人订立的合同履行义务,情节严重的,取消其 2 至 5 年内参加依法必须进行招标的项目的投标资格并予以公告,直至由工商行政管理机关吊销其营业执照。

10.2 工程投标

10.2.1 工程投标的内涵

投标是指经资格审查合格的投标人,按招标文件的规定填写投标文件,按招标条件编制投标报价,在招标限定的时间内送达招标单位的行为。

建设工程投标是建设工程招标投标活动中投标人的一项重要活动,也是建筑企业取得承包合同的主要途径,投标程序和招标程序环环相扣,它们共同构成了整个招、投标过程。

10.2.2　投标必须遵守的原则和提交的材料

投标是响应招标、参与竞争的一种法律行为。《中华人民共和国招标投标法》明文规定,投标人应具备承担招标项目的能力,应当具备国家有关规定及招标文件明文提出的投标资格条件,在规定时间内,按照招标文件规定的程序和做法,力求公平竞争,不得行贿,不得弄虚作假,不能凭借关系、渠道搞不正当竞争,不得以低于成本的报价竞标。施工企业根据自己的经营情况有权决定参与或拒绝投标竞争。

施工企业投标时或在参与资格预审时必须提供以下资料:

(1)企业的营业执照和资质证书;

(2)企业简历;

(3)自有资金情况;

(4)全员职工人数:包括技术人员、技术工人数量及平均技术等级等;

(5)企业自有主要施工机械设备一览表;

(6)企业近3年承建的主要工程及质量情况;

(7)现有主要任务,包括在建和尚未开工工程一览表。

此外,企业在领取招标文件时,须按规定交纳投标保证金。

10.2.3　建设工程项目投标的基本程序

建设工程项目投标的一般程序见图10.5。

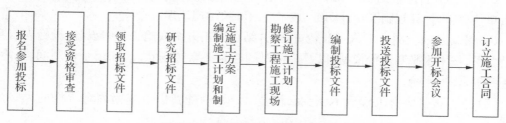

报名参加投标 → 接受资格审查 → 领取招标文件 → 研究招标文件 → 编制施工方案定施工计划和制 → 勘察工程施工现场 → 修订施工计划 → 编制投标文件 → 投送投标文件 → 参加开标会议 → 订立施工合同

图 10.5　建设项目投标的一般程序

建设工程项目投标分为准备工作、组织工作和投标后期工作三个阶段。其具体内容如下:

(1)根据获得的招标信息编制投标书,参加投标。投标书中应明确投标企业资质,以往工程业绩、技术能力、设备情况、财务状况等。

(2)接受招标单位对企业的资格审查。

(3)领取招标文件(经审查合格的企业)。

(4)研究招标文件。根据招标文件认真研究工程条件、计算工程量;招标文件中质量要求及合同条件;弄清承包责任和报价范围。对招标文件有疑问需要澄清,应以书面文件向招标人提出。

（5）编制施工计划和制定施工方案。投标单位在核实工程量的基础上，制定施工方案，编制施工计划。合理的施工方案和计划是节约成本的关键，也是争取中标的前提条件。

（6）勘察工程施工现场，修订施工计划。根据现场地质条件、交通情况、现场设施情况、劳动力资源和材料供应情况等，及时修正施工方案和施工计划，优化施工计划。

（7）编制投标文件。根据招标文件和工程技术规范要求、施工方案和施工组织设计，计算投标报价，编制投标文件。投标文件应包括：投标函、施工组织设计或施工方案、投标报价、投标担保、招标文件要求提供的其他材料。若招标文件允许投标人提供备选标的，投标人可以按照招标文件要求提交替代方案，并做出相应报价作备选标。

（8）投送投标文件。应在要求提交投标文件的截止时间，将投标文件密封送达投标地点，在开标前任何单位或个人不得启封。

（9）参加开标会议。经公证机关确认有效后，由有关人员当众拆封，宣读投标文件内容。

（10）订立施工合同。按招、投标文件订立书面合同，订立书面合同7天内，中标人应将合同送县级以上工程所在地的建设行政主管部门备案。

10.2.4　建设工程投标文件的编制

1）投标文件编制的原则和要求

投标文件的编制必须按照国家有关招标投标的法律、法规和部门规章的规定，遵循下列原则和要求：

（1）投标人应按招标文件的规定和要求编制投标文件；

（2）投标文件应对招标文件提出的实质性要求和条件做出响应；

（3）投标报价应依据招标文件中商务条款的规定、国家公布的统一工程项目划分、统一计量单位、统一计算规则及设计图纸、技术要求和技术规范编制；

（4）根据招标文件中要求的计价方法，并结合施工方案或施工组织设计，投标人自身的经营状况、技术水平和计价依据，以及招标时的建筑要素市场状况，确定企业利润、风险金、措施费等，作出报价；

（5）投标报价应由工程成本、利润、税金、保险、措施费以及采用固定价格的风险金等构成；

（6）投标人不得以低于成本的报价竞标，也不得以他人名义投标或者以其他方式弄虚作假，骗取中标。

2）投标文件的编制内容

不同的招标项目，其投标文件的组成也会有一定的区别，但大体上都分为4个部分，投标函及其附件、工程量清单和单价表、业主要求提交的与报价有关的技术文件以及投标保证书。对于建设项目来说，投标文件的内容应当包括投标函及其附件、工程量清单与报价表、辅助资料表和投标证明文件等。

（1）投标函及其附件

投标函就是由投标的承包商负责人签署的正式报价函。招标人对投标函的编写有格式的要求，投标人应当按照要求填写投标项目名称、投标人名称、地址、投标保函、投标总价、投标人签名、盖章等。投标函主要是向招标人表明投标人完全愿意按招标文件中的规定承担任务，并写明自己的总报价金额和投标报价的有效期，以及招标人接受的开竣工日期和整个工作期限。

（2）工程量清单与报价表

工程量清单应当按照招标文件规定的格式填写，并核对是否有误。它应当与投标须知、合同通用条款、合同专用条款、技术规范和图纸一起使用。工程量清单中的每一项均需填写单价和合价。工程量清单中所填入的单价和合价，应包括人工费、材料费、机械费、其他直接费、间接费、有关文件规定的询价、利润、税金，以及现行取费中的有关费用、材料的差价以及采用固定价格的工程所演算的风险金等全部费用。设备清单及报价表、材料清单及材料差价、现场因素、施工技术措施及赶工措施费用报价表等也应填写清楚。

（3）辅助资料表

辅助资料表包括图纸、技术说明、施工方案、主要机械设备清单，以及某些重要或特殊材料的说明书和样本等。具体来说，包括项目经理的简历表、主要施工管理人员表、主要施工机械设备表、项目拟分包情况表、劳动力计划表、施工方案或施工组织设计、计划开竣工日期和施工进度表、临时设施布置及临时用地表等。

（4）投标证明文件

投标证明文件包括营业执照、投标人章程和简介、管理人员名单、资产负债表、委托书、银行资信证明、注册证书及交税证明等。对于这些证明文件，投标人应当按照规定的形式和内容提交。

如果招标项目未经过资格预审，投标人还应准备资格审查表。资格审查表的内容包括投标人企业概况、近3年来所承建工程情况一览表、目前正在承建工程情况一览表、目前剩余劳动力和施工机械设备情况、财务状况等。

3）投标报价的编制

（1）投标报价编制依据

① 招标文件；

② 招标人提供的设计图纸及有关的技术说明书等；

③ 工程所在地现行的定额及与之配套执行的各种造价信息、规定等；

④ 招标人书面答复的有关资料；

⑤ 企业定额、类似工程的成本核算资料；

⑥ 其他与报价有关的各项政策、规定及调整系数等。

在报价的计算过程中，对于不可预见费用的计算必须慎重考虑，不要遗漏。

（2）投标报价的编制原则

① 投标报价由投标人自己确定，但是必须执行《建设工程工程量清单计价规范》的强制性规定；

② 投标人的投标报价不得低于工程成本；

③ 投标人必须按工程量清单填报价格；

④ 投标报价要以招标文件中设定的承发包双方责任划分，作为设定投标报价费用项目

和费用计算的基础；

⑤ 应该以施工方案、技术措施等作为投标报价计算的基本条件；

⑥ 报价方法要科学严谨、简明适用。

（3）投标报价的程序

当潜在投标人通过投标资格预审后，可领取建设工程招标文件，并按以下程序（图10.6）编制和确定投标报价。

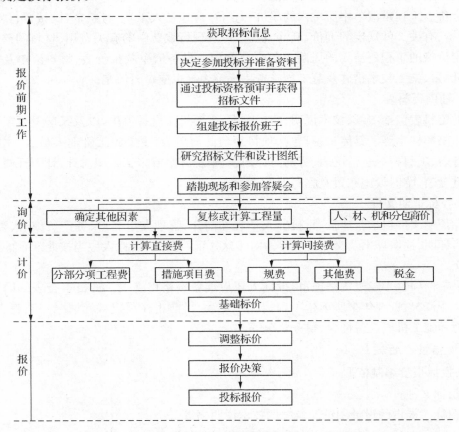

图 10.6　投标报价程序

（4）投标报价的形成

① 准确合理编制工程量清单

工程量清单一般由招标单位提供。根据统一的工程量清单报价为施工单位创造了一个平等竞争的环境。投标前，投标单位一般要组织预算人员重新对工程量清单中的工程量进行复核，找出其中与图纸不符的地方。对于发现的问题，要及时向投标单位发函要求澄清。当然，也可以根据自身的投标策略来决定是否发函。有些招标文件会规定工程量不足部分根据自身经验酌定，就给投标单位提出了更高的要求。

② 准确合理套用定额

投标报价的第二步是最重要的中心环节，即是根据现有定额作概（预）算，根据编好的工程量清单报价,这里一定要讲究对号入座、量体裁衣。工程定额是被大家公认的编制依据,且具有法令性、普遍性,所以在编制过程中就应遵循其编制原则,尽量做到一致、准确。当然,任何定额也不可能包罗万象,有时需"估价",有时需借用其他子目,有时需调整子目等等,这就应凭经验合理计价,既不能高估冒算,也不能低估少算,一定要掌握好这个"度"。

对于安装项目来说,设备费和未计价材料占有工程造价的绝大部分,投资方一般都要自己控制这部分大宗物资的采购,而那些品种繁杂、价值不大的物资才由施工单位承包。这里有一个承包范围的细化问题,一定要认真仔细研究招标文件,弄清报价范围及程度,力争公平客观地体现工程承包价值。

③ 认真分析主要材料价差

为了计价方便,各行业都有自订的《装置性材料价格》,而主材是工程造价中最活跃的部分,价格变动频繁,新材料新工艺不断涌现。鉴于此,一定要作价差分析,将预算价与市场价详细统计比较,结合工程总量计算正负价差,然后计入总价,真实反映实际造价。有时为了直观,可将主材直接采用市场价计价,这样就省去了复杂的价差分析。

④ 找出项目特殊点

建筑产品的特点之一就是具有单一性。任何工程项目都找不到跟它一样的工程,即使是规模大小及结构完全相同,也会因建设地点、施工时间不同而导致价格发生差异。因此投标报价时,我们就要充分考虑本工程的一些特殊点,找出其个性,有的放矢地报价。比如,一些市区项目工程,因施工场地狭小,必定会增加材料的二次搬运费;还有一些拆除工程,拆下的旧材料如果能再利用,会降低材料购置费等。

⑤ 讲究策略,综合平衡

投标人在决定参加投标前,要对招标项目进行可行性研究。可行性研究可以从投标承包条件、投标主观条件、投标竞争形势、投标风险等方面考虑,最后做出是否进行投标的决定。一定要深入分析招标单位的招标文件,再根据企业自身实际条件和工程实际情况,采用相适的投标策略和报价技巧,达到中标的目的。

10.2.5 工程投标策略与方法

1) 工程投标策略

(1) 投标报价策略的重要性

在实行工程量清单招投标之前,建筑行业无论是投标报价、工程标底,还是竣工结算,都是以政府颁布的工程计价定额作为工程计价的依据。投标企业在投标报价时,只要工程量计算不出现大的失误,并且按照招标文件规定,套用统一的工程计价定额和规定的取费,那么,所填报的投标报价与其他投标企业和标底都是比较接近的。一些投标企业为了中标,盲目地压低投标报价,无法反映各投标企业的施工管理和技术水平,投标企业也无需研究什么投标报价策略。而在工程量清单招标模式下,招标人根据施工图纸计算出的实体工程量作为招标文件的一部分,随招标文件一同发给投标企业,投标企业根据招标单位提供的工程量清单填报工程量清单子项综合单价,由此组成投标工程的总报价。招标人评标时,不仅要评价投标企业所报的总价,还要评判各清单子项分项综合单价是否合理。因此,投标企业投标报价的工作重点由定额计价模式下的以工程量计算为主转变为工程量清单计价模式下的以工程量清单综合单价的分析计算为主。所以,对投标企业报价策略研究就显得尤为重要。

（2）投标报价策略

由于在工程量招标模式下,一般是采取"合理低价"评标原则确定中标单位。因此,投标企业竞争获胜的关键是投标报价。一个合理的报价,不仅要求对招标单位有足够的吸引力,而且应使投标企业获得一定的利润。为此,投标企业投标时就需要针对特定的工程对象,确定具体的报价指导思想,并且据此确定采用的投标报价策略。

投标策略主要可以分为以下几种:

（1）生存型策略

投标报价以克服生存危机为目的而争取中标,可以不过多地考虑各种影响因素。由于社会政治、经济环境的变化和投标企业自身经营管理不善,都可能造成投标企业的生存危机。这种危机首先表现在投标企业经济状况不佳、中标项目减少。其次,政府调整基建投资方向,使某些投标企业擅长的专业建设工程减少,这种危机常常危害到营业范围单一的专业施工队伍。第三,如果投标企业经营管理不善,从而使投标企业难于通过招标方的资格预审而产生危机。在面对生存危机时,投标企业应以生存为重,采取不盈利甚至少量亏损也要赢标的策略,只要能暂时渡过难关,就会有东山再起的机会。

（2）低利型策略

投标报价以竞争为手段,以开拓市场、低盈利为目标,在精确计算成本的基础上,充分估计各竞争对手的报价,以有竞争力的报价达到"中标"的目的。投标企业处在以下几种情况下,应采取低利型策略:投标企业经营状况不景气;投标对手的威胁性比较大;试图打入新的地区;开拓新的专业施工建设领域风险小,施工工艺简单、工程量大、社会效益好的项目;拟投标项目在投标企业所在地附近或其附近有本企业正在施工的其他建设项目。

（3）盈利型策略

这种策略能使投标企业充分发挥自身优势,以实现最佳盈利为目标。这也是一种对效益较小的建设项目热情不高,对盈利大的建设项目有着特殊偏好的策略。下面几种情况可以采用盈利型报价策略:如投标企业在该地区已经打开局面;施工能力比较饱和、信誉度高、竞争对手少;具有技术优势并对招标企业有较强的品牌影响效应;投标企业的目标主要是扩大影响;或者施工条件差、难度高、资金支付条件不好、工期质量等要求苛刻的项目。

（4）低价索赔型策略

此策略主要着眼于施工索赔,报价虽然较低,但很可能获得较高的利润。在报价过程中采用这种策略,需要认真研究招标文件、招标图纸及合同条件,发现较多漏洞时可以把报价部分压低一些,中标后,在施工过程中利用这些漏洞进行索赔,以提高获利机会。

2）工程投标方法

投标单位有了投标取胜的实力还不够,还需有将这种实力变为投标技巧的能力。投标报价技巧的作用体现在可以使实力较强的投标单位取得满意的投标成果;使实力一般的投标单位争得投标报价的主动地位;当报价出现某些失误时,可以得到某些弥补。因此,投标单位必须十分重视对投标报价方法的研究和使用。以下为一些常用方法:

（1）不平衡报价法

不平衡报价法指的是一个项目的投标报价,在总价基本确定后,如何调整项目内部各个部分的报价,以期在不提高总价的条件下,既不影响中标,又能在结算时得到更理想的经济效益。这种方法在工程项目中运用得比较普遍,对于工程项目一般可根据具体情况考虑采用不平衡报价法。

不平衡报价一定要建立在对工程量表中工程量仔细核对风险的基础上,特别是对于报价单价的项目,如工程量一旦增多将造成承包商的重大损失,同时一定要控制在合理幅度内（一般可在 10％左右）,以免引起业主反感,甚至导致废标。如果不注意这一点,有时业主会挑选出报价过高的项目,要求投标者进行单价分析,而围绕单价分析中过高的内容压价,以致承包商得不偿失。常见的不平衡报价法如表 10.9 所列。

表 10.9　常见的不平衡报价法

序号	信息类型	变动趋势	不平衡结果
1	资金收入时间	早	单价高
		晚	单价低
2	工程量估算不准确	增加	单价高
		减少	单价低
3	报价图纸不明确	增加工程量	单价高
		减少工程量	单价低
4	暂定工程	自己承包的可能性高	单价高
		自己承包的可能性低	单价低
5	单价和包干混合制的项目	固定包干价格项目	单价高
		单价项目	单价低
6	单价组成分析表	人工费和机械费	单价高
		材料费	单价低
7	议标时业主要求压低价格	工程量大的项目	单价小幅度降低
		工程量小的项目	单价较大幅度降低
8	报单价的项目	没有工程量	单价高
		有假定的工程量	单价适中
9	设备安装	特殊设备、材料	主材单价高
		一般设备、材料	主材单价低
10	分包项目	自己发包的	单价高
		业主指定分包的	单价低
11	另行发包项目	配合人工、机械费	单价高、工程量大
		配合用材料	有意漏报

【例 10.1】　由一家乙级企业参与投标的某小区幼儿园项目初始的土建单位工程报价为 274.92 万元,现运用不平衡报价法对其进行分析运用资金的时间价值,在不影响总报价的基础上,"早收钱"的项目适当报高些。为了不影响投标,又能在中标后取得较好的收益,

可以采用不平衡报价法对原预算进行适当的调整,相关数据见表10.10。

表 10.10 不平衡报价前后数据分析　　　　　　　　　　　　　　万元

分部工程	基础工程	主体工程	装饰工程	总价
调整前(编制价格)	12.19	144.98	117.75	274.92
调整后(正式报价)	13.41	155.54	105.97	274.92

查看该项目的施工组织设计,其中基础工程、主体工程、装饰工程的工期分别为 15 d,35 d,30 d,假设贷款月利率为 1%,其中各分部工程每天完成的工程量相同,而且能及时收到工程款,工程款结算所需要的时间忽略不计,现请计算公司所得工程款的现值比原估价增加多少(以开工日期为折现点)。

【解】

(1) 单价调整前的工程款现值:

基础工程每月的工程款:A1=12.19/0.5=24.38;

主体工程每月的工程款:A2=144.98/1.2=120.82;

装饰工程每月的工程款:A3=117.75/1.0=117.75。

则单价调整前的工程款现值:

$$PV = A1(P/A,1\%,0.5) + A2(P/A,1\%,1.2)(P/F,1\%,0.5) +$$
$$A3(P/A,1\%,1.0)(P/F,1\%,1.7)$$
$$= 272.22 \text{ 万元}$$

(2) 单价调整后的工程款现值:

基础工程每月的工程款:A1=13.41/0.5=26.82;

主体工程每月的工程款:A2=155.54/1.2=129.62;

装饰工程每月的工程款:A3=105.97/1.0=105.97。

则单价调整后的工程款现值:PV1=A1(P/A,1%,0.5)+A2(P/A,1%,1.2)(P/F,1%,0.5)+A3(P/A,1%,1.0)(P/F,1%,1.7)=272.37 万元。

(3) 两者之间的差额:

$$PV1 - PV = 272.37 - 272.22 = 0.15 \text{ 万元}。$$

即在考虑时间价值时,本工程运用不平衡报价方法后能比原来的报价方案多获得资金0.15 万元。

另外,还可以调整人工、材料、机械使用费用的比例的方法。一般工程量较大的项目,招标文件都要求报单价分析表,投此类标时,可以在保持总价不变的前提下,将报价分析表中的材料费报低点,将人工费和机械费报得相对高点。因此,对本案例报价中人工费、机械使用费以及材料费之间进行适度调整,相关数据可见表10.11。

表 10.11 调整前后人、材、机械费用

相关费用(万元)	人工费	材料费	机械使用费
调整前(编制价格)	38.49	206.19	4.79
调整后(正式报价)	45.04	194.86	8.24

这样做的目的是方便以后进行补充项目报价时,人工费和机械费可以参考单价分析表,而材料费往往采用当地市场价。因此,可以保证获得较可观的利润。

（2）多方案报价法

对一些招标文件,如果发现工程范围不明确,条款不清楚或很不公正,或技术规范要求过于苛刻时,要在充分估计投标风险的基础上,按多方案报价法处理。其具体做法是在标书上报两价目单价,一是按原工程说明书合同价款报一个价,二是加以注解,"如工程说明书或合同条款可做某些改变时",可降低多少的费用,使报价成为最低,以吸引业主修改说明书和合同条款。还有一种方法是对工程中一部分没有把握的工作,注明按成本加若干酬金结算的办法。但是,如有规定,政府工程合同的方案是不容许改动的,这个方法就不能使用。

（3）增加建议方案

有时招标文件中规定,可以提出建议方案,即可以修改原设计方案,提出投标者的方案。这时投标者应组织一批有经验的设计和施工工程师,对原招标文件的设计和施工方案进行仔细研究,提出更合理的方案以吸引采购方,促成自己的方案中标。这种新的建议方案可以降低总造价或提前竣工或使工程运用更合理。但要注意的是,对原招标方案一定要标价,以供采购方比较。增加建议方案时,不要将方案写得太具体,只保留方案的技术关键,以防止采购方将此方案交给其他承包商。同时要强调的是,建议方案一定要比较成熟,或过去有这方面的实践经验。因为投标时间不长,如果仅为中标而匆忙提出一些没有把握的建议方案,可能会引起很多后患。

（4）突然降价法

报价是一件保密性很强的工作,但是对手往往通过各种渠道、手段来刺探情况。因此,在报价时可以采取迷惑对方的手法,即按一般情况报价或表现出自己对该项目兴趣不大,到快投标截止时,再突然降价。采用这种方法时,一定要在准备投标报价的过程中考虑好降价的幅度,在临近投标截止日期时,根据情报信息与分析判断,再做最后决策。由于采用突然降价法而中标,在签订合同后可采用不平衡报价的方法调整项目内部各项单价或价格,以取得更好的效益。下面为这一方法的应用实例:

某承包商在投标时将技术标和商务标分别封装,在封口处加盖本单位公章和法定代表人签字后,在投标截止日期前一天上午将投标文件报送业主。次日下午,在规定的开标时间前1小时,该承包商又递交了一份补充材料,其中声明将原报价降低4%。

因该承包商原投标文件的递交时间比规定的投标截止时间仅提前1天多,这既符合常理,又为竞争对手调整确定最终报价留有一定的时间,所以起到了迷惑竞争对手的作用。若提前时间太多,会引起竞争对手的怀疑,而在开标前1小时突然递交一份补充文件,这时竞争对手已不可能再调整报价了,便可抢得报价优势。

（5）先亏后盈法

有的投标方为了进入某一地区,依靠某国家、某财团和自身的雄厚资本实力,采取一种不惜代价、只求中标的低价报价方案。应用这种手法的投标方必须有较好的资信条件,并且提出的实施方案也要先进可行。同时,要加强对公司情况的宣传,否则即使标价低,采购方也不一定选择。如果遇到其他承包商也采取这种方法,则不一定与这类承包商硬拼,而是努力争取第二、第三标,再依靠自己的经验和信誉争取中标。

复习思考题

1. 投标人资格预审的内容有哪些?
2. 写出公开招标的程序。
3. 资格招标文件的发售期限有何限定?
4. 招标文件的主要内容有哪些?
5. 简述开标流程、评标原则?
6. 简述评标委员会的组成及要求?
7. 工程开标的含义是什么? 时间、地点如何确定?
8. 工程开标通常采用哪几种形式? 工程开标的程序是什么?
9. 投标人对招标文件的审查主要需把握好哪几点?
10. 建设项目投标的程序是什么?
11. 投标报价的编制依据和原则是什么?
12. 当投标企业经营状况不景气并且投标对手的威胁性比较大时,应采取何种投标策略?

参考文献

[1] 中华人民共和国国家标准. GB 50500—2013 建设工程工程量清单计价规范[M]. 北京:中国计划出版社,2013.

[2] 中华人民共和国国家标准. GB 50856—2013 通用安装工程工程量计算规范[M]. 北京:中国计划出版社,2013.

[3] 规范编制组. 2013 建设工程计价计量规范辅导[M]. 北京:中国计划出版社,2013.

[4] 江苏省住房和城乡建设厅. 江苏省安装工程计价定额[M]. 南京:江苏凤凰科学技术出版社,2014.

[5] 朱永恒等. 安装工程工程量清单计价(第三版)[M]. 南京:东南大学出版社 2016.

[6] 吴心伦. 安装工程计量与计价(第二版)[M]. 重庆:重庆大学出版社,2014.

[7] 张怡等. 建筑设备工程造价(第二版)[M]. 南京:东南大学出版社 2014.

[7] 高明远等. 建筑设备工程(第四版)[M]. 北京:中国建筑工业出版社,2016.

[8] 陆亚俊. 暖通空调(第三版)[M]. 北京:中国建筑工业出版社,2015.

[9] 孙一坚等. 工业通风(第四版 修订本)[M]. 北京:中国建筑工业出版社,2010.

[10] 冯树根. 空气洁净技术与工程应用(第 2 版)[M]. 北京:机械工业出版社,2013.

[11] 苗美英. 通风空调工程清单计价培训教材[M]. 北京:中国建材工业出版社,2014.

[12] 张国栋. 通风空调安装工程概预算手册(第二版)[M]. 北京:中国建筑工业出版社,2014.

[13] 王武齐. 建筑工程计量与计价[M]. 北京:中国建筑工业出版社,2015

[14] 武育秦,景星蓉. 建设工程招标投标与合同管理[M]. 北京:中国建筑工业出版社,2011

[15] 齐宝库. 工程项目管理[M]. 北京:化学工业出版社,2016